# ノンプログラマーなMacユーザーのためのGit入門

## 知識ゼロでスタート ゴールはGitHub

Rutles

向井 領治＋大津 真［共著］
Mukai Ryoji+Otsu Makoto

■本書の内容は執筆時点での情報に基づいています。Git、Sourcetreeなどの各ソフトウェアのバージョン、GitHubなどの各Webサイトの更新状態、あるいは操作環境の相違などによって、本書の記載と異なる場合があります。

■本書「4-5 フォークでコラボレーション」で紹介しているGitHubの説明用リモートリポジトリは、読者の理解の一助とするものであり、その他の用途での使用は一切できません。デモリポジトリのデータによる運用において、いかなる障害が生じても株式会社ラトルズならびに著者、本書制作関係者は一切の責任を負いません。

■本書に記載された内容による運用において、いかなる障害が生じても株式会社ラトルズならびに著者、本書制作関係者は一切の責任を負いません。

# introduction はじめに

本書は、プログラミングをしないMacユーザーをとくに意識した、Gitの入門書です。Gitの知識がまったくない段階から始めて、主要機能をしっかり理解し、GitHubの共有機能までたどり着くことを目標にしています。これから始める方はもちろん、過去に挫折した方や、いまさら人に質問できない方、こっそりマスターして同僚に差をつけたい方にもおすすめです。

プログラマーの間でGitの人気は高まる一方ですが、さらに最近では、ノンプログラマーにとってもその利便性が認められてきています。たとえば、ソフトウェア開発のプロジェクトにプログラマー以外の立場で参加する場合や、そもそもプログラムではない一般的な文書作成の目的で、Gitの基礎知識を必要とされるケースもあるようです。

しかしGitはもともと大規模なソフトウェア開発のために作られたもので機能が多く、独特な用語が多い上に、ほとんどの解説書では読者がプログラマーであることを前提にしているため、ノンプログラマーにとっては最初の手掛かりをつかむことさえ難しいのが実情ではないでしょうか。

そこで本書では、次のような方針で執筆しました。

第1に、一般的なMac用アプリケーションと同じ感覚でGitを利用できる「Sourcetree」というアプリケーションを使います。「ターミナル」やコマンド入力は扱いませんが、用語や機能を本書で学んでおけば、将来本格的に使いたくなったときにも役立つでしょう。

第2に、サンプルには、単純な日本語の文書を使います。プログラミングの知識は必要ありませんし、操作結果の変化もわかりやすくしています。

第3に、とりあげるアプリケーションやサービスは、すべて無料です。規模が大きくなると有料になるものもありますが、独習や、少人数のプロジェクトであれば費用はかかりません。

本書は、初心者向けの解説を得意とする向井領治が前半を、長年にわたりUNIXやプログラミングの著書を数多く手がけてきた大津真が後半を執筆しています。

本書が読者の皆様のお役に立てば幸いです。

◉——2019年5月　**向井領治**

ノンプログラマーな
Macユーザーのための
Git入門
［目次］

## 第2章●Gitのプロジェクトを始めよう　41

# 第4章●GitHubの活用　275

## Sourcetreeのバージョンアップに伴う表記の変更について

校了後にリリースされた3.1.2で訳語が大きく変更されました。例として以下のものがあります(括弧内は初出ページ)。

### ■[表示]メニュー

[ファイルステータス表示](P.67)➡[ファイルステータスビュー]

[履歴表示](P.71)➡[履歴ビュー]

### ■[リポジトリ]メニュー

[リモートのステータスを再表示](P.304)➡[リモートのステータスを更新]

### ■[操作]メニュー

[選択したファイルのログ...](P.149)➡[選択した対象のログ...]

### ■リポジトリの削除ダイアログ

「ゴミ箱にも入れる」(P.59)➡「ゴミ箱にも移動」

### ■リポジトリウィンドウ

[無視](P.75)➡[ファイルを無視]　※⋯メニュー

[破棄](P.179)➡[ファイルを破棄]　※⋯メニュー

[ステージなし](P.66)➡[ステージングなし]　※表示形式のメニュー

[ステージビューを分割する](P.121)➡[ステージングを分割して表示]　※表示形式のメニュー

「Indexにステージしたファイル」(P.122)➡「ステージング済みのファイル」※履歴表示でも同様

「作業ツリーのファイル」(P.121)➡「ステージングに未登録のファイル」　※履歴表示でも同様

「一時退避」(P.271)➡「スタッシュ」　※サイドバー

### ■[コミットまで戻す...]の確認ダイアログ

「よろしいですか」(P.142)➡「確認」　※ほかの文言も変更されている

### ■コミットメッセージ

[コミットオプションを指定...](P.167)➡[コミットオプション...]

[最新のコミット修正](P.167)➡[直前のコミットを上書き]

### ■コミットメッセージが空白のときの警告ダイアログ

「コミットメッセージが空です」(P.163)➡「空のコミットメッセージ」※ほかの文言も変更されている

### ■コミット履歴欄のコミットをcontrol+クリックして表示されるメニュー

[このコミットまでmasterを元に戻す](P.184)➡[masterをこのコミットまで戻す]

### ■コミット履歴欄のリモートとの差異表示

「master 1 ahead」(P.297)➡「master 1コミット先行」

「master 1 behind」(P.310)➡「master 1コミット遅れ」

### ■リバートの確認ダイアログ

「取り消しますか?」(P.254)➡「取り消しの確認」　※ほかの文言も変更されている

### ■[環境設定]の「アカウント」パネルの[追加]ダイアログ

「接続アカウント」ボタン(P.283)➡「アカウントを接続」ボタン

### ■フェッチのダイアログ

「リモートからすべて取得する」(P.309)➡「すべてのリモートからフェッチ」

# Gitの概要と操作環境の準備

はじめに、既存のツールや手法と比較しつつ、Gitの概要とその利点を説明します。後半では、本書で使用するテキストエディタCotEditorとGitをGUIで操作できるツールSourcetreeの概要とインストールについて説明します。

# 1-1 Gitの特徴

**Gitの特徴と利点を、手動による管理やTime Machineと比較しつつ簡単に紹介します。**

## 1.1.1 Gitとバージョン管理システム

**Git**（ギット）は、「**バージョン管理システム**」（Version Control System）と呼ばれるジャンルのソフトウェアの1つで、ファイルを作成する途中の段階を適宜記録することによって、さまざまな便宜を図るものです。

「**バージョン**」という言葉はすっかり一般的になりましたが、広く考えると、2つの意味があるといえるでしょう。

1つは、「継続的に作るものに対して、適切な段階で保存したもの」です。たとえば重要な書類をMacで書く場合は、作業の途中でファイル名を変えて保存したり、複数の案のどれがよいか簡単に書いてから比較検討したり、いったん確定した後からさらに改善を図るために修正を繰り返したりします。細かく見れば、このような作業の区切りのそれぞれが1つの「バージョン」です。大きく見れば、毎年1回まとめるレポートで、去年書いたものに最新情報を追加して改訂版とするような場合もまた1つの「バージョン」です。

■作業を区切る「バージョン」

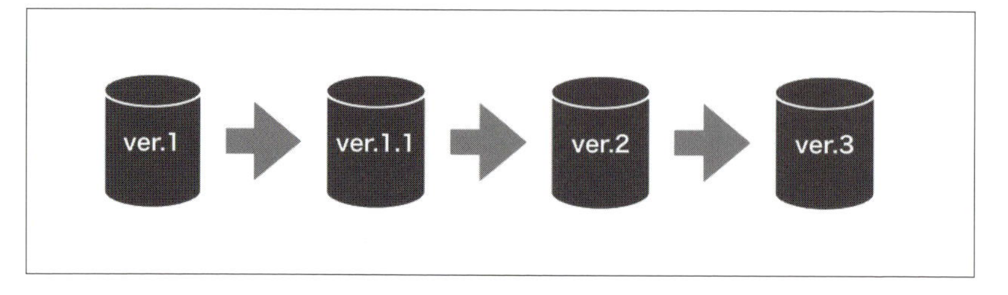


もう1つは、「元のものとは別のやり方をしたもの」です。よく使われる例では、元々アイドル向けに作られた楽曲を作曲者本人が歌ったり、使用する楽器を差し替えて雰囲気を大きく変えるような場合に「～バージョン」などと呼んだりします。また、ビジネス文書であれば、依頼主へ提出したものを元にして、それを別の相手のために流用したり、社外向けに要約するような場合は、これもまた

「～バージョン」といえます。場合によっては、派生したバージョンを統合してさらに新しいバージョンを作ることもであるでしょう。

■別のやり方をする「バージョン」

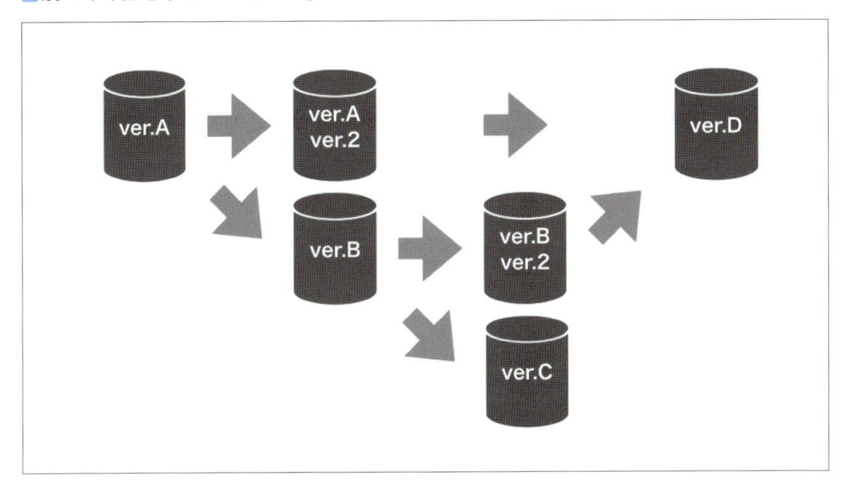


バージョン管理システムであるGitの主要な機能も、この2つとよく似ています。

Gitの「適切な段階で保存」する機能は、それぞれのバージョンのファイルの状態（スナップショット）を保存します。これにより、次のことができるようになります。

- 各バージョンに、作成者、作成日時、作業メモなどの付随情報を記録できます。
- 作りかけのファイルを破棄して前のバージョンへ戻り、作業をやり直しできます。
- 過去のバージョンのファイルを取り出すことができます。間違えて上書きしたり、捨てたりしても、速やかに回復できます。
- トラブルがあったときに、過去のバージョンの履歴を段階的に追跡できます。作成日時や作業メモなどが手掛かりになります。
- 2つのバージョンを比較して、どのファイルのどの行に変更があったかを調べられます（おもにテキストファイルの場合）。

ここまでの機能のほとんどはバックアップと似ていますが、Gitではさらに「別のやり方をしたもの」に分ける機能があり、次のようなことができるようになります。

- 課題によって進行を分岐させることができます。別のことを行って比較したり、元のファイルを残したまま手元で新しい課題の作業を進めるなど、さまざまな目的で利用できます。
- 関連ファイルをネットワーク経由で共有できます。複数の端末や複数のメンバーで作業を分担できます。
- 分岐して別々の作業を行った後で、両方の更新内容を1つにまとめることができます。同一のファイルを分担して修正しても、変更箇所が異なれば、ほとんどの場合は自動的に統合できます（テキストファイルの場合）。

プロジェクトが大規模になり、ファイル構成が複雑になるほど、作業は一直線には進まず、分担・統合することが重要になります。また、何か問題が起きたときは、そのときに何があったのか、なぜそのようなことをしたのかを調べるために、履歴を追跡することが解決の第1歩です。バージョン管理システムの導入は、ワークフローの改善を支援することにもつながります。

## Gitは誰が作って、使っている？

Gitは、Linuxカーネル（Linuxの中核部分）を開発したことで知られる**リーナス・トーバルズ**氏によって、Linuxカーネルの開発を支援するために2005年から開発が始められました。バージョン管理システムはその以前からありましたが、さまざまな事情により、新しく開発することになったのです。

Gitが正式リリースされた後はさまざまなソフトウェア開発プロジェクトが利用するようになり、現在ではGoogleやMicrosoftなどの世界的な巨大企業までもが利用する、バージョン管理システムの代表的なものになりました。Appleもプログラミング言語「Swift」などの開発にGitを使っていますし、開発用アプリケーション「Xcode」はGitにも対応しています。

Gitは大規模なプロジェクトのための機能を数多く備えていますが、少人数のチームや個人の開発者にも人気があります。たとえば、本書で紹介するテキストエディタの「CotEditor」も、開発にはGitを利用しています。使う機能が基本的なものだけであってもバージョン管理システムを導入するメリットは十分ありますし、小規模な用途であればほとんどの場合は無料で使えるでしょう。

さらにGitは、Webコンテンツや一般的なドキュメントの制作に使われることも増えています。Gitはテキストファイルの扱いが得意ですので（P.23「1.3.2 なぜテキストエディタを使うのか」参照）、テキストファイルを中心に扱うのであれば、分野を問わず活用できるといえるでしょう。

なお、「git」は英語の俗語で、「(とくに男性の)まぬけ、役立たず」という意味です。このような自虐的な名前になったのは、命名したリーナス氏自身の皮肉に由来しています。興味のある方はWikipediaなどで調べてみてください。

## 1.1.2 手動バージョン管理の問題点

バージョン管理システムを使ったことがない場合でも、同じことを手動でやっている方は多いでしょう。よくあるのが、同じフォルダにファイル名を変えて保存したり、フォルダごとコピーしてフォルダ名を変える方法です。

■手動によるバージョン管理の典型例

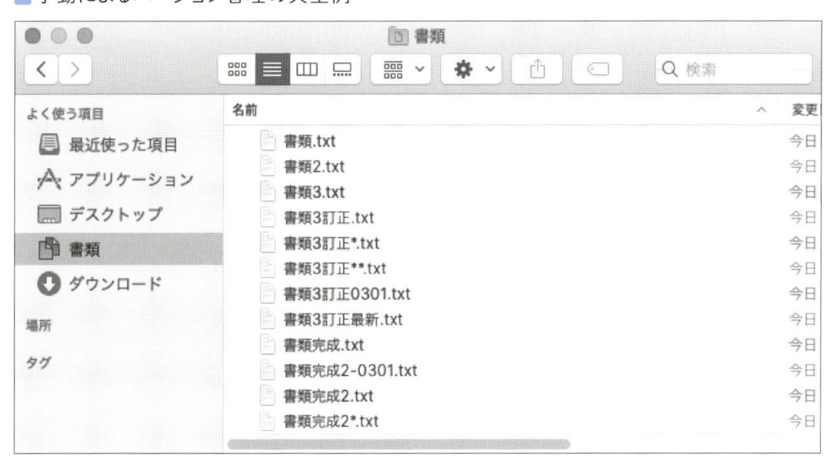


これほどではないとしても、このような状態のフォルダを実際に見ることがあります。たしかに、このような「手動バージョン管理」でも十分なケースは多くありますが、おもに2つの問題があります。

### 命名ルールの徹底は難しい

1つめの問題は、命名ルールを厳密に決めている人は多くなく、決めていたとしても、手作業である以上は徹底が難しいことです。このため、どの順番で作業が進行してきたのか、どれが最新なのか、わからなくなるケースがあります。

たとえば、ファイルやフォルダの名前に日付を入れたり、「*」などの記号を入れて修正のたびに増やしていくやり方はよく見られます。しかし、きちんとルールとして決めていることはあまりないようです。複数のメンバーで統一することはさらに難しいでしょう。

また、「最新」「訂正」「完成」などの語句を使う場合はさらに混乱を招きやすくなります。しかも、「これで完成だ」と思ってファイル名に「完成」とつけたときにかぎってたちまち修正点が見つかるなどして、「完成2」「完成3」……と新しいファイルを作ることになり、まったく「完成」ではなかったという経験をした方もいることでしょう。

一方Gitを使うと、すべてのバージョンに日時と担当者が記録され、どのように進行しているかがわかります。このため、ファイルやフォルダの名前でバージョンを示す必要がそもそもありません。

### 別のバージョンと取り違えるおそれがある

2つめの問題は、作業中のバージョンと過去のバージョンが同じように並んでいると、取り違えるおそれが常にあることです。「確認のために古いバージョンのフォルダを開いていたら、気づかずにそのまま新しい作業を始めてしまった」「古いバージョンを上書きするつもりだったのに、新しいバージョンを上書きしてしまった」などの経験は、多くの方があるでしょう。

Gitを使うと、Finderに表示されるファイルはいま作業しているものだけです。それ以外のバージョンは見えないところに隠されるため、意図的に過去のバージョンへ切り替えないかぎり、古いファイルを使ってしまうおそれはありません。

ただし、過去のバージョンを取り出した後に、そのまま新しい作業を始めてしまう可能性はあるので、ケアレスミスを引き起こす危険性は残ります。とはいえ、それはどのようなシステムを使っても同じことでしょう。

### 1.1.3 Time Machineではダメなのか?

Macユーザとしては、ここで「Time Machine」のことを思い出すかもしれません。Time MachineとはmacOS内蔵のバックアップ機能のことで、外付けハードディスクを用意するだけで1時間に1回、自動的にバックアップを作ってくれるものです。いざというときはSF映画のタイムマシンのように過去へ飛び、その時点のファイルを現在へコピーできます。

Time Machineはたしかに便利ですが、次のような問題点もあります。

- 特定のファイルやフォルダだけを選んでバックアップできません（逆に、特定のファイルやフォルダをバックアップしないように、除外指定することはできます）。
- バックアップするタイミングは指定できません（手動でいますぐ実行することはできます）。
- 個別のバックアップに対してメモをつけられません（バックアップした日時は記録されます）。
- 古いバックアップは自動的に間引きされます（1日を過ぎると1日に1つ、1か月を過ぎると1週間に1つのバックアップのみが継続的に保管されます）。

上記の問題は、Gitを使うとすべて解決できます。つまり、Gitには次のような特徴があります。

- 特定のフォルダを選んで**スナップショット**（ファイルの状態）を記録し、履歴を追跡できます。
- 記録するタイミングは自分で決められます。たとえば、プロジェクト全体の中の、個別の課題を1つ完成させたときなどです。内容や進行状況とは無関係な時刻で区切る必要はありません。
- 履歴のそれぞれに自由にメモをつけられます。
- 原則として、すべての履歴を継続的に保管します。自動的に履歴が削除されることはありません。

ただし、Time Machineはバックアップを気軽に作成できるように作られていますし、Gitが管理する履歴のファイルもバックアップできるので、Gitとは別のシステムとして併用するのがよいでしょう。

# 1-2 Gitを使うには

**Gitを使う形態には、手元のMacにインストールする方法と、ネット上のサービスを利用する方法があります。基本的な仕組みを紹介します。**

## 1.2.1 1台の中で使う・共有して使う

Gitを使うには、大きく分けて2つの形態があります。

1つは、1台のMacの中だけで使う方法です。この場合は、一般的なアプリケーションと同様に、手元のMacにGitをインストールします。

もう1つは、複数のMacや、複数のメンバーで共有して使う方法です。この場合は、自分でGitサーバをネットワーク上に用意するか、インターネット上で提供されているGitサーバのサービスを利用します。Gitの仕組み上、この場合でも手元のMacにGitをインストールする必要があります（P.21「1.2.3 集中型と分散型」を参照）。

■1台の中だけでも、サーバを使う場合でも使えるが、どちらの場合もMacにGitをインストールする

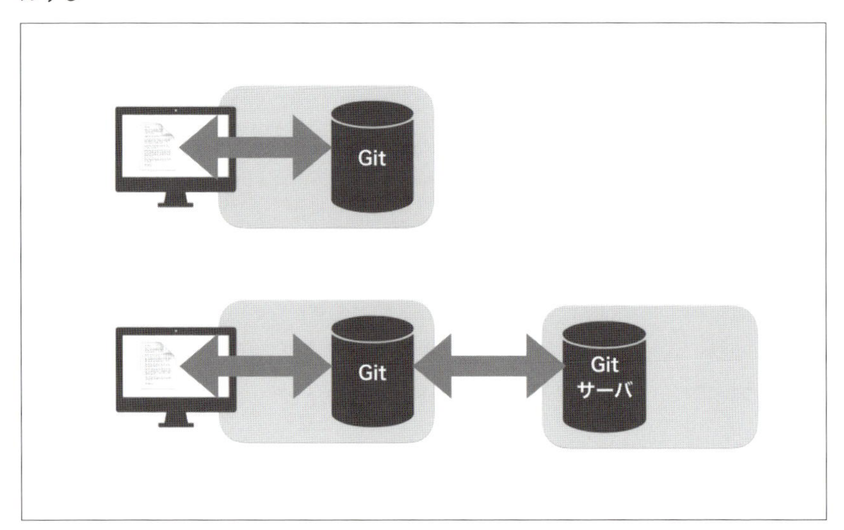

本書では、まず手元のMacだけで使い始め、その後にインターネット上のサービスを利用して共有する形態へ進めていきます。本書で利用する「**Sourcetree**」（ソースツリー）というアプリケーションはその両方に対応するので、形態によってアプリケーションを使い分ける必要はありません。

なお、GitとSourcetreeの関係についてはP.28「1.4.2 なぜSourcetreeを使うのか」で紹介します。いまはとりあえず「SourcetreeはGitを兼ねるもの」と考えておいてください。

● NOTE　本書では、オンラインでGitのサービスを提供する機能を「Gitサーバ」と呼ぶことにします。

## 1.2.2 GitとGitHub

Gitを利用するというと、**GitHub**（ギットハブ）というオンラインサービスの名前を知っている方もいることでしょう。

GitHubは、Gitサーバを利用したオンラインサービスを提供する企業の1つです。GitHubの略称がGitというわけではありません。また、Gitサーバを利用したサービスを提供する企業は他にも多数あります。

Git自体は**オープンソースソフトウェア**（P.20コラム「オープンソースとGitHub」参照）であり、誰でも無料でサーバを構築できます。ただし、Gitのオンラインサービスを提供するためには、Gitをサーバへ組み込んだり、サーバそのものを運用する技術や費用が必要です。

このため、Gitをオンラインで利用したい場合は、GitHubのような既存のサービスを利用するほうが一般的です。この場合も、すべてをWebブラウザから操作するのでなければ、やはり手元のMacにもGitやSourcetreeをインストールする必要があります。

● NOTE　GitHubをはじめ、Gitサーバを提供する多くのオンラインサービスでは、Gitだけでなくソフトウェアを開発する場合に必要になる関連サービスもあわせて提供されていますが、本書では扱いません。

### GitHubとは

GitHubは、Gitなどのソフトウェア開発者向けツールを提供するオンラインサービスです。運営元であるGitHub社は2008年にアメリカで設立され、2018年にマイクロソフトに買収されましたが、現在も独立した企業として運営されています。サービスはgithub.comに、日本語版のコーポレートサイトはgithub.co.jpにあります。

GitHubを利用するには個人向けと企業向けにそれぞれ2つのプランがあり、個人向けには無料から始められる**「Free」プラン**があります。以下、断らないかぎり本書ではFreeプランを扱います。

不特定多数に対して公開するプロジェクト（**パブリックリポジトリ**）は、無制限に作成できます。

さらに、不特定多数に対して公開しないプロジェクト（**プライベートリポジトリ**）も無制限に作成できます。以前は有料プランの契約が必要でしたが、2019年1月にサービス内容が改訂されました。ただし、Freeプランで登録できる**コラボレータ**（共同作業者）は3人までです。4人以上としたい場合は月額7ドルの**「Pro」プラン**を契約する必要があります。

本書ではGitサーバに、最も知名度の高いGitHubを採用します。なお、Gitの機能に直接関係するものは他社のサービスであっても共通ですので、将来GitHub以外のGitサーバを利用することになっても基本の知識は変わりません。

## オープンソースとGitHub

コンピュータソフトウェアの世界で「**オープンソース**」とは、ソフトウェアの元になるプログラムコードを公開（open）して、広く参加者を募る開発体制のことです。プログラムコードのことを一般に「原典」を意味する「ソース」（source）とも呼ぶので、「ソースをオープンにする」という意味で「オープンソース」と呼びます。ちなみに、料理に味をつけるソース（sauce）とは別の言葉です。

オープンソースのプロジェクトでは不特定多数に対してソースを公開しますから、ほとんどの場合、その成果物であるソフトウェアも無料で公開されます（ただし、必ず無料であるとは限りませんし、オープンソースであることと無料であることは厳密に言えば無関係です）。

GitHubでは以前から公開プロジェクトは無料で利用できていたため、オープンソースを採用しているプロジェクトが多く集まるようになりました。オープンソースであるGitが、別のオープンソースソフトウェアの開発を支援するという好循環が成り立っています。

## 1.2.3 集中型と分散型

Gitはバージョン管理システムのなかでも「**分散型**」と呼ばれます。これに対し、「**集中型**」というものもあります。わかりやすいので、集中型から紹介を始めます。

**集中型**では、データの置き場所を1つだけに決めます。バージョン管理システムは複数のメンバーが共有することが一般的ですので、通常はネットワーク上のサーバに置きます。手元の端末に保管されるデータは、さしあたっての作業に必要なものだけです。

データを取り出したり収めたり、過去の履歴を調べるには、サーバへアクセスする必要があります。よって、サーバのメンテナンス中やネットワークへ接続できない環境にいる間は、メンバーは履歴を参照するなどの操作ができなくなります。また、もしもサーバ上のデータが破損すると全員がデータを失うことになるため、サーバ管理者がバックアップを確実に作成する必要があります。

■集中型では常にサーバへ接続して作業する必要がある

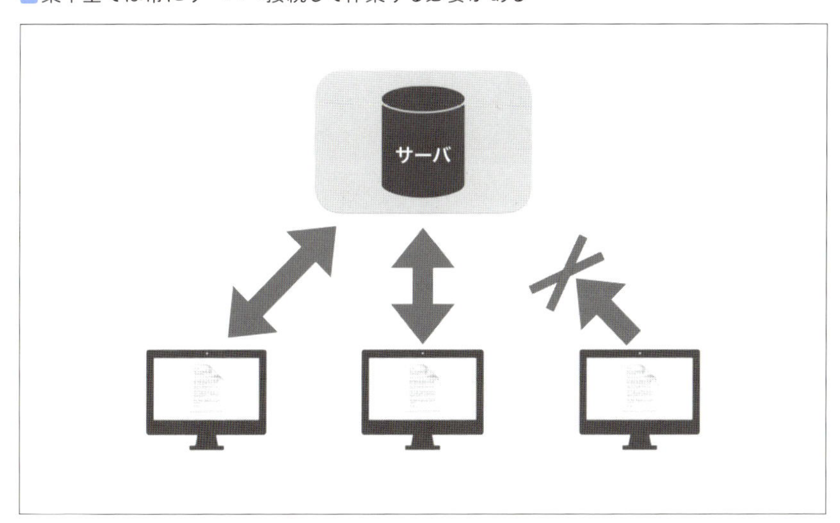


一方、**分散型**では、最終的にデータを集める場所（Gitサーバ）は設定しますが、参加メンバー全員の端末にも原則として同じデータがまるごとコピーされます（データを分割して保管するわけではありません）。これにより、次のようなメリットがあります。

- バージョン管理システムに必要なデータがすべての参加者の端末内にあるため、ネットワークから離れている間でも、ファイルを新しいバージョンとして登録したり、履歴を調べたり、過去のファイルへ切り替えたりと、さまざまな操作ができます。ネットワークに接続したときに、あらためてデータの更新を行います。
- ほとんどの操作はサーバへアクセスする必要がないため、処理が高速です。
- 参加者全員がサーバのバックアップを持っているのと同じですので、事故に対して強くなります（ただし、1台のMacの中だけで使っている場合は参加メンバーが1人ですので、コピーもされません）。

■Gitのような分散型では手元に同じデータがあるため、ネットワークへ接続できなくても作業できる

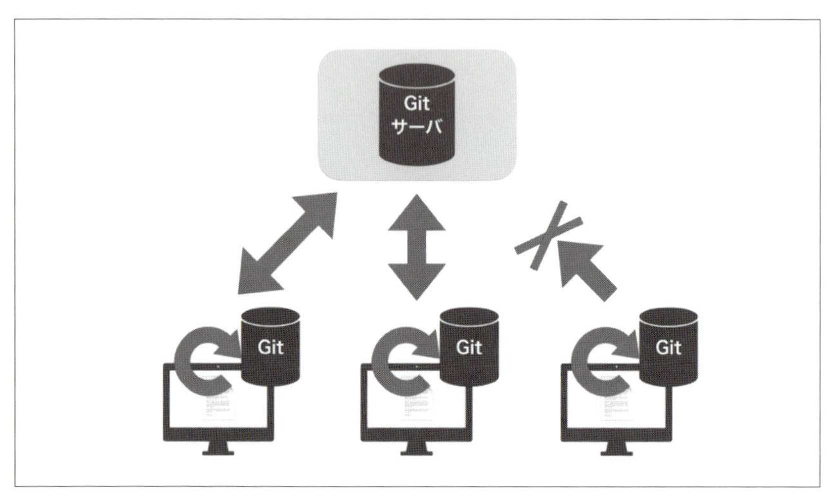


これからバージョン管理システムを使う方は、分散型と集中型の違いをとくに意識しなくてもかまいません。ただし、1か所のデータ置き場へ全員が直接アクセスするのではなく、サーバとメンバー全員の手元に同じものが分散しているという点だけは覚えておいてください。Gitサーバへ接続したときの操作を理解するときに役立ちます。

● NOTE　どんな用途でも分散型のほうがよいわけではありません。たとえば、社外に対して守秘義務があり、専任のサーバ管理者を配置できるような場合は、自前で社内専用のサーバを用意して社外からのアクセスを遮断し、サーバ以外の場所に複製を作らせないために、集中型を採用することがあります。

# 1-3 CotEditorを準備する

**行番号や不可視文字を表示できるテキストエディタを準備しましょう。本書では「CotEditor」をとりあげます。**

## 1.3.1 CotEditorとは

「**CotEditor**」は、Mineko IMANISHI氏が開発するMac用のテキストエディタです。

本書では次の理由から、サンプルファイルの作成にCotEditorを利用します。

- Macらしい使い勝手で初心者にも使いやすいアプリケーションです。
- Gitが得意とする**テキストファイル**を編集する**テキストエディタ**です。
- **行番号**を表示できます。Sourcetreeはテキストファイル中の位置を行番号で指し示すため、これは重要なことです。
- スペース、改行、タブなどの不可視文字を表示できます。
- オープンソースで開発されていて、無料で利用できます。

なお、すでに使い慣れているテキストエディタがあり、行番号や不可視文字を表示できるものであれば、それを使ってもかまいません。ただし、macOSに付属する「テキストエディット」は、行番号や不可視文字を表示できないので、Gitで扱うファイルを編集するには不向きです。

## 1.3.2 なぜテキストエディタを使うのか

Macで文書を作るときはPagesやWordのようなワードプロセッサ（ワープロ）のほうが一般的ですが、本書ではテキストエディタを使います。Gitはテキスト形式のファイルの取り扱いがとくに優れているからです。

**テキストエディタ**とは、文章（テキスト）の編集をとくに重視するジャンルのアプリケーションで、もともとプログラムコードを書くために作られました。ワープロでは、文字に装飾を加えたり、画像を配置したりできますが、テキストエディタはそもそも目的が異なるため、それらの機能は簡易的なものにとどまるか、まったく対応していません。

● NOTE　macOS付属の「テキストエディット」は、文字に装飾を加えたり、画像を挿入できるリッチテキスト形式も編集できます。名前とは対照的に、実はワープロ流の機能を多く持っています。

Gitが得意とする**テキスト形式**のファイルとは、テキストのみを収めた形式のファイルのことです。「**標準テキスト**」や「**プレーンテキスト**」などと呼ばれる、拡張子が「TXT」のものが一般的ですが、Webページの文書構造を示す「HTML」もテキスト形式です。

これに対し、画像や音声など、テキスト以外のデータを含む形式のファイルをまとめて「**バイナリ形式**」と呼びます。具体的には、画像のJPEGファイルや、音声のMP3ファイルなどだけでなく、ワープロで作成したDOCXなどのファイルもバイナリ形式です。たとえ何も装飾をせず文章しか書いていないファイルであっても、実際にはフォントの種類やサイズ、ヘッダーやフッター、印刷時の余白など、テキスト以外のさまざまな付属情報がファイルに追加されています。

Gitはどんな形式のファイルでも保管できますが、扱いを得意とするのはテキスト形式のファイルです。もともとGitはソフトウェア開発を支援するために作られたものですが、プログラムコードはテキスト形式で作成されるからです。

よって、通常の文章をワープロではなくテキストエディタを使い、テキスト形式で作成すれば、Gitの機能を活用できます。内容がプログラムコードである必要はありません。

● NOTE　Gitをカスタマイズするか、機能が追加されたサービスを利用すれば、たとえばJPEG形式の写真の修正前後を比較したり、変化した範囲を表示させることもできます。ただし、本書ではテキスト形式以外のファイルを扱う方法はとりあげません。

## テキストだけで文書を書くルール「マークダウン」

一般的に、数千文字程度の文書になると、階層付きの見出し、特定語句の強調、画像の挿入、URLの併記などが必要になります。しかし、テキストのみではこれらを表現できないため、普段ワープロで文書を作っている方には不満でしょう。

そこで近年人気があるのが「**マークダウン**」(Markdown)と呼ばれる、テキストだけで文書構造や装飾などの基本的な書式を表現するルール(記法)です。

マークダウンのルールは比較的単純で、通常の文章としても読みやすく、メールに似た感覚で書けるように配慮されています。たとえば、見出しの行は先頭に「#」を階層に応じた個数つける、語句を強調するには前後を「**」で囲む、段落を区切るには空白行を使う、などです。基本的なルールとサンプルは、Wikipediaの説明がわかりやすいでしょう(https://ja.wikipedia.org/wiki/Markdown)。マークダウンのルールを使ったテキストであることを示すため、ファイルの拡張子には「md」を使います。

マークダウンはテキストファイルですから、執筆にはCotEditorなど汎用のテキストエディタが使えますが、マークダウン専用のエディタもあります。たとえば「MacDown」(https://github.com/MacDownApp/macdown)では、ウインドウ左側のエディタで執筆すると、右側のプレビューでリアルタイムに内容の仕上がりを表示するので、初心者でも扱いやすいでしょう。

MacDownの使用例

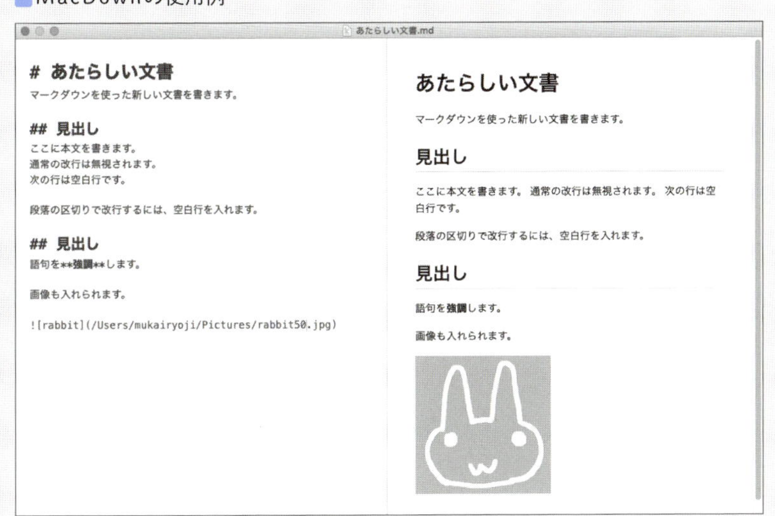

なお、マークダウンはGitHubでも多用されていて、プロジェクトの説明文（READMEファイル）などの書式としても使われています。さらに、GitHub特有の機能を使いやすいように専用のルールを追加した「**GitHub Flavored Markdown**」(https://github.github.com/gfm/)も策定されています。

## 1.3.3 CotEditorのインストール

CotEditorをインストールしましょう。CotEditorは、Mac App Storeから無料で入手できます。

### ステップ1

CotEditorのWebサイト「https://coteditor.com」を開き、「Available on the Mac App Store」のロゴをクリックします。

または、Appleメニューから[App Store...]を選び、「coteditor」のキーワードで検索してもかまいません。

## ステップ2

開発者名が「Mineko IMANISHI」であることを確かめて、インストールしてください。

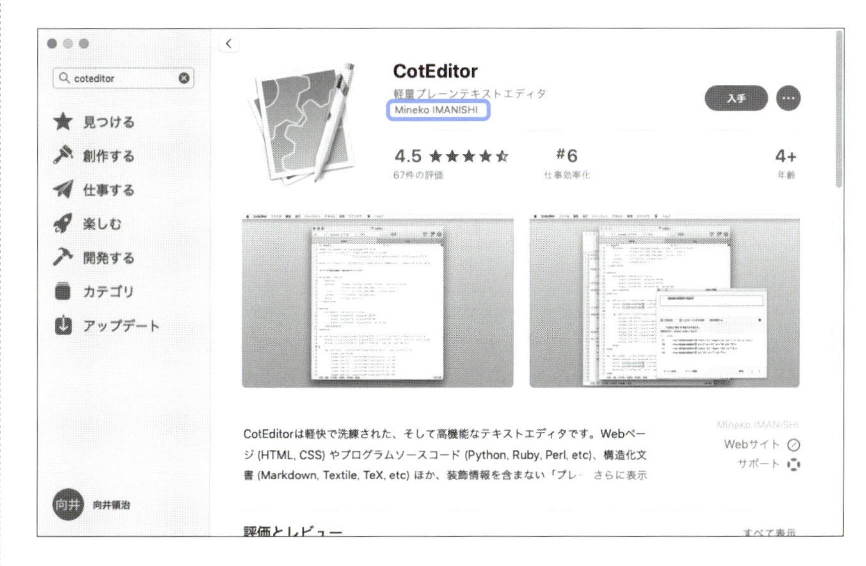


入手とインストールの手順はほかのApp Storeのアプリと同じですので、詳細は省略します。

# 1-4 Sourcetreeを準備する

**本書ではGitを利用するために「Sourcetree」というアプリケーションを使います。あわせて、GitとSourcetreeの関係を紹介します。**

## 1.4.1 Sourcetreeとは

「**Sourcetree**」(ソースツリー)は、オーストラリアのAtlassian社が開発するGitシステム兼クライアントアプリケーションです。本書では扱いませんが、Atlassian社自身も「Bitbucket」というGitサーバのオンラインサービスを提供しています。

本書では次のような理由からSourcetreeを利用します。

- 多くのMac用アプリと同様に、グラフィカルなインターフェイス(GUI)を持ち、一般的なMacユーザーがGitを扱いやすくなっています。
- ほとんどのメニューやメッセージ表記が日本語化されています。
- Gitのシステムを内蔵しているため、インストールしたMacの内部だけでもGitを利用できます。
- GitHubをはじめとした、Gitサーバのクライアントとしても利用できます。
- 無料で利用できます。

## 1.4.2 なぜSourcetreeを使うのか

Gitは本来、すべての操作をキーボードから文字で入力するタイプのソフトウェアです。このため、Macで利用する場合は、「**ターミナル**」アプリケーションからコマンドを入力して操作する必要があります。Mac用のアプリケーションにはプルダウンメニューが必ずありますが、Gitにはこれもありません。このようなタイプのソフトウェアに慣れている方にはよいのですが、一般的なMacユーザーには大変難しいものです。

■「ターミナル」からGitを使用している例

```
Last login: Mon Mar  4 13:33:25 on ttys000
mukairyojinomakku:~ mukairyoji$ cd /Users/mukairyoji/Documents/Gitテスト1
mukairyojinomakku:Gitテスト1 mukairyoji$ git status
On branch master
Untracked files:
  (use "git add <file>..." to include in what will be committed)

        .gitignore

nothing added to commit but untracked files present (use "git add" to track)
mukairyojinomakku:Gitテスト1 mukairyoji$ git log --oneline
8cec6ba (HEAD -> master) 5行目を追加、2行目を修正
84158c2 【名前】書類1.txtをfile1.txtへ変更
ff5afdb 書類2.txtを削除
97ca67c 書類2の2行目
f23f7fb 書類2の1行目
d1caa40 書類1の更新のみコミット
06afa28 2行目の内容を修正
ce00d1f 3行目を追加
8eb4661 2行目を追加
e623901 書類1を初めて登録
mukairyojinomakku:Gitテスト1 mukairyoji$
```

ただしGitは、その機能を組み込んで別のアプリケーションとして作ることができます。Mac向けにも、プルダウンメニューやツールバーなどを配して、Mac用のアプリケーションとして操作できるように作られているものがいくつもあります。たとえばMac App Storeで「git」のキーワードで検索しただけでも、さまざまな開発者が手がけたアプリケーションが数多く見つかります。本書で使用するSourcetreeも、その1つです。

■「Sourcetree」の使用例

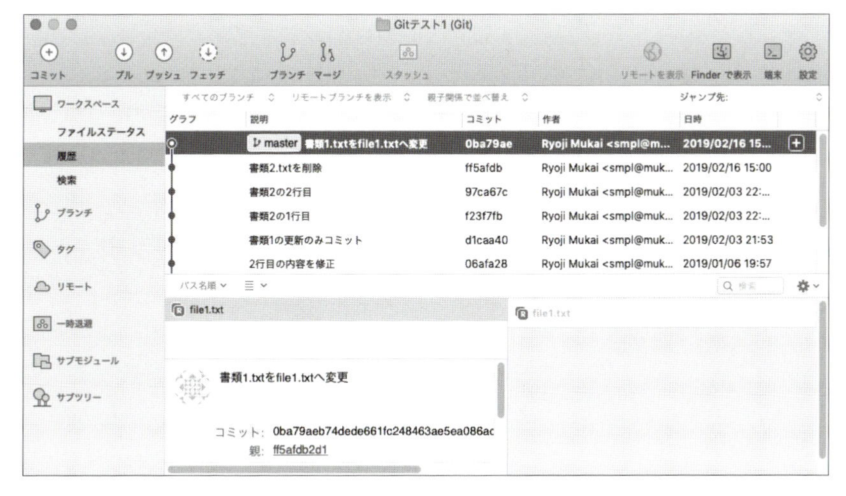

SourcetreeはGitそのものではないため、Gitのすべての機能が使えるわけではありませんが、一般的な用途では十分です。本書でもSourcetreeのすべての機能は紹介しきれないほどです。

なお、Gitに対応したアプリケーションは数多くありますが、それらの互換性を気にする必要はほとんどありません。たとえば、GitHubを利用するのに、Sourcetreeだけでなく、別のGit対応アプリケーションからアクセスしてもまず問題はないでしょう。

## 1.4.3 Sourcetreeのインストール

Sourcetreeを利用するには、**Atlassianアカウント**または**Googleアカウント**のどちらかを使って、**Bitbucket**へログインする必要があります。ただし、初回起動時にログインすれば、その後はログアウトしてもかまいません。

● NOTE　**Bitbucket**（https://bitbucket.org）は、Atlassian社が運営する、Gitサーバを含むオンラインサービスです。無料プランでも、メンバーが5人以下であれば非公開のプロジェクト（プライベートリポジトリ）を無制限に作成できます。Webページの主要部分は日本語化されているので、GitHubと使い分けてもよいでしょう。

### ステップ1

Webブラウザを起動してSourcetreeのWebサイトへアクセスし、「Mac OS X向けダウンロード」をクリックします。

URLは「https://ja.atlassian.com/software/sourcetree」です。または、「sourcetree download」のキーワードで検索してもアクセスできるでしょう。「ダウンロード」ボタンをクリックすると、すぐにダウンロードが始まります。

なお、Macでアクセスすると Mac版のダウンロードが強調表示されるはずですが、もしもそうでない場合は「Mac OS X向け」のリンクを探してください。

### ステップ2

図のようなダイアログが表示されたら、「同意する」チェックボックスにチェックを入れてから、「ダウンロード」ボタンをクリックしてください。

「Atlassian Softwareライセンス契約およびプライバシーポリシー」への同意は自己責任で行ってください。

### ステップ3

Sourcetreeのダウンロードが終わったら、Finderへ切り替えて、Sourcetreeを「アプリケーション」フォルダへ移動してください。

macOSでは、アプリケーションは原則として「アプリケーション」フォルダへ収めることになっています。

以後、Sourcetreeを起動するときは、「アプリケーション」フォルダを開いてアイコンをダブルクリックするか、「Launchpad」を開いてアイコンをクリックしてください。

### ステップ4

「Sourcetree」を起動します。図のようなダイアログが表示されたら「開く」ボタンをクリックしてください。

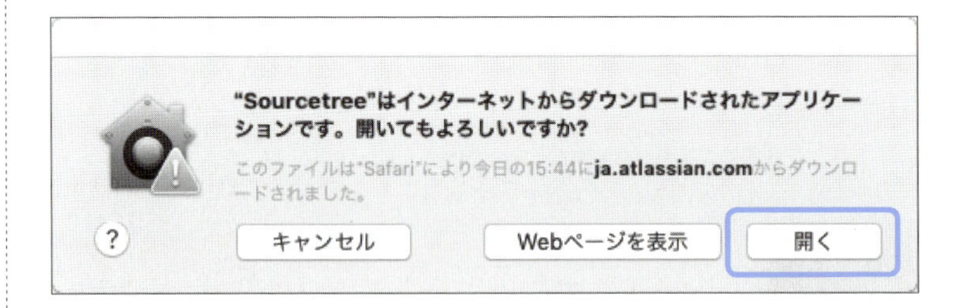


Mac App Store以外の方法で入手したアプリケーションを初めて開くときは、このように確認を求められます。

### ステップ5

Sourcetreeは最初の起動時にBitbucketへのログインを求めます。

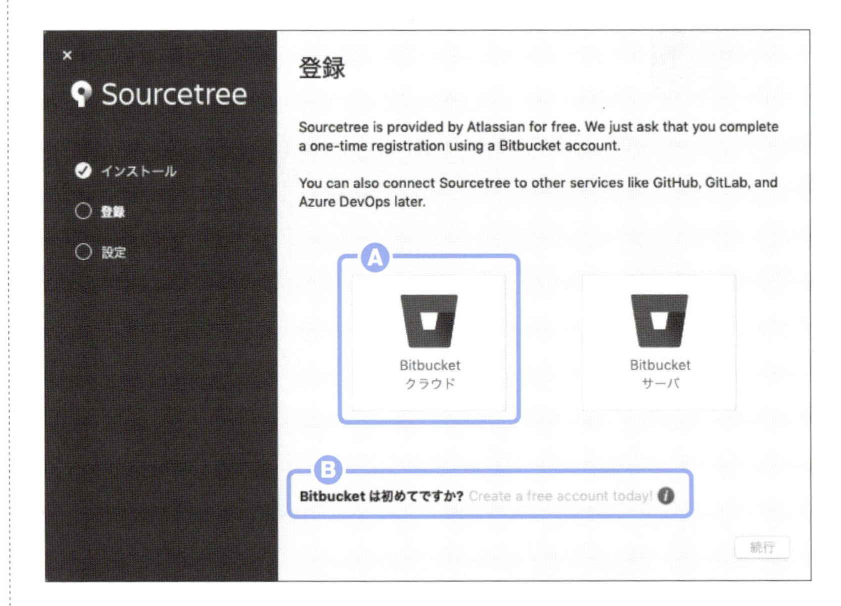

**A** すでに**Atlassian**アカウントを持っている、または、**Googleアカウント**を使ってBitbucketへログインするには、「**Bitbucketクラウド**」ボタンをクリックしてください。Bitbucketは、AtlassianアカウントとGoogleアカウントのどちらでもログインできます。以後のステップは、このボタンをクリックしたものとして進めます。

**B** Atlassianアカウントを新しく作るには、「**Create a free acount today!**」のリンクをクリックします。アカウントは無料で作成できます。このボタンをクリックするとWebブラウザでサインアップのページを開くので、表示に従って操作してください。

### ステップ6

Webブラウザが起動し、「**Log in to continue to Bitbucket**」（ログインしてBitbucketへ続行）ページが開いたらログインしてください。

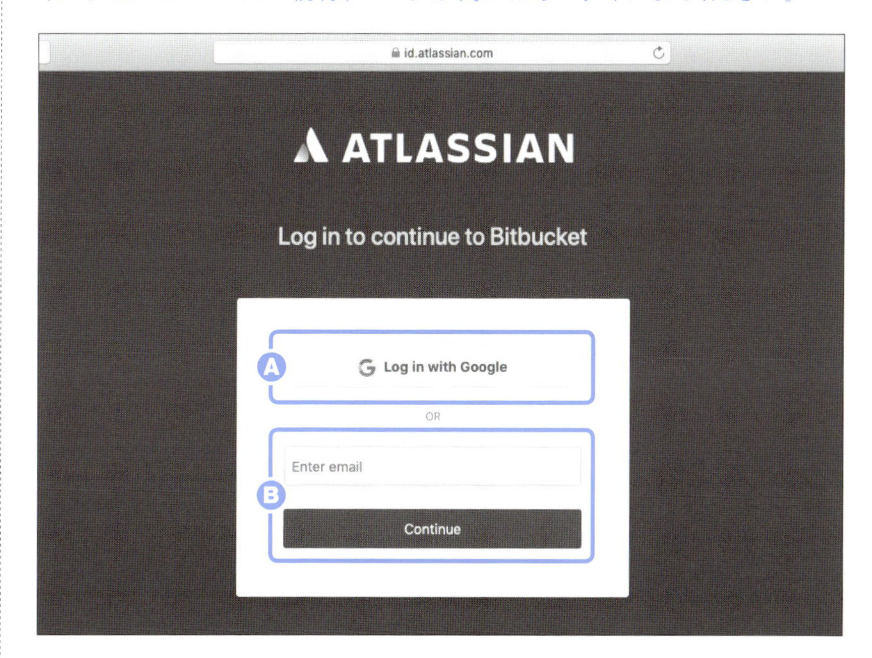


**A** **Googleアカウント**でログインするには「Log in with Google」ボタンをクリックしてください。初めてBitbucketを使う場合は「正しいアカウントを使っていますか？」ページが表示されるので、「Bitbucket Cloudにサインアップ」のリンクをクリックしてください。

**B** **Atlassianアカウント**でログインするには「Enter email」欄へメールアドレスを入力してから「Continue」ボタンをクリックしてください。

どちらを使う場合でも、表示に従ってログインを続けてください。

### ステップ7

図のような「一意のユーザー名を作成します」ページが表示されたら、Bitbucket用に希望するユーザー名を入力し、「続行」ボタンをクリックしてください。

この後に、アンケートのページが開くことがあります。

### ステップ8

「あなたの作業」ページが表示されたらBitbucketへのログインは完了です。Webブラウザはいったん閉じてください。

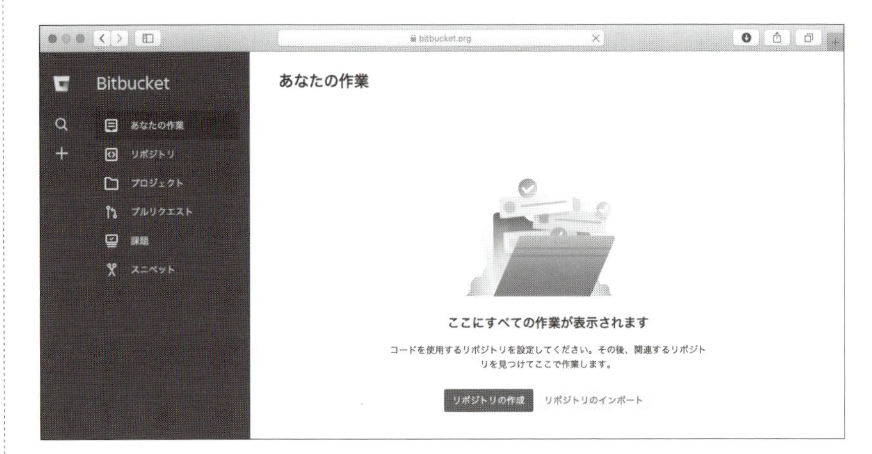

### ステップ9

Sourcetreeへ切り替え、もう1度「**Bitbucketクラウド**」のボタンをクリックしてください。

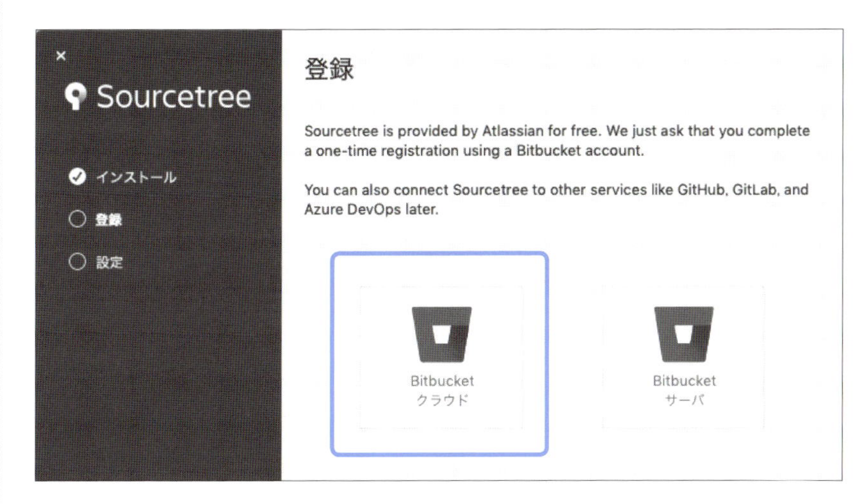


Webブラウザへ切り替わらないときは、いったんSourcetreeを終了してから再度起動してください。

### ステップ10

Webブラウザへ切り替わり、「アカウントのアクセスを確認」ページが表示されたら、「**アクセスを許可する**」ボタンをクリックしてください。

## ステップ11

確認のダイアログが表示されたら、「許可」をクリックしてください。

このページで"Sourcetree"を開くことを許可しますか?

キャンセル　許可

## ステップ12

Sourcetreeへ切り替わり、「登録が完了しました！」と表示されます。「続行」ボタンをクリックしてください。

## ステップ13

「Preferences」画面が表示されたら、設定を確認してから「完了」ボタンをクリックしてください。

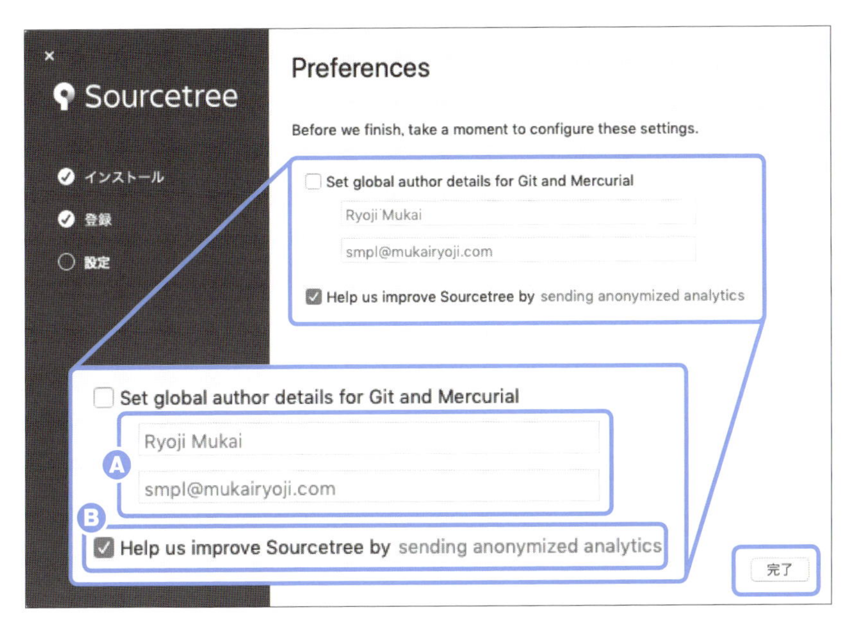


Ⓐ アプリケーションがデフォルトで使うユーザ情報です。ここではあえて後まわしにします。

Ⓑ 匿名化した使用状況を開発者へ送信して開発に役立てる設定です。好みで設定してください。

## ステップ14

これでSourcetreeの初期設定は完了です。Sourcetreeの基本ウインドウが表示されます。

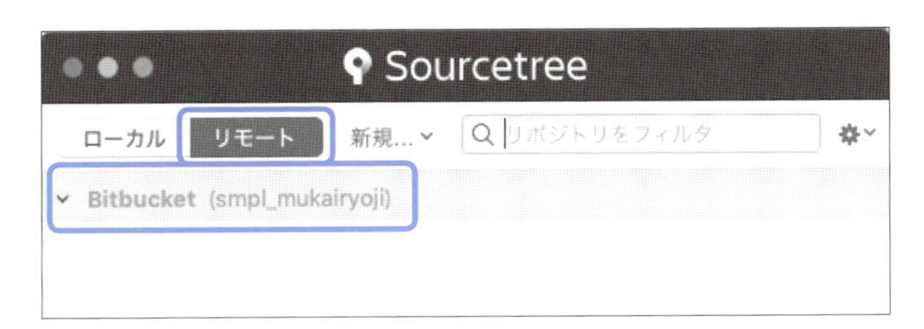


左上にある「**リモート**」には、いまログインしたBitbucketのアクセス情報が登録されています。

### ステップ15

もしもBitbucketを使わない場合は、ログアウトしてもかまいません。ログアウトするには、歯車アイコンのメニューをクリックし、[アカウント...]を選んでください。

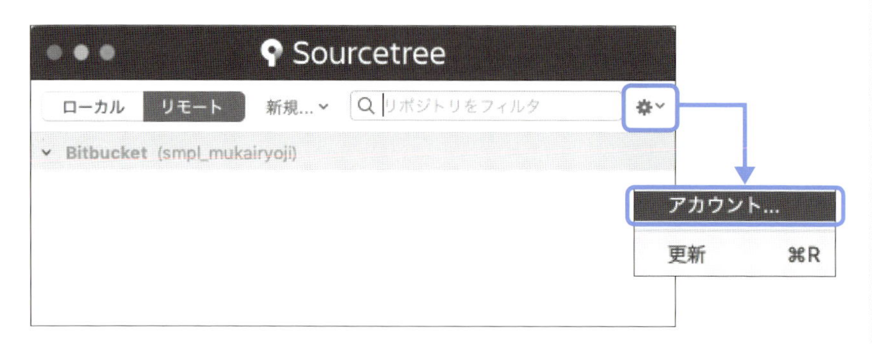


### ステップ16

「アカウント」ウインドウが開いたら、「Bitbucket」の行をクリックして選択してから、「削除する...」ボタンをクリックしてください。

この「削除」は、アプリケーションへの登録を削除する、つまり、ログアウトするという意味です。アカウントを削除するわけではありません。再度ログインすれば、再びSourcetreeからアクセスできるようになります。

### ステップ17

確認のダイアログが表示されたら、「削除」ボタンをクリックしてください。

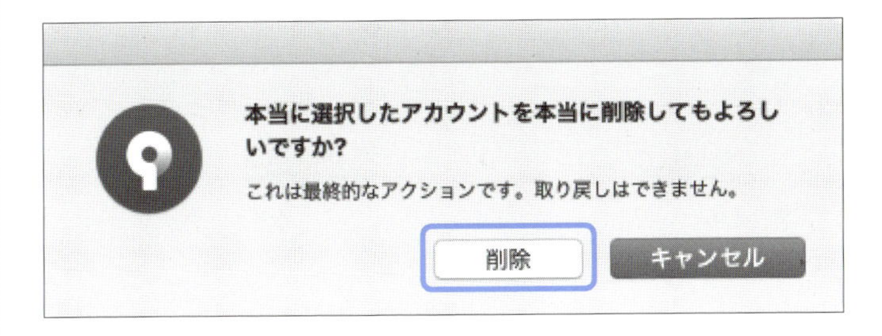


### ステップ18

元の画面へ戻ったら、「**リモート**」タブは図のように表示が変わったことを確かめてください。さらに、「**ローカル**」ボタンをクリックしてください。

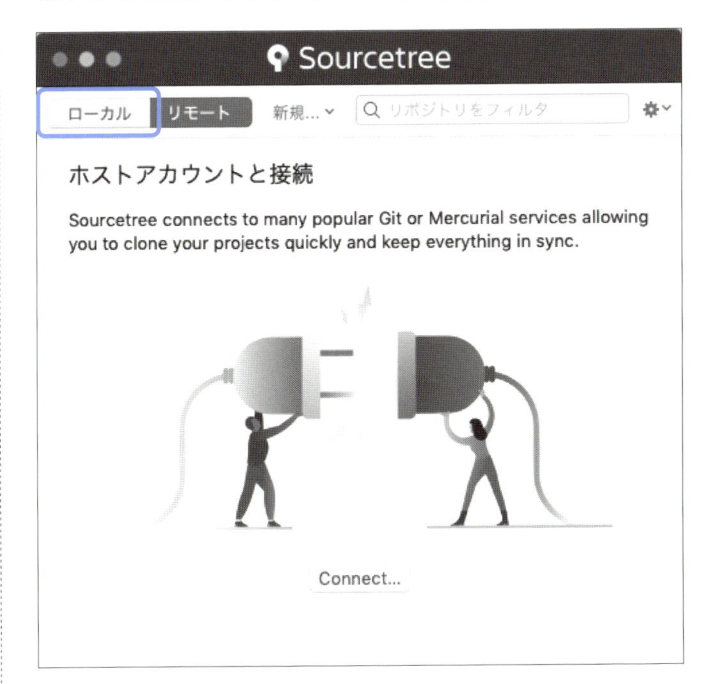


表示する情報がないということは、Gitサーバへログインするアカウント情報がないという意味です。つまり、このMacだけでGitを利用する状態になります。

## 1.4.4 自分の情報を登録する

Gitでは、個別の履歴に対して「誰が操作したか」という記録を残します。1人で使うときは記録しなくてもかまわないように思えますが、将来、プロジェクトを他人と共有するときのことを考えておきましょう。Sourcetreeに名前とメールアドレスを登録すると、作業を記録するときに自動的に自分の名前とメールアドレスを記録してくれます。

### ステップ1

Sourcetreeを起動し、[Sourcetree]メニューから[環境設定...]を選びます。

### ステップ2

「一般」タブの「**デフォルトのユーザー情報**」カテゴリにある、「名前」と「メールアドレス」の欄に入力します。

ここで設定するのはSourcetree全体で有効になる基本設定です。とくに設定しなければ、すべてのプロジェクト(Gitでは「**リポジトリ**」と呼びます)で、ここに入力した情報が自分の名前とメールアドレスとして扱われます。

### ステップ3

ウインドウを閉じてください。

● NOTE　特定のプロジェクトに限って名前やメールアドレスを変更したい場合は、個別のリポジトリの設定として変更できます。具体的には、①個別リポジトリのウインドウを開き、②[リポジトリ]メニューから[リポジトリ設定...]を選び、③「高度な設定」へ切り替え、④「ユーザー情報」カテゴリへ入力します。

# Gitのプロジェクトを始めよう

1章でインストールしたCotEditorとSourcetreeを使って、Gitのプロジェクト管理の基本操作を学びましょう。リポジトリ、作業ツリー、コミット、ステージといったGit特有の用語が登場しますが、操作しながら1つずつ覚えていきましょう。

# 2-1 リポジトリを作成する

**Gitを使ったバージョン管理を始めましょう。初めに、管理の基本となるフォルダを用意し、Sourcetreeへ管理対象として登録します。**

## 2.1.1 プロジェクトフォルダと作業ツリー

本書ではひとまとまりのファイルを作成する企画の全体を「**プロジェクト**」と呼ぶことにします。Gitでは、複数のプロジェクトを同時に扱うことができます。

Gitを使って履歴を管理するには、最初に、そのプロジェクトで作成するすべてのファイルを収めるフォルダを作ります。本書ではこのフォルダを「**プロジェクトフォルダ**」と呼ぶことにします。

プロジェクトフォルダは、プロジェクトごとに作る必要があります。Gitでは、プロジェクトで作成するファイルと同じ場所に、Gitが内部的に使用するフォルダをプロジェクトごとに作成するため、その両者を収める上位のフォルダが必要になるからです。

内部的に使用するフォルダは「**.git**」という名前で、プロジェクトフォルダ直下に作られます（詳細はP.47「2.1.3 Gitが内部で使用する『.git』フォルダ」参照）。

このようなフォルダ構成になっているため、プロジェクトで作成するファイルがたとえ1つだけであっても、プロジェクトフォルダが必要です。あるいは、プロジェクトで使用するファイルが複数のフォルダに分かれているときは、まず1つのフォルダへまとめる必要があります。なお、プロジェクトフォルダの中のサブフォルダは、自由に作ってかまいません。

● NOTE　別のプロジェクトのファイルを「サブモジュール」として取り込む方法がありますが、本書では扱いません。

Gitでは、プロジェクトで作成する一般のドキュメントファイルやフォルダなどをまとめて「**作業ツリー**」（**working tree**）と呼びます。ここでいうツリーとは、「ある場所を起点にした、ひとまとまりのファイルやフォルダ」という意味です。

ここまでのことを図にまとめると、次のようになります。

■プロジェクトで作成するファイルはプロジェクトごとにフォルダでまとめる

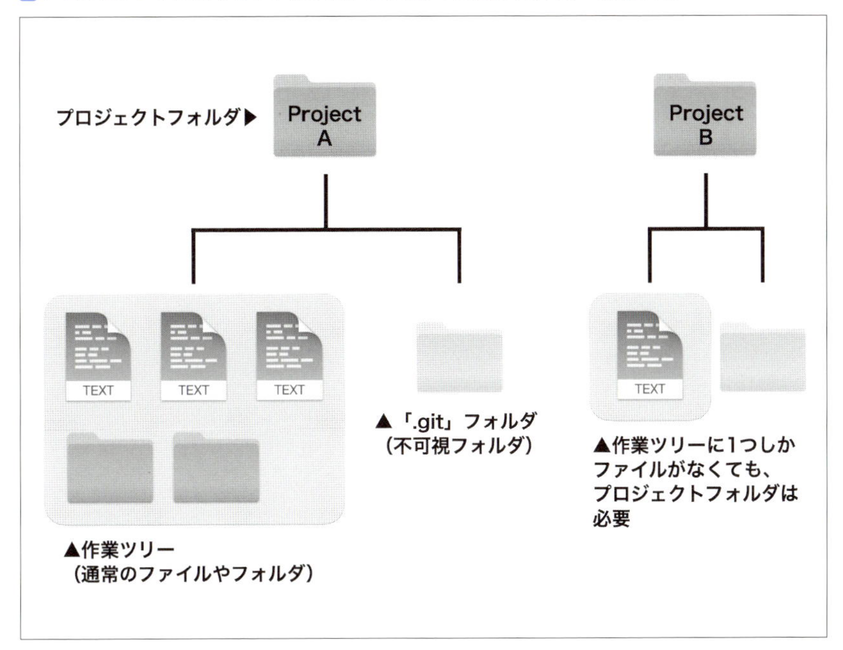


● NOTE　本書の呼び方に基づくと、作業ツリーのファイルやフォルダを収める上位のフォルダがプロジェクトフォルダになります。多くの場合は、プロジェクトフォルダにあたるものを「**作業フォルダ**」と呼び、作業ツリーと同じ意味で扱われます。ただし、プロジェクトフォルダの中にはGitが利用するファイルやフォルダも作られる点に注意していただくため、本書では意識的に呼び方を変えています。

プロジェクトフォルダを作成する場所は、自分のアカウントで読み書きできればどこでもかまいません。本書では、ホームフォルダの中にある「書類」フォルダの直下に、プロジェクトフォルダを作ることにします。同じ階層(本書の例では「書類」フォルダ)に、Gitで履歴を管理しないフォルダが混在してもかまいません。

プロジェクトフォルダは、新しく空のものを作って指定することも、すでにファイルがあるフォルダを指定することもできます。つまり、これから新しく始めるプロジェクトだけでなく、すでに進行中のプロジェクトに対しても、Gitで履歴を取り始めることができます。ただしその場合、履歴を取ることができるのは、Gitを使った履歴管理を始めてから後だけです。

## 2.1.2 プロジェクトフォルダを登録する

Gitでプロジェクトの履歴を取るには、そのプロジェクトフォルダをSourcetreeへ登録します。ここでは、新しく空のフォルダを作ってみましょう。

### ステップ1

Finderへ切り替え、適当な場所に「Gitテスト1」という名前で新しいフォルダを作ってください。

本書ではホームフォルダ直下の「書類」フォルダの中に作ります。

### ステップ2

Sourcetreeを起動し、「Sourcetree」ウインドウへ「Gitテスト1」フォルダをドラッグ&ドロップしてください。

このとき、「**ローカル／リモート**」の切り替えボタンが「**ローカル**」になっていることを確かめてください。もしも「リモート」が強調表示されていたときは「ローカル」をクリックしてください。このボタンの意味はP.288「4.1.5 リモートリポジトリをクローンする」で紹介します。

### ステップ3

「ローカルリポジトリを作成」ダイアログが開いたら「作成」ボタンをクリックしてください。

A 「保存先の**パス**」：プロジェクトフォルダのパスが自動的に入力されます。変更しないでください。「パス」という用語を初めて聞いた方はコラムを参照してください。

B 「名前」：フォルダの名前が自動的に入力されます。これはSourcetreeの画面表示に使うだけですので、自分がわかりやすいように変更してもかまいません。なお、後から変更するときは、リポジトリブラウザで［control］キーを押しながらクリックし、メニューから［名前を変更］を選びます。

C 「タイプ」：変更しないでください。Sourcetreeは、Gitのほかに「Mercurial」というバージョン管理システムにも対応しているためこのメニューがあります。本書では扱いません。

● NOTE　［control］キーを押しながらクリックしてメニューを表示する操作は、マウスが対応している場合は右クリックしても表示できます。

### ステップ4

Sourcetreeのウインドウに項目が1つ登録されたことを確かめてください。

これで「Gitテスト1」フォルダがSourcetreeの管理対象になり、以降の履歴を取る準備ができました。ただし、ここでの作業は、Sourcetreeに対してプロ

ジェクトフォルダを登録しただけです。プロジェクトフォルダ内にあるすべてのファイルの履歴を自動的に取るわけではありません。履歴を取るには、そのファイルをあらためて登録する必要があります（P.62「2-3 リポジトリへファイルを登録する」を参照）。

● ● ● ● ● ●

あるファイルの履歴を取るように設定し、変化を継続的に調べることを「**追跡する**」（**track**）と呼びます。Sourcetreeのメニューでも使われる言い方ですので覚えてください。

すでにファイルがあるフォルダをGitで追跡したい場合も、Sourcetreeへ登録する手順は同じです。目的のフォルダを「Sourcetree」ウインドウへドラッグ&ドロップするとダイアログが開き、同じ手順で登録できます。ただし、Sourcetreeに慣れるまでは、なくなってもかまわないファイルで練習しましょう。

## パスと、macOSでのパスの表記

「**パス**」（path）とは、元は「道、進路」という意味で、コンピュータでは「○○フォルダの中の、○○フォルダの中の、……、○○ファイル」のように、ファイルやフォルダの場所を示す経路のことです。macOSでは、システムフォルダがあるボリューム（通常は「Macintosh HD」）の最上位の階層を「/」（スラッシュ）で表し、さらに、フォルダ名を「/」で区切ってつなげて表記します。

また、macOSでは、「ユーザ」や「書類」などの最初から用意されているフォルダは、Finderでは日本語の名前が表示されますが、実際には英語の名前を持っています。たとえば、「ユーザ」フォルダは「Users」、「書類」フォルダは「Documents」です。どちらで表記しても間違いではありませんが、Sourcetreeの「パス」設定では英語の名前が使われます。

これらをまとめると、たとえば、ステップ3の図のⒶ「保存先のパス」にあった「/Users/mukairyoji/Documents/Gitテスト1」は、システムボリュームを起点にして、「ユーザ」→「mukairyoji」→「書類」→「Gitテスト1」の順にフォルダをたどって開いた場所を指しています。

ほかにも、ユーザごとのホームフォルダを汎用的に「~」（チルダ）で表すことがあります。たとえば「~/Documents」フォルダとは、（ユーザが誰であっても）そのホームフォルダを起点にして、その中にある「書類」フォルダを指します。

自分で書けるようにならなくてもかまいませんが、書かれているパスがどのフォルダを指しているのか読み取れるようにしてください。

なお、本書の中では使いませんが、「~(ユーザ名)」と表すと、(ほかの誰でもない)その名前のユーザのホームフォルダを指します。もしも「~Documents」とすると、「Documents」という名前のユーザのホームフォルダという意味になります。スラッシュ1つでまったく意味が異なるので、自分でパスを記述するときは注意してください。

### 2.1.3 Gitが内部で使用する「.git」フォルダ

プロジェクトフォルダをSourcetreeへ登録すると、Gitが内部的に使用するために「**.git**」という名前のフォルダを作成します。先頭に「.」(ドット)がつくことに注目してください。

ただし、「.git」フォルダは、通常は表示されません。存在するのに通常の手順では表示されないことを「**不可視**である」と言います。「.git」フォルダの中には、Gitのルールに従って多くのファイルやフォルダが作られますが、通常は手作業で操作するものではないため、ユーザが不用意に操作しないように隠されています。

● NOTE　macOSの通常の設定では、ドットで始まる名前のファイルやフォルダは、Finderでは表示されません。Gitを含め、UNIX由来のプログラムでは、ドットで始まる名前の不可視ファイルに環境設定を保存することが多くあります。

ここでは一時的に設定を変えて、「.git」フォルダが存在することを確認してみましょう。ただし、ファイルやフォルダの名前を変えたり、場所を移動することは、絶対にしないでください。

### ステップ1

Finderへ切り替え、「Gitテスト1」フォルダを開いてください。

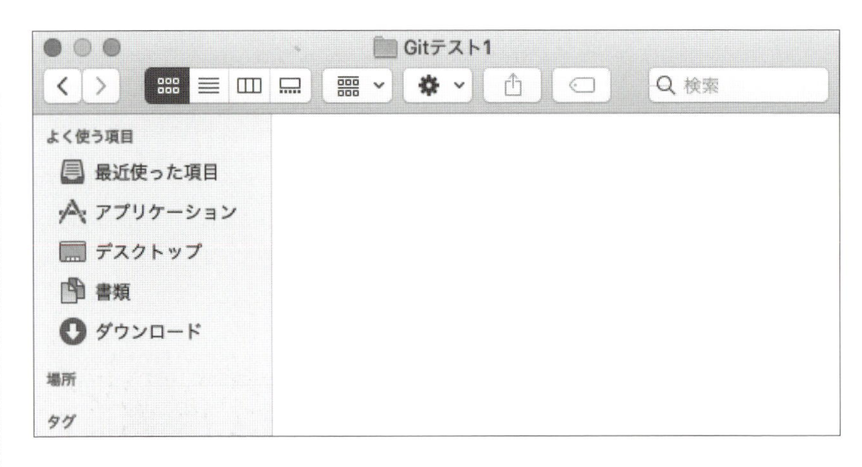


新しく作ったフォルダですので、ファイルやフォルダは1つもないはずです。

### ステップ2

[command]+[shift]+[.](ピリオド)キーを押してください。「.git」フォルダが半透明で表示されます。

このFinderのキーボードショートカットは、不可視のファイルやフォルダの表示／非表示を切り替えるものです。

### ステップ3

「.git」フォルダをダブルクリックして、Gitが内部で利用するファイルやフォルダが表示されることを確かめてください（名前を変えたり、移動したりしないでください）。

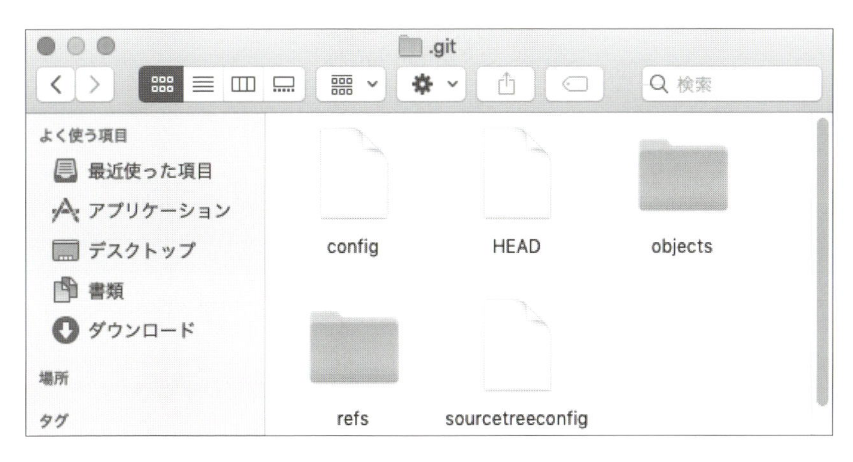


プロジェクトフォルダをSourcetreeに登録しただけでも、内部的には多くのファイルやフォルダを作っていることがわかります。

### ステップ4

［移動］メニューから［戻る］を選んで、表示する場所を1段階戻ってください。

「.git」フォルダが表示されているはずです。

### ステップ5

再度［command］+［shift］+「.」（ピリオド）キーを押してください。

設定が元通りになり、「.git」フォルダが表示されなくなります。

● ● ● ● ● ●

通常は「.git」フォルダの存在を意識する必要はありませんが、プロジェクトの進行中にコピーを作る場合や、プロジェクトを終える場合は、適切に管理する必要があります。

● NOTE　この方法で表示した「.git」フォルダは、Finderでは半透明で表示されますが、通常のフォルダと同様に操作できます。意図的に「.git」フォルダを削除したいときは、この方法で「.git」フォルダを表示して手動で捨てることもできます。

## 2.1.4 リポジトリブラウザ

Gitでは履歴を保管する場所を「**リポジトリ**」(**repository**)と呼びます。英語で「貯蔵庫、倉庫」という意味です。具体的には、プロジェクトごとに「.git」フォルダの中に保存されます。

ここまで操作してきたSourcetreeのウインドウは「**リポジトリブラウザ**」と呼びます。このウインドウには、Sourcetreeに登録したリポジトリの一覧と、各リポジトリの更新や問題など状態が表示されます。

■リポジトリブラウザの例

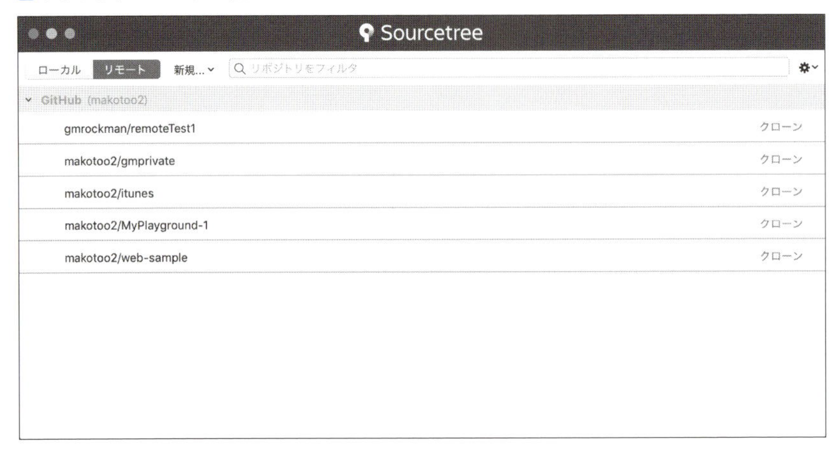


リポジトリブラウザのウインドウは、各リポジトリを操作するときの起点になるものですが、閉じても問題ありません。

閉じてしまったリポジトリブラウザを開くには、[ウインドウ]メニューから[**リポジトリブラウザを表示**]を選びます。このウインドウには「Sourcetree」というタイトルが付いているので、ウインドウが開いている間は[ウインドウ]メニューから[Sourcetree]を選んで切り替えることもできます。

リポジトリブラウザに表示するリポジトリの順番は、上下にドラッグして入れ替えられます。

● NOTE　実際には「リポジトリ」は多くの意味で使われます。Gitが内部的に使用するファイルはリポジトリだけではありませんが、一般的には、「あるフォルダの履歴をGitで管理する」ことと、「(プロジェクトフォルダの中に)Gitのリポジトリを作る」ことは、同じ意味で使います。Sourcetreeにも「リポジトリを作成」という名前のメニューがあります(P.54「2.1.6 Sourcetreeからリポジトリを作成する」を参照)。

## 2.1.5 リポジトリウインドウ

個別のリポジトリの状態を調べたり、操作をするには、リポジトリブラウザから、目的のリポジトリのウインドウを開きます。作業ツリーにはまだファイルがありませんが、まずそのウインドウを見てみましょう。

### ステップ1

Sourcetreeへ切り替え、リポジトリブラウザを開いてください。

「Sourcetree」ウインドウが開かないときは、[ウインドウ]メニューから[リポジトリブラウザを表示]を選びます。

### ステップ2

目的のリポジトリをダブルクリックしてください。

ここでは「Gitテスト1」の項目をダブルクリックします。

### ステップ3

図のようなウインドウが開きます。個別のリポジトリの状態を表示したり、さまざまな操作をするには、このウインドウを使います。

**A ツールバー**：よく使うコマンドがアイコンで表示されています。操作待ちの件数を示す数字が添えられることもあります。

**B サイドバー**：このリポジトリに関するさまざまな情報を切り替えたり、それらに関連する操作を行います。大きなアイコンは大分類で、クリックすると下位のものを表示します。

以後本書では、このウインドウを「個別リポジトリのウインドウ」、または、「(リポジトリ名)のウインドウ」と呼びます。

### ステップ4

［操作］メニューから［Finderで表示］を選ぶか、ツールバーの「Finderで表示」をクリックしてください。

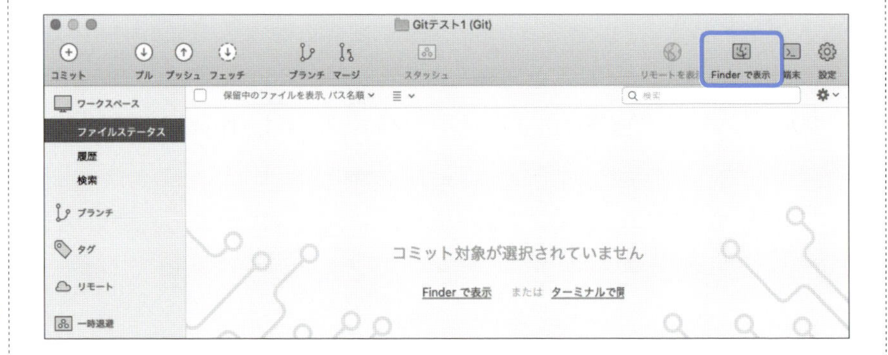

### ステップ5

Finderへ切り替わり、プロジェクトフォルダ、つまり、このリポジトリが追跡するフォルダが表示されることを確かめてください。

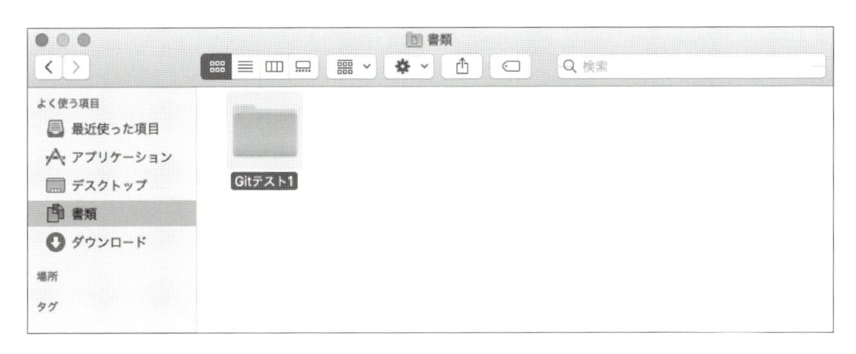


Finderへ切り替えてプロジェクトフォルダを手作業で探さなくても、Sourcetreeから呼び出すことができます。ほかのフォルダと取り違えるおそれがないので、積極的に使ってください。

### ステップ6

カラム表示ではないときは、[表示]メニューから[カラム]を選んでください。

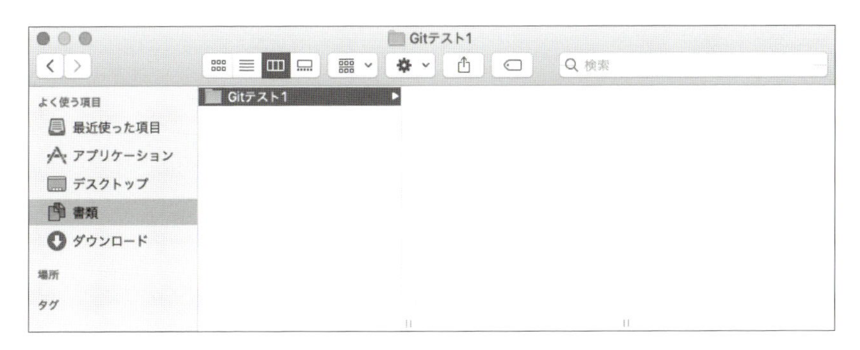


このステップはGitとは関係ありませんが、カラム表示を使うと、Sourcetreeで「Finderで表示」ボタンをクリックした後にFinderでプロジェクトフォルダを開かなくても、その直下にあるファイルやフォルダ、つまり作業ツリーをすぐに確認できるので、手順を1つ省略できます。以後本書でも、Finderではカラム表示を使います。

● NOTE　個別リポジトリのウインドウを開かずに、リポジトリブラウザから、それぞれのプロジェクトフォルダをFinderで開くこともできます。これには、リポジトリブラウザで目的のリポジトリをクリックして［操作］メニューから［Finderで表示］を選びます。または、［control］キーを押しながら目的のリポジトリをクリックして表示されるメニューから［Finderで表示］を選びます。

## 2.1.6 Sourcetreeからリポジトリを作成する

Sourcetreeにリポジトリを新しく登録するには、Sourcetreeのウインドウから操作する方法もあります。少し面倒ですから通常はこちらの方法を使う必要はありませんが、パスの理解を深めるため、この手順も確認しておきましょう。

### ステップ1

Sourcetreeへ切り替え、［ウインドウ］メニューから［リポジトリブラウザを表示］を選んでください。

### ステップ2

ツールバーの［新規...］メニューから［**ローカルリポジトリを作成**］を選んでください。

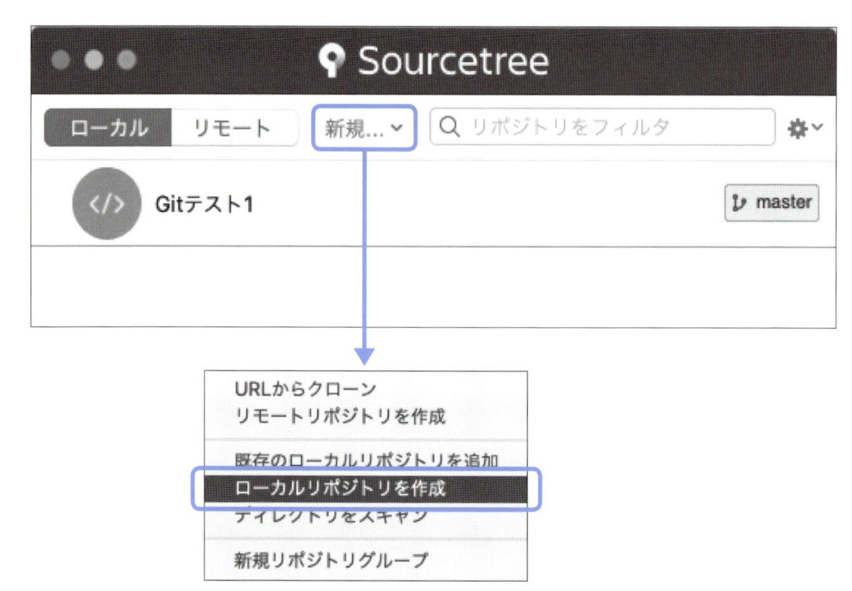

ステップ1からツールバーのメニューを開くまでの手順は、[ファイル]メニューから[新規...]を選んでも同じです。

**ローカルリポジトリ**に対するものとして、「**リモートリポジトリ**」があります。ここでの「**ローカル**」とは、いま操作しているMac内部のことを指します。これに対して「**リモート**」とは、遠隔、つまり、ネットワーク上にあることを指します。もしもBitbucketからログアウトしている場合は、いまはまだネットワーク上のGitサーバへログインしていないので、[リモートリポジトリを作成]は選べなくなっています。リモートリポジトリについてはP.275「第4章 GitHubの活用」で紹介します。

### ステップ3

「ローカルリポジトリを作成」ダイアログが開いたら、「保存先のパス」の右隣にある「…」ボタンをクリックしてください。

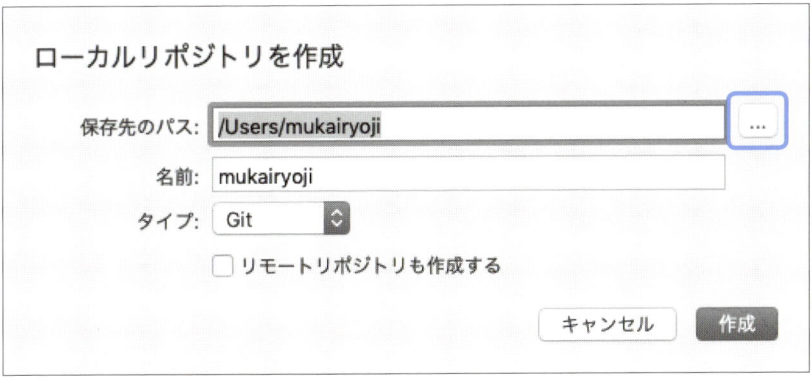

ローカルリポジトリを作成

保存先のパス: /Users/mukairyoji …

名前: mukairyoji

タイプ: Git

リモートリポジトリも作成する

キャンセル 作成

もしもこのダイアログのまま「作成」ボタンをクリックしてしまうと、「/Users/(ユーザ名)」フォルダ、つまり、ホームフォルダをプロジェクトフォルダとして指定することになるので、ホームフォルダ以下にあるすべてのファイルやフォルダを追跡するようになります。

### ステップ4

フォルダ選択のウインドウが開いたら、プロジェクトフォルダに指定したい、つまり、追跡したい作業ツリーがあるフォルダを選択してから、右下の「開く」ボタンをクリックしてください。

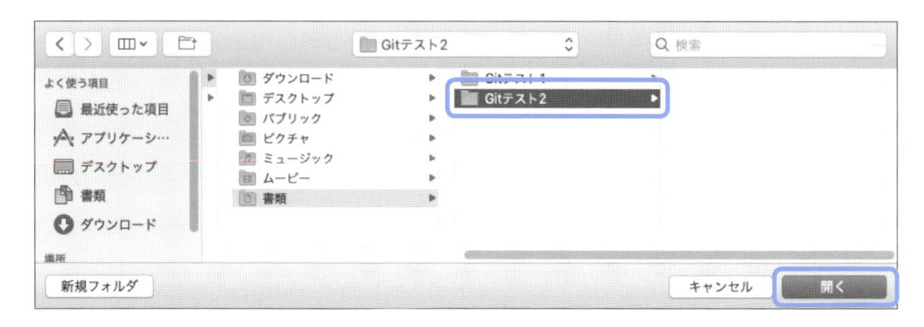


図では、このダイアログの中で「Gitテスト2」という名前のフォルダを新しく作り、それを選択、つまり、プロジェクトフォルダとして登録するように指定しています。

### ステップ5

「ローカルリポジトリを作成」ダイアログへ戻ったら、「保存先のパス」と「名前」を確かめてから「作成」ボタンをクリックしてください。

各項目の意味はP.44「2.1.2 プロジェクトフォルダを登録する」で紹介したものと同じです。

### ステップ6

リポジトリブラウザのウインドウへ戻るので、いま作成したリポジトリが登録されたことを確かめてください。

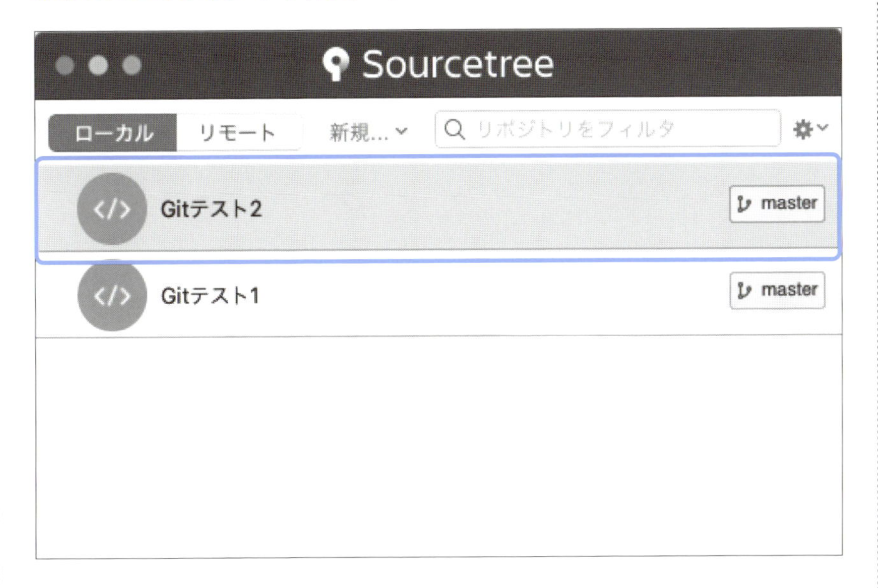


● NOTE　本文では「ローカルリポジトリ」に対するものとして「リモートリポジトリ」があると紹介しました。リモートリポジトリには、関係者だけに公開する「プライベートリポジトリ」と、不特定多数に公開する「パブリックリポジトリ」があり、リポジトリの設定として選びます。ローカルリポジトリへ直接アクセスできるのは自分だけですからパブリックとプライベートの区別はありませんが、GitHubなどでリモートリポジトリを作成するときは注意してください。

# 2-2 リポジトリを削除する

**プロジェクトが終わったときのために、リポジトリを削除する手順を紹介します。「.git」フォルダの存在を忘れないように注意してください。**

## 2.2.1 リポジトリを削除する

リポジトリを削除する手順は次のとおりです。ここでは、「.git」フォルダの存在を意識しつつ、Sourcetreeへの登録だけでなく、プロジェクトフォルダ自体も削除してみましょう。

### ステップ1

Sourcetreeへ切り替えてリポジトリブラウザのウインドウを開いてください。

### ステップ2

削除したいリポジトリを［control］キーを押しながらクリックし、メニューが開いたら［削除］を選んでください。

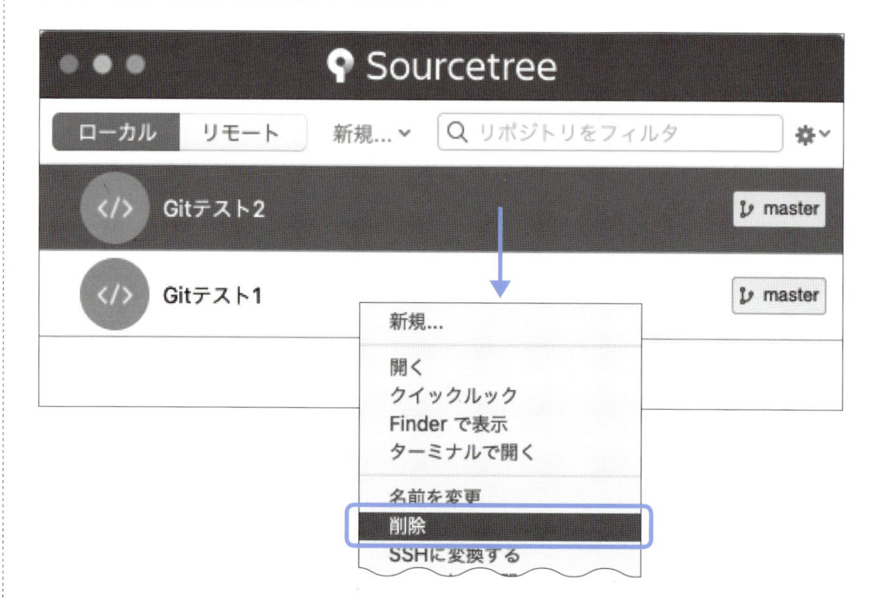

### ステップ3

削除を確認するダイアログが開いたら、必要に応じて「ゴミ箱にも入れる」または「ブックマークを削除」のどちらかのボタンをクリックしてください。

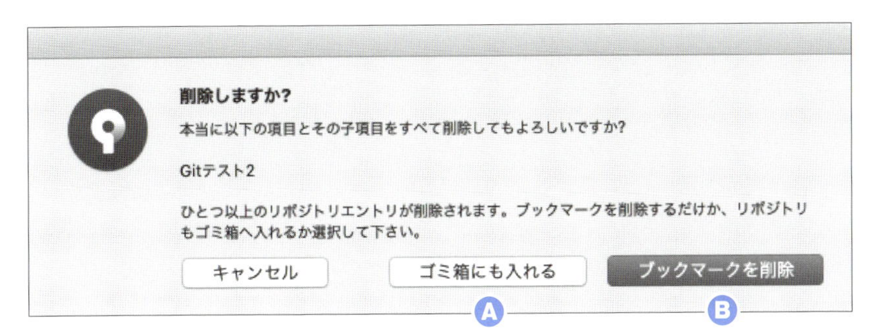


Ⓐ「**ゴミ箱にも入れる**」: Sourcetreeへの登録を削除し、かつ、作業ツリーをも含むプロジェクトフォルダをゴミ箱へ移動します。「.git」フォルダだけをゴミ箱へ移すわけではないので注意してください。

Ⓑ「**ブックマークを削除**」: Sourcetreeへの登録だけを削除します。作業ツリーや「.git」フォルダを含むプロジェクトフォルダは何も操作されません。

### ステップ4

ここでは「ゴミ箱にも入れる」ボタンをクリックしてください。

リポジトリブラウザから「Gitテスト2」が削除されます。

### ステップ5

Finderへ切り替えて、ゴミ箱を開いてください。

「Gitテスト2」フォルダがゴミ箱へ移されたことを確かめてください。

● ● ● ● ● ●

リポジトリを削除するときに「ブックマークを削除」を選んだ場合は、作業ツリーだけでなく、プロジェクトフォルダ内にGit関連のデータも残る点に注意してください。プロジェクトフォルダをほかのパソコンへ移動するなどしても、Sourcetreeなどのgit対応ツールを使えば、記録されている履歴を参照できます。

## 2.2.2 プロジェクトフォルダを直接扱うときの注意

削除するときだけでなく、Finderで直接プロジェクトフォルダを扱うときは、不可視に設定されている「**.git**」フォルダの存在を忘れないように注意してください。

もしも、プロジェクトの進行中にドキュメントファイルを他人へ渡すときや、プロジェクトが完了してアーカイブするようなときに、履歴が必要でないのに「.git」フォルダを含めたままプロジェクトフォルダをまるごとコピーまたは圧縮すると、「.git」フォルダのぶんだけ容量をムダに消費しますし、Gitの知識を持つ人の手に渡ると履歴のファイルや作業メモなどを見られるおそれがあります。

たとえば、Finderでプロジェクトフォルダを選び、[ファイル]メニューから[(フォルダ名)を圧縮...]を選ぶと、「.git」フォルダを含めた圧縮ファイルが作られます。

■不用意に「.git」フォルダを含めたまま扱わないように注意

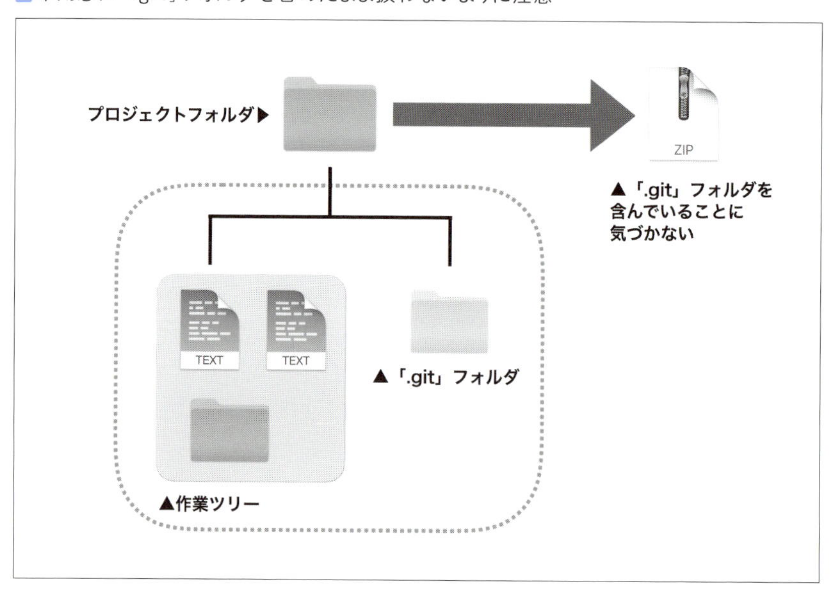


プロジェクトの進行中に作業ツリーのファイルを渡すときは、新しく受け渡し用のフォルダを作って、そこへ必要なファイルをコピーするとよいでしょう。

● NOTE　クラウドストレージサービスの中には、ドットで始まる名前のファイルやフォルダは無視するものがあります。この場合は、「.git」フォルダは同期されません。

作業を終えたプロジェクトは、次の手順で対処することをおすすめします。

① Finderでプロジェクトフォルダを開き、作業ツリー、つまり、完成したファイルやフォルダを適切な場所へコピーまたは移動します。
② Sourcetreeで目的のリポジトリを選んで削除し、Sourcetreeによる管理を終えます。削除を確認するダイアログでは「ゴミ箱にも入れる」を選び、プロジェクトフォルダをゴミ箱へ移動します。
③ ゴミ箱を空にします。これで、プロジェクトフォルダと一緒に「.git」フォルダも削除されます。

あるいは、②③の手順の代わりに、Sourcetreeで削除するときに「ブックマークを削除」を選んでおき、Finderへ切り替えて手作業で「.git」フォルダを削除しても同じです（非表示のフォルダを表示する手順はP.47「2.1.3 Gitが内部で使用する『.git』フォルダ」を参照）。

# 2-3 リポジトリへファイルを登録する

**ファイルを追跡する1回目の記録は、追跡するようにリポジトリへ登録することです。まずは新しいファイルを登録する流れを把握しましょう。**

## 2.3.1 追跡するファイルを登録する

作業ツリーの状態を1つのバージョンとして記録を残す操作を「**コミット**」(**commit**)、または、「**チェックイン**」(**checkin**)と呼びます。Gitでは、何度もコミットを繰り返すことで、バージョンを続けて記録していきます。また、記録の1段階も「コミット」と呼びます。

一般的にコミットという用語は、「記録を1段階登録する操作」と「1段階の記録」の、両方の意味で使われます。Sourcetreeのメニューでも同じですので、文脈で判断してください。

■作業ツリーをコミットしてバージョンを記録する

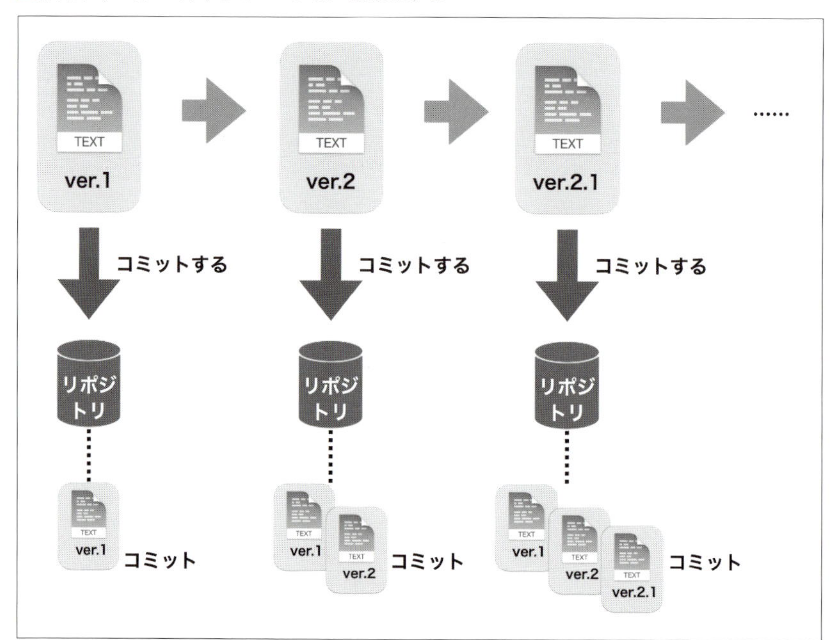

● NOTE　用語として区別しづらいように思えるかもしれませんが、「ちょっとした情報を書き留めること」と「書き留めた情報」の両方を「メモ（する）」と呼ぶのと同じように考えるとよいでしょう。

コミットは、ユーザが必要と判断したときに、手作業で行います。日時など、何かのタイミングで自動的に行われるわけではありません。これにより、作業の中で意味のある区切りをコミットとして登録できます。

新しいファイルに対する1回目のコミットは、Sourcetreeに対して「このファイルを追跡せよ」と登録する作業です。プロジェクトフォルダへファイルを入れただけでは追跡されない点に注意してください。

まずは新しくドキュメントファイルを作り、それを追跡するように登録する、「1回目のコミット」の操作をしてみましょう。

## ステップ1

CotEditorを起動してください。

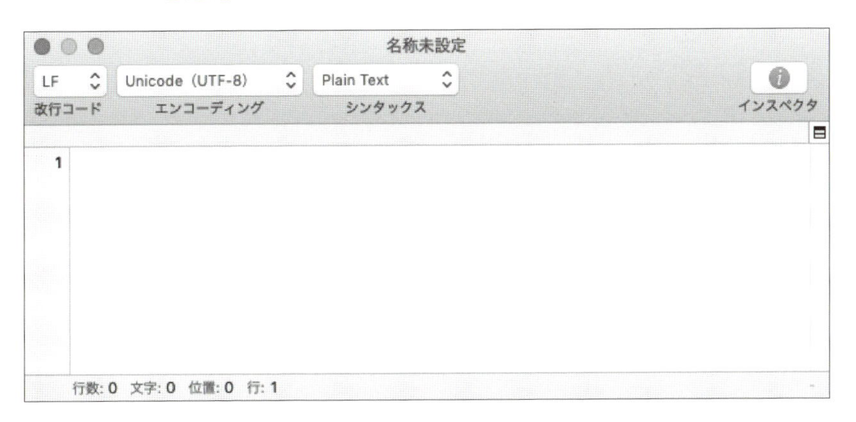


初期設定では、書類を開かない場合は自動的に新しい書類が作られるはずです。もしも新しい書類が作られないときは、[ファイル]メニューから[新規]を選んでください。

### ステップ2

1行目に適当な文章を書き、最後に改行してください。

1行目は改行で終え、2行目には何も書かないでください。このことは重要です。理由はP.105「2.5.4 改行も変化として扱われる」の中で紹介します。

### ステップ3

[フォーマット]メニューから[不可視文字を表示]を選んでください。

1行目の最後に、改行を示す記号が表示されるはずです。もしも[フォーマット]メニューに[不可視文字を非表示]がある場合は、すでに不可視文字を表示する状態ですので、このステップは不要です。

この操作はGitの利用に必要なことではありませんが、最後に改行していることを視覚的に強調するために、不可視文字を表示することをおすすめします。

● NOTE　CotEditorでつねに不可視文字を表示するには、[CotEditor]メニューから[環境設定...]を選び、「表示」タブの「不可視文字を表示」オプションをオンにしてください。本書では、全角スペースをはじめ、この画面で設定できるすべての項目をオンにしています。

### ステップ4

[ファイル]メニューから[保存...]を選んで保存してください。

名前: 書類1.txt
タグ:
場所: デスクトップ
実行権を付与
キャンセル　保存

ここでは「書類1.txt」という名前で、デスクトップへ保存しました。

### ステップ5

CotEditorのウインドウを閉じてください。

ファイルが開いたままの状態であると、後から過去のバージョンを取り出すなどのときにアプリケーションが混乱するおそれがあります。実際には開いたままでも問題ないこともありますが、Sourcetreeで操作する前にファイルを閉じる習慣をつけることをおすすめします。

### ステップ6

Finderへ切り替え、いま作成した「書類1.txt」を、プロジェクトフォルダである「Gitテスト1」フォルダへ移動してください。

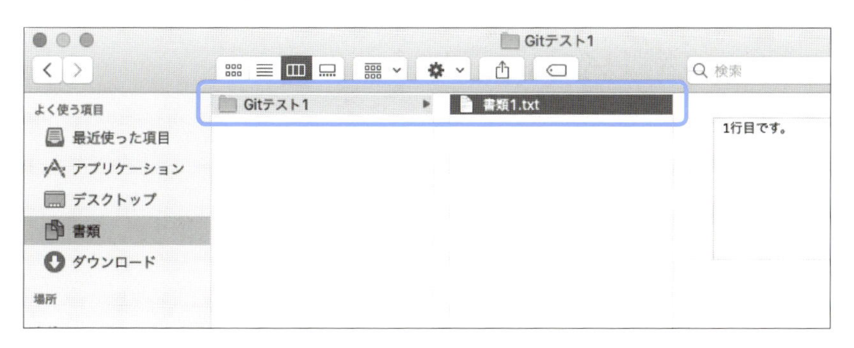

### ステップ7

Sourcetreeへ切り替え、「Gitテスト1」リポジトリのウインドウへ切り替えてください。図に示したメニューをクリックして、[**ステージなし**]を選んでください。

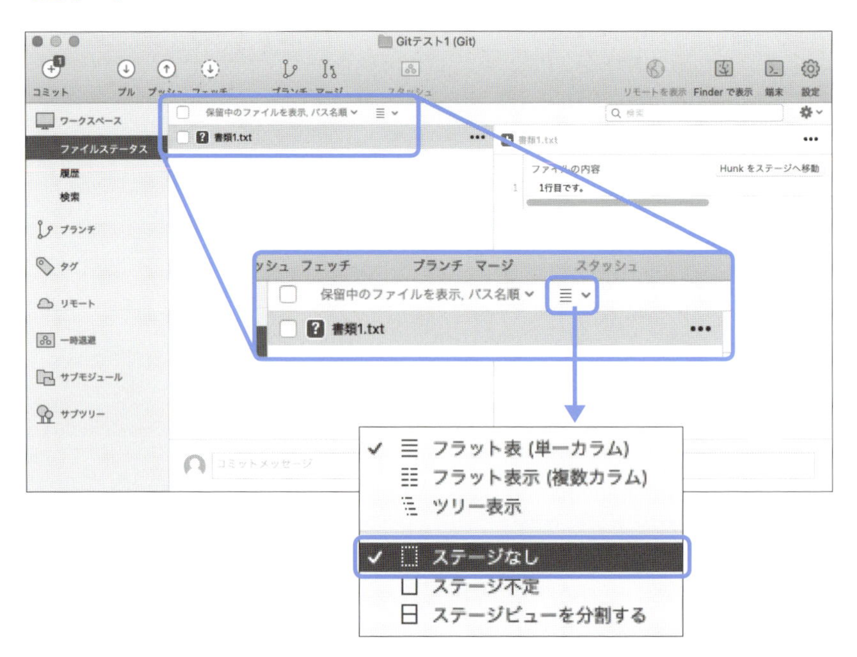


リポジトリのウインドウが開いていない場合は、リポジトリブラウザで「Gitテスト1」をダブルクリックしてください。サイドバーの「ワークスペース」→「ファイルステータス」が選ばれていない場合は、クリックして切り替えてください。

本書ではコミットの基本操作を紹介する間は、「ステージ」を使わないやり方で説明します。すでに選ばれている場合はそのままでかまいません。ステージについてはP.118「2-7 ステージを使う」で紹介します。

## ステップ8

「Gitテスト1」リポジトリのウインドウの構成を確認してください。

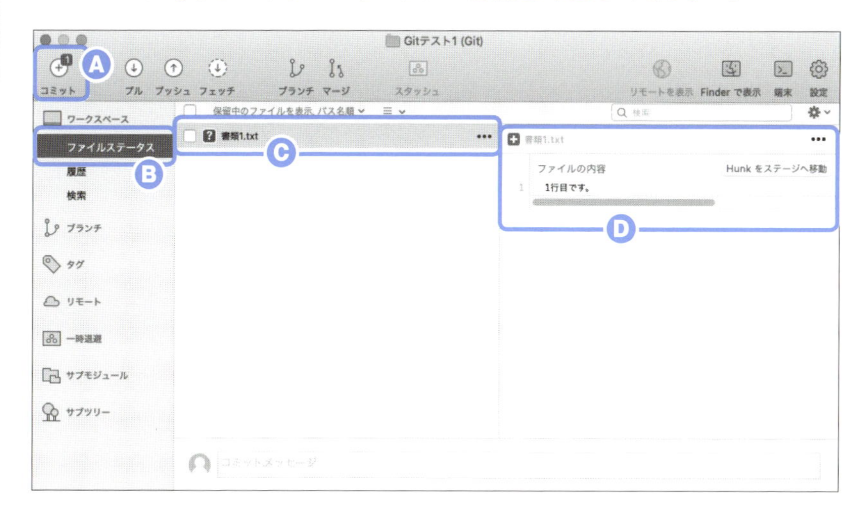

A 「**コミット**」：添えられた数字は、作業ツリーで変化があったファイルの数を示しています。ツールバーに表示されるので、表示形式にかかわらず「コミットされていないファイル」の件数がわかります。

B 「**ファイルステータス**」：作業ツリーの現在の状態を表示します。［表示］メニューから［ファイルステータス表示］を選んでも切り替えられます。キーボードショートカットは［command］+［1］キーです。

C 変化があったファイルの**パス**の一覧を表示します。パスの左隣にある「？」のマークは、このファイルをどのように扱うか、まだ決めていないことを示します。

D 左側の欄で選ばれているファイルの変更内容を示します。いまはファイルが「書類1.txt」だけですので、自動的にファイルが選ばれて、その内容が表示されています。

作業ツリーに何らかの変化があると、Sourcetreeはそれを自動的に認識します。通常は数秒程度で認識されるので、すぐに表示が変わらなくてもそのまま待っていてください。

動作が遅いときや、自動的に認識されないときは、［リポジトリ］メニューから［**リフレッシュ**］を選んで手動で認識させてください。キーボードショートカットは［command］+［R］キーです。

## ステップ9

「書類1.txt」の左隣にあるチェックボックスをクリックして、チェックを入れてください。この操作は、コミットの対象を選ぶためのものです。

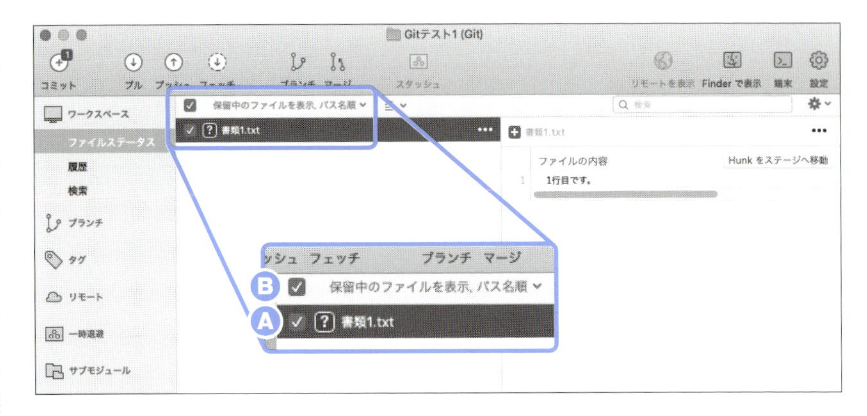


**A** ファイル名の左隣にあるチェックボックスにチェックを入れると、そのファイルを、コミットの対象として扱います。

**B** ファイル一覧の上の行にあるチェックボックスは、複数のファイルがあるときに、一括してチェックするときに使います。今回はファイルが1つですので、「書類1.txt」をチェックするとすべてのファイルをチェックしたのと同じことになるため、上のチェックボックスも自動的にチェックされます。

実はこの操作は簡易的なものですが、いまはこのまま進めましょう（詳細はP.118「2-7 ステージを使う」を参照）。

## ステップ10

［リポジトリ］メニューから［コミット...］を選ぶか、ツールバーの左端にある「コミット」ボタンをクリックしてください。

前のステップで選んだファイルを対象として、コミットを実行するという操作です。

## ステップ11

表示が変わり、文章の入力欄が開きます。

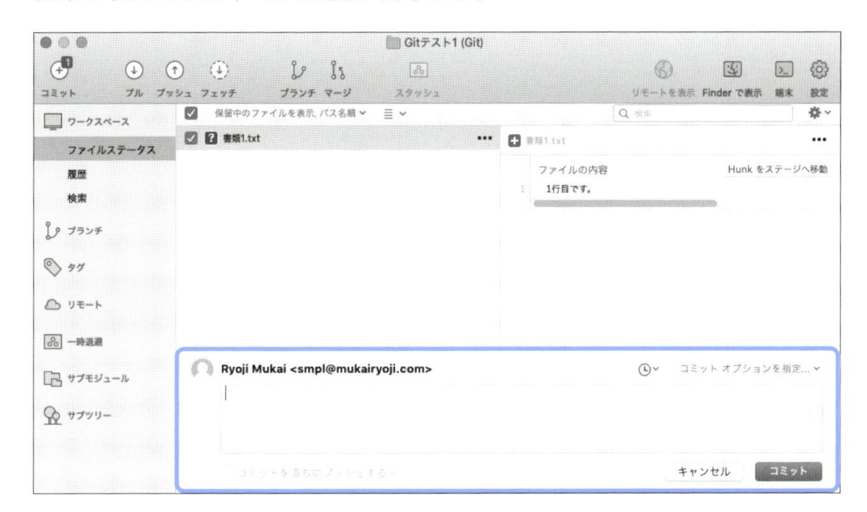


文章の入力欄は「**コミットメッセージ**」(**commit message**)と呼ばれるもので、1回のコミットに対して自由に書き留められる作業メモです。入力できるのはテキストのみです。

入力欄の上には、自分の名前とメールアドレスが自動的に表示されていることにも注目してください。これらはP.40「1.4.4 自分の情報を登録する」でSourcetreeに登録したもので、これにより、このコミットを行ったユーザが誰であるのかも記録されます。もしも名前やメールアドレスを登録しておかないと空欄になり、誰がコミットしたのかわからなくなってしまいます。

## ステップ12

コミットメッセージを書き込み、ウインドウ右下の「コミット」ボタンをクリックするか、または、[command]+[return]キーを押してコミットを実行してください。

Ryoji Mukai <smpl@mukairyoji.com>
コミット オプションを指定...
書類1を初めて登録
コミットを直ちにプッシュする -
キャンセル
コミット

コミットメッセージの内容は、後から履歴を調べるときには重要なものですが、いまは練習ですから何でもかまいません。

### ステップ13

コミット対象に、初めて登録するファイルが含まれていると、確認のダイアログが表示されます。「OK」ボタンをクリックして続けてください。

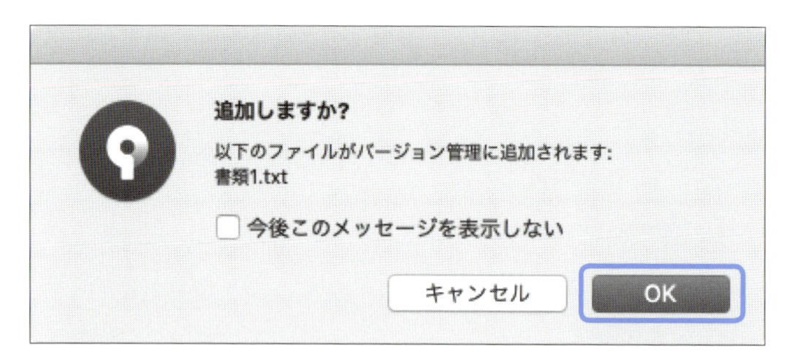


「今後このメッセージを表示しない」オプションは好みで設定してください。慣れるまでの間はオンにしないことをおすすめします。

### ステップ14

コミットの作業が完了すると、「**コミット対象が選択されていません**」の表示へ戻ります。

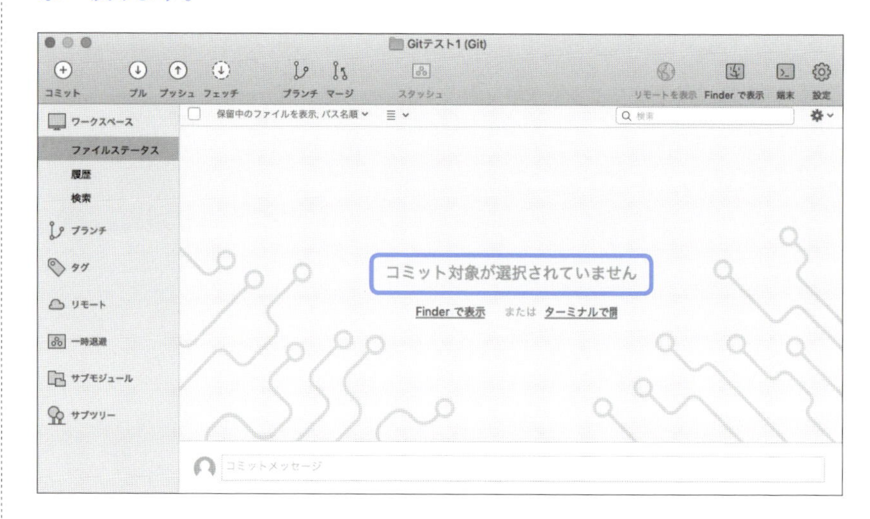


この表示は、登録したファイルが失われたという意味ではなく、前回のコミットから変化がないという意味です。詳細はP.92「2-5 変化を登録する」で紹介します。

## ステップ15

サイドバーにある「ワークスペース」→「履歴」をクリックして「**履歴表示**」へ切り替えてください。

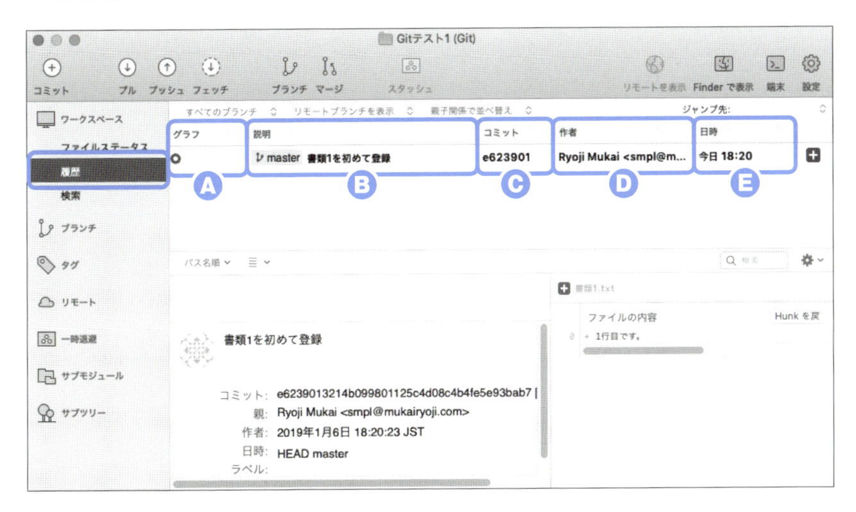


いまはまだ1つしかありませんが、上段には、このリポジトリで行ったコミットの一覧が表示されます。

**A**「**グラフ**」：プロジェクトの変化を追跡してバージョンが進んでいく様子を視覚的に表示します。新しいコミットは、樹木が伸びるように上に表示されます。今回は初めてのコミットだったので、まだグラフは伸びていません。

**B**「説明」：コミットメッセージや、このコミットに関するさまざまな目印が表示されます。

**C**「コミット」：コミットを区別するために、自動的に付けられるIDです。

**D**「作者」：このコミットを登録したユーザの名前とメールアドレスです。

**E**「日時」：このコミットを実行した日時です。

なお、履歴表示へ切り替えるには、[表示]メニューから[履歴表示]を選んでも同じです。キーボードショートカットは[command]+[2]キーです。

## ステップ16

ウインドウ上段に表示されているコミット一覧から、いまコミットしたものをクリックしてください（ダブルクリックすると「チェックアウト」という別の操作になるので注意してください）。

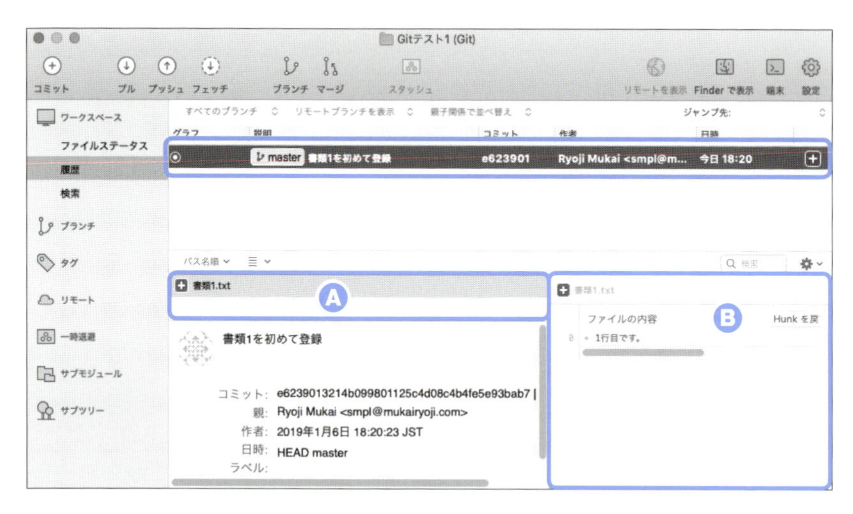


上段で選択したコミットの詳細な情報が、下段に表示されます。

**A** このコミットで登録されたファイルの一覧です。

**B** 左側で選択されたファイルの内容を表示します。今回のコミットではファイルが1つだけですので、自動的に「書類1.txt」が選ばれています。

● ● ● ● ● ●

プロジェクトの進行中に新しいファイルを追加登録するときも、登録手順は同じです。新しいファイルがSourcetreeに認識されると、ファイルステータス表示には「？」アイコンとともにパスが表示されるので、追跡したい場合はチェックを入れて追加登録します。

なお、プロジェクトの進行中にファイルの名前を変えたり、削除したときなどの操作についてはP.134「2-8 ファイルを操作する」で紹介します。

## 2.3.2 コミットIDについて

Gitではそれぞれのコミットに対して、特殊な計算に基づいた「**SHA-1ハッシュ**」という値を付けて、コミットを特定するためのIDとして使います。

コミットIDの値は、互いに照合しなくてもほかのものと重複するおそれがないとされています。もしも作業が1方向にだけ進み、1つのサーバだけで管理できるのであれば「1、2、3、...」という連続した番号でもよさそうですが、Gitは1つのリポジトリに対して多人数が参加し、かつ、ネットワークから離れた場所で作業を進める状況を想定しているため、このような仕組みになっています。

コミットIDの本来の値は、履歴表示の下段左側の「コミット」の欄にある「e6239013214b099801125c4d08c4b4fe5e93bab7」のように40文字あります。しかし、すべての画面でこれを表示すると煩雑ですので、上段の一覧のように、先頭の数文字だけを表示することがよくあります。

■コミットID

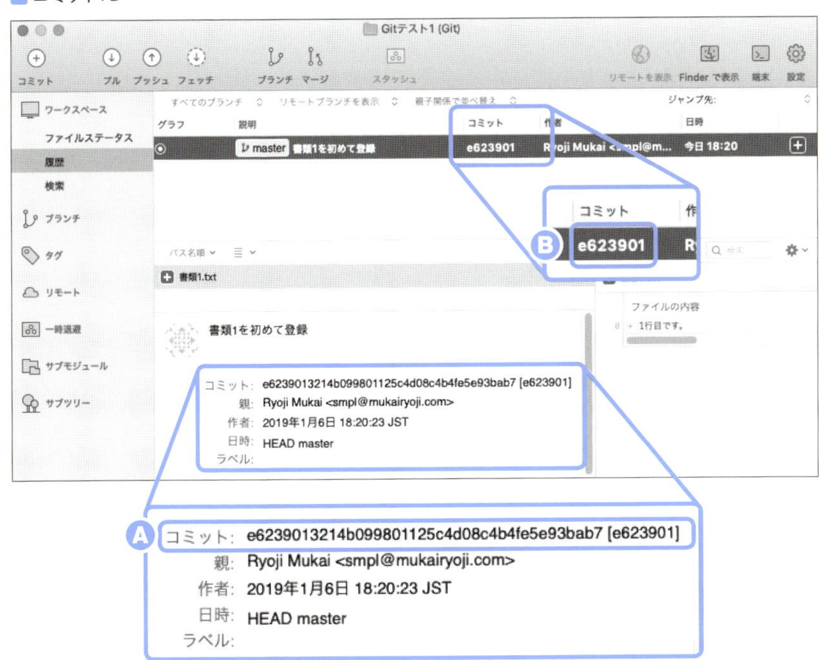


Ⓐ 選択されているコミットの本当のIDです。

Ⓑ 先頭数文字を使って省略表示しています。

# 2-4 追跡したくないファイルを登録する

**追跡したくないファイルがあるときもリポジトリへ登録する必要があります。指定する方法と、その指定を適用する範囲の2つに注目してください。**

## 2.4.1 無視するファイルを登録する

プロジェクトフォルダ内にあるファイルに対して、追跡しないように登録できます。以後、Sourcetreeのメニューの用語にならって、「(たとえファイルが存在しても)追跡しない」ことを「**無視する**」と呼びます。

前節では追跡したいファイルをリポジトリへ登録しましたが、プロジェクトフォルダ内のファイルは、無視する場合も扱い方を指定する必要があります。もしも何も指定しなければ、いつまでも「?」アイコンのまま「ファイルステータス表示」に表示されてしまうので、明示的に無視するように登録しましょう。

無視するファイルやフォルダを指定する方法には、名前、拡張子、任意のパターンがあります(本来これらはすべてパターンですが、Sourcetreeの設定ダイアログに従います)。登録や修正はいつでも行えます。対象範囲には、個別のリポジトリのみ、このユーザが扱うすべてのリポジトリのどちらかを指定できます。両方の指定が混在してもかまいません。

### ステップ1

実験のため、無視するファイルを用意しましょう。Finderでプロジェクトフォルダを開き、「書類1.txt」をコピーして、名前を「ToDo.txt」へ変更してください。

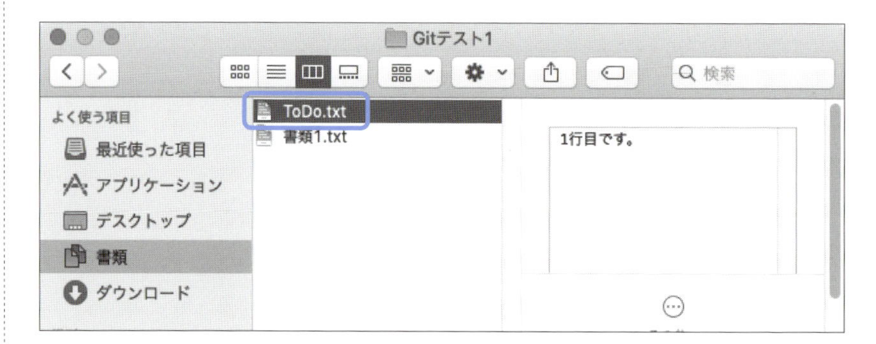

「ToDo.txt」という名前のファイルがあればよいので、内容は編集しなくてかまいません。

### ステップ2

Sourcetreeへ切り替え、「**ファイルステータス表示**」へ切り替えます。取り扱いが決まっていないことを示す「?」アイコンとともに、「ToDo.txt」が現れることを確かめてください。

Sourcetreeにとっては新しいファイルが追加されたことと同じですから、ツールバーの「コミット」にも「1」と表示されます。このまま作業を進めてしまうと、本当にコミットが必要な件数がわからなくなります。

### ステップ3

「ToDo.txt」ファイルの右端にある「…」をクリックし、メニューが開いたら[無視]を選んでください。

ファイル一覧にある「…」アイコンをクリックすると、個別のファイルに対する操作ができます。または、ファイル名をクリックして選択した後に[操作]メニューから[**無視...**]を選ぶか、[control]キーを押しながらファイル名をクリックして開いたメニューから[無視...]を選んでも同じです。

### ステップ4

ダイアログが開いたら、上の4つのオプションから無視する方法を選びます。ここでは、「名前に一致するファイルを無視」を選んでください。

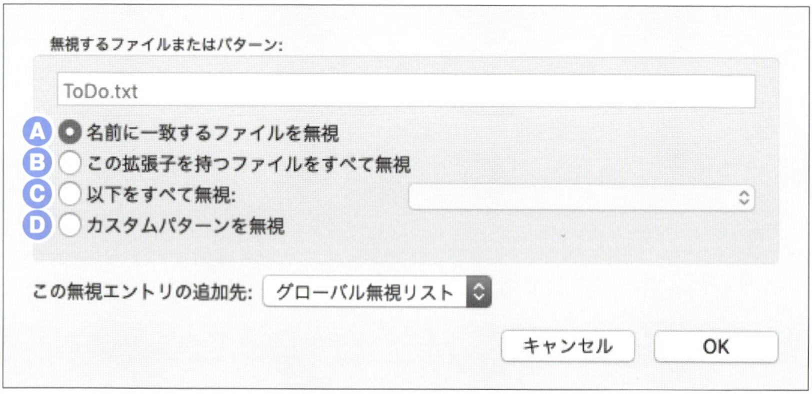

無視するファイルまたはパターン:

ToDo.txt

A 名前に一致するファイルを無視
B この拡張子を持つファイルをすべて無視
C 以下をすべて無視:
D カスタムパターンを無視

この無視エントリの追加先: グローバル無視リスト

キャンセル OK

A「**名前に一致するファイルを無視**」:操作対象のファイルとまったく同じ名前と拡張子のファイルを無視する対象とします。実際には、上の指定欄に薄く表示されるように「ToDo.txt」のパターンを指定したのと同じになります。なお、プロジェクトフォルダ直下だけでなく、サブフォルダで同じ名前と拡張子のファイルが現れても無視されます。

B「**この拡張子を持つファイルをすべて無視**」:操作中のファイルと同じ拡張子のファイルをすべて無視します。実際には、上の指定欄に薄く表示されるように「*.txt」のパターンを指定したのと同じになります。

C「**以下をすべて無視**」:これを選ぶと右隣のメニューが選べるようになり、特定のフォルダ以下のファイルを無視するように指定できます。ただしP.79「2.4.2 無視するフォルダを登録する」で紹介する手順をおすすめします。

D「**カスタムパターンを無視**」:このオプションを選ぶと上の指定欄が入力できるようになり、無視するパターンを直接入力できます。ただし、P.81「2.4.3 無視するパターンを登録する(個別リポジトリ)」またはP.86「2.4.4 無視するパターンを登録する(すべてのリポジトリ)」で紹介する手順をおすすめします。

### ステップ5

同じダイアログの中の「**この無視エントリの追加先**」を指定します。ここでは「**このリポジトリのみ**」を選んでください。

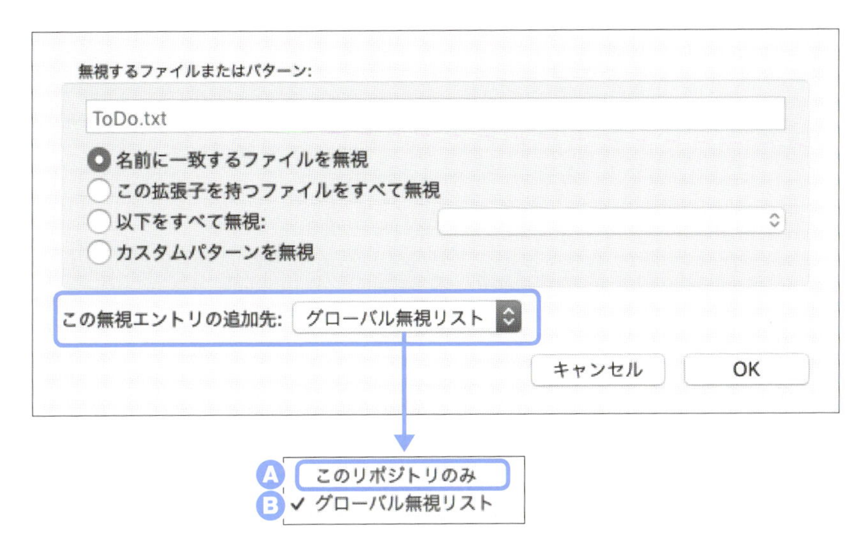


Ⓐ「**グローバル無視リスト**」：いま開いているリポジトリを含め、このユーザが使用するすべてのリポジトリで有効な設定として登録します。ここでの「グローバル」とは、「このユーザが使うすべてのリポジトリ」の意味です。登録内容は、このユーザのホームフォルダ直下の「.gitignore_global」ファイルへ保存されます。

Ⓑ「**このリポジトリのみ**」：このリポジトリのみで有効な設定として登録します。登録内容は、プロジェクトフォルダ直下の「.gitignore」ファイルへ保存されます。

### ステップ6

「OK」ボタンをクリックしてダイアログを閉じてください。

### ステップ7

「ファイルステータス表示」が自動的に更新され、「コミット対象が選択されていません」と表示されることを確かめてください。

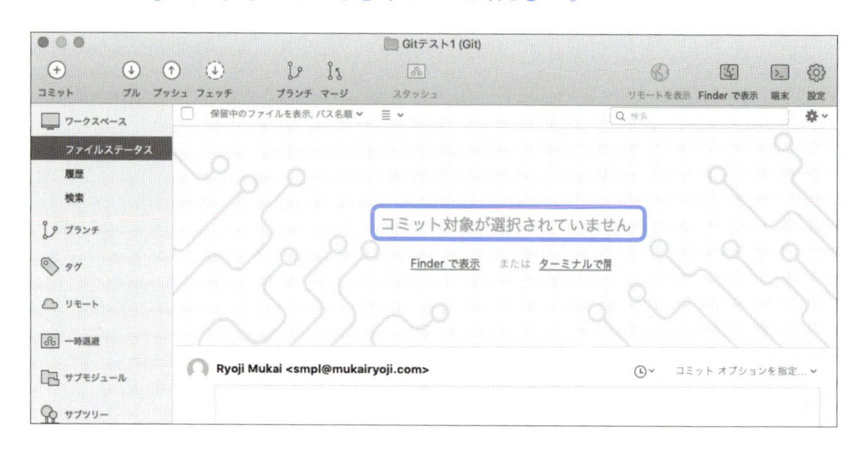


● NOTE　環境によっては「.gitignore」が表示されることがあるようです。その理由は、すべてのリポジトリを対象に無視するパターンに「.gitigonore」が登録されていないためです。詳細はP.86「2.4.4 無視するパターンを登録する（すべてのリポジトリ）」を参照してください。

もしも自動的に更新されないときは、[リポジトリ]メニューから[リフレッシュ]を選んで手動で更新してください。

「？」アイコンとともに表示されていた「ToDo.txt」は、無視する対象に登録されたため表示されなくなりました。以後、ファイルの内容を書き換えるなどしても、「ToDo.txt」はファイルステータス表示に現れません。

また、ツールバーの「コミット」に添えられていた数字が消えたことも確かめてください。これで、本来コミットする必要がある件数が表示されるようになります。

● ● ● ● ● ●

無視する設定は、すぐに反映されます。Sourcetreeを再起動するなどの必要はありません。

無視する対象は複数登録できます。必要に応じて上記の操作を繰り返してください。

無視する設定の範囲、つまり、「この無視エントリの追加先」の設定は、すでに「このリポジトリのみ」「グローバル無視リスト」のどちらかへ登録していても、必要に応じて設定のたびに切り替えられます。2度目以降の設定では間違えないように注意してください。

## 2.4.2 無視するフォルダを登録する

ほぼ同じ手順で、特定のフォルダを追跡しないように設定できます。ダイアログの設定を変えるだけですので、簡単に紹介します。

### ステップ1

Finderへ切り替えて、無視したいフォルダ「無視してください」を作り、その中へ「ToDo.txt」と「書類1.txt」をコピーしてください。

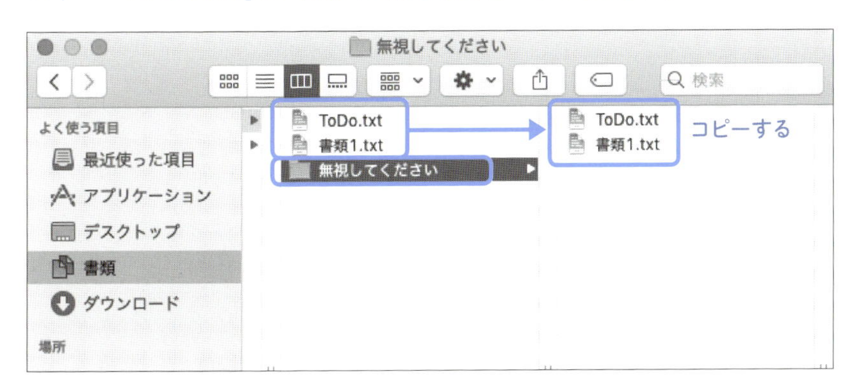


### ステップ2

Sourcetreeの「ファイルステータス表示」へ切り替えて、表示を確かめてください。

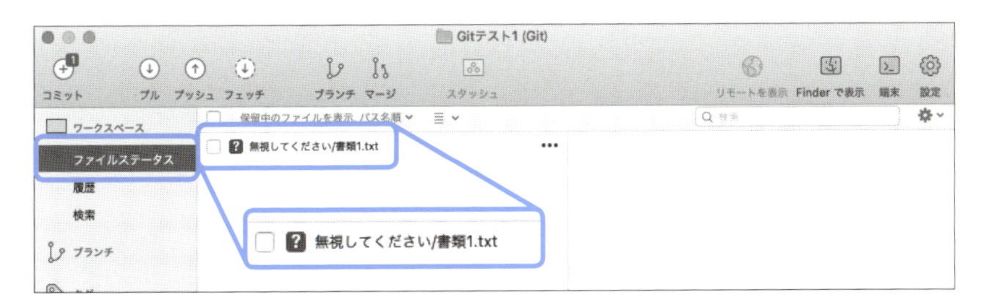


前項で「ToDo.txt」を無視するように設定したので、サブフォルダにある「ToDo.txt」も無視されます。一方、「書類1.txt」は、扱い方が決まっていないファイルとして、「?」アイコンがついた状態で表示されます。

フォルダがスラッシュで区切られているのは、プロジェクトフォルダ直下を起点としたパスの書き方です（P.46のコラム「パスと、macOSでのパスの表記」を参照）。

### ステップ3

無視したいフォルダの右端にある「…」アイコンをクリックし、メニューから[無視]を選んでください。

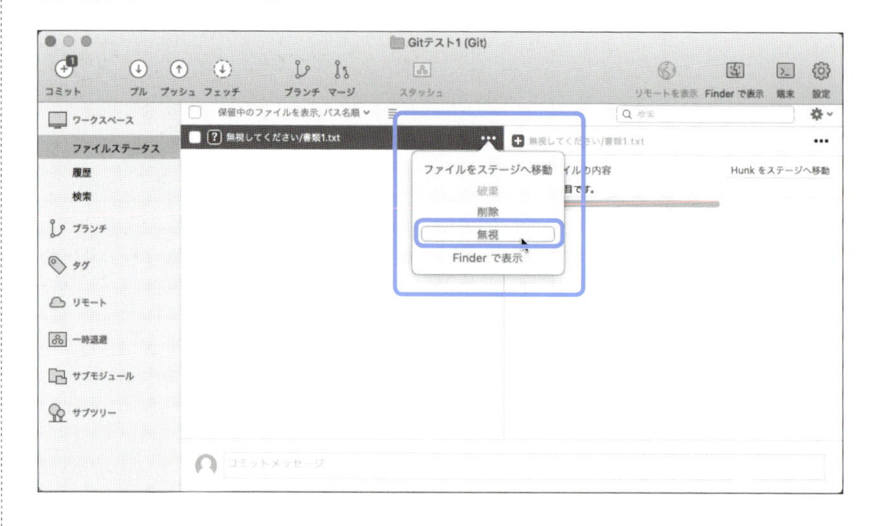


### ステップ4

ダイアログが表示されたら、「以下をすべて無視」オプションを選び、右隣のメニューに無視したいフォルダが選択されたことを確かめてください。図では「無視してください」フォルダが選ばれています。もしも選ばれないときは手動で選んでください。

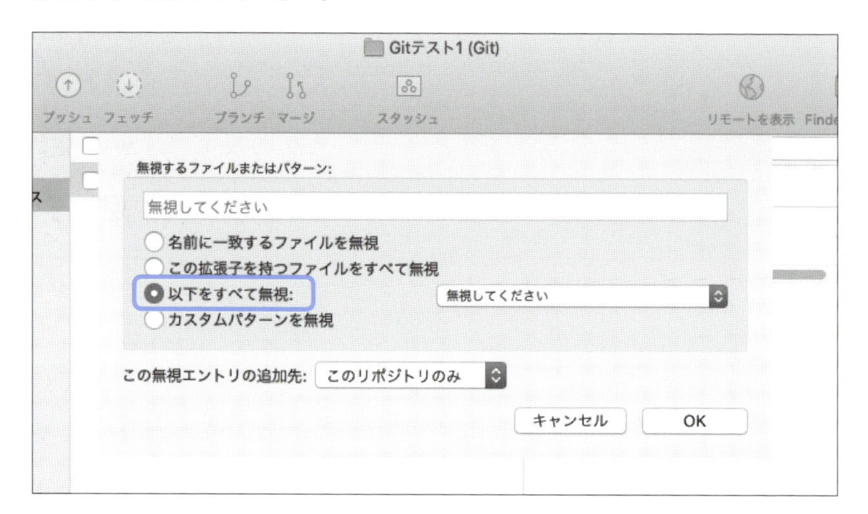

#### ステップ5

必要に応じて「この無視エントリの追加先」を選んでください。

#### ステップ6

「OK」ボタンをクリックしてダイアログを閉じ、ファイルステータス表示で、指定したフォルダが無視されたことを確かめてください。

● NOTE　環境によっては「.gitignore」が表示されることがあるようです。その理由は、すべてのリポジトリを対象に無視するパターンに「.gitigonore」が登録されていないためです。詳細はP.86「2.4.4 無視するパターンを登録する（すべてのリポジトリ）」を参照してください。

● ● ● ● ● ●

Gitでは、フォルダ自体は無視されます。そのため、もしも空のフォルダを追加しても、ファイルステータス表示には現れません。

## 2.4.3 無視するパターンを登録する（個別リポジトリ）

無視したいファイルやフォルダの名前を、パターンで指定できます。たとえば、「名前がToDoで始まる」というパターンを指定すると、「ToDo.txt」「ToDo20190701.txt」「ToDo向井.pages」など、パターンに合致するファイルがすべて無視されます。なお、拡張子を指定しなければ、「ToDo」や「ToDo完了」などの名前のフォルダもパターンに合致するので、同様に無視されます。

パターンで指定する方法は、プロジェクトで扱うファイルの命名ルールとあわせて利用すると効果的です。命名ルールに従ったパターンを登録すると、個別のファイルを作成するたびに登録する手間がなくなります。

ここではまず、特定のリポジトリに限定して無視するパターンを登録する手順を紹介します。自分が扱うすべてのリポジトリを対象とする場合の手順は次項で紹介します。

### ステップ1

Finderでプロジェクトフォルダを開き、「ToDo.txt」をクリックして、[ファイル]メニューから[複製]を選んでください。

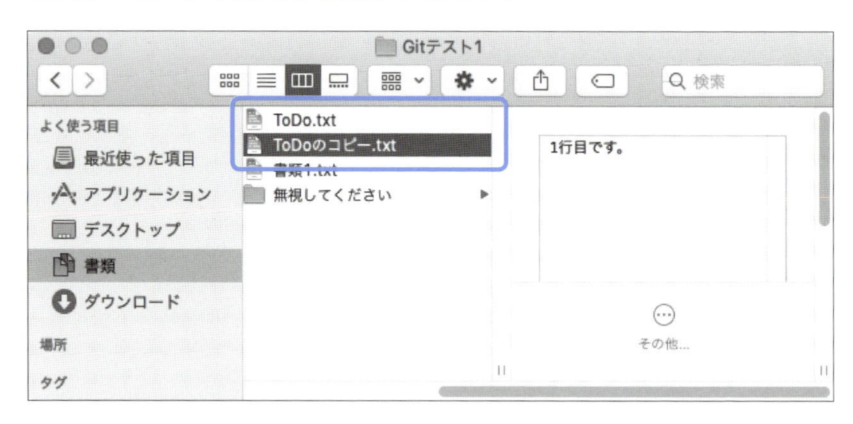


複製したファイルは、自動的に名前が「ToDoのコピー.txt」になります。「ToDo(何らかの文字列).txt」というパターンであれば別の名前でもかまいません。

### ステップ2

Sourcetreeで個別リポジトリのウインドウを開き、ファイルステータス表示を確かめてください。

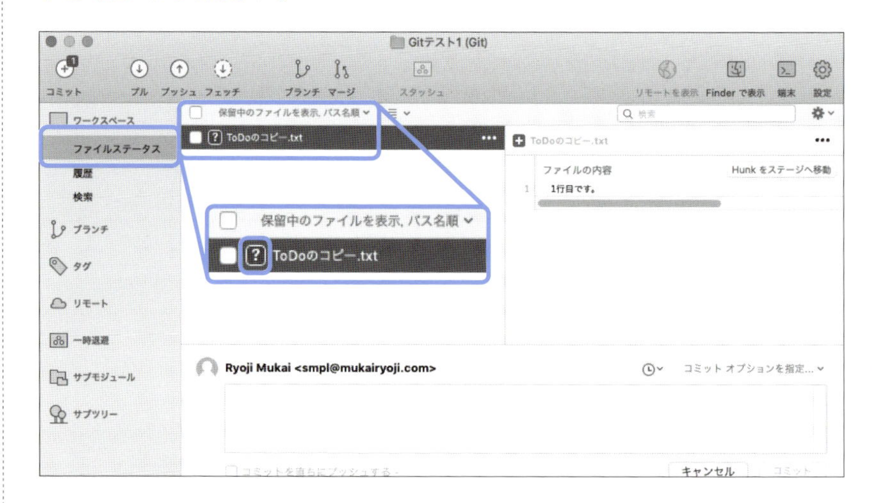


新しいファイル「ToDoのコピー.txt」が、扱い方の決まっていない新しいファイルとして認識されているはずです。

## ステップ3

［リポジトリ］メニューから［リポジトリ設定...］を選ぶか、または、ツールバーの「設定」をクリックしてください。

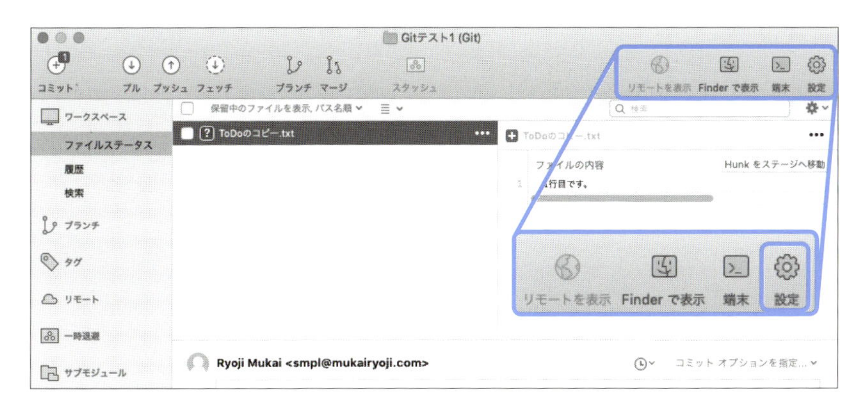


## ステップ4

ダイアログが開いたら、「高度な設定」をクリックしてから、「**リポジトリ限定無視リスト**」の欄にある「編集」ボタンをクリックしてください。

左側に表示されている「/Users/mukairyoji/...」のパスは、このリポジトリ限定の無視リストを登録している設定ファイルのものです。

### ステップ5

デフォルトのテキストエディタが起動して「.gitignore」ファイルが開いたら、末尾に半角英字で「ToDo*.txt」と記入してください。

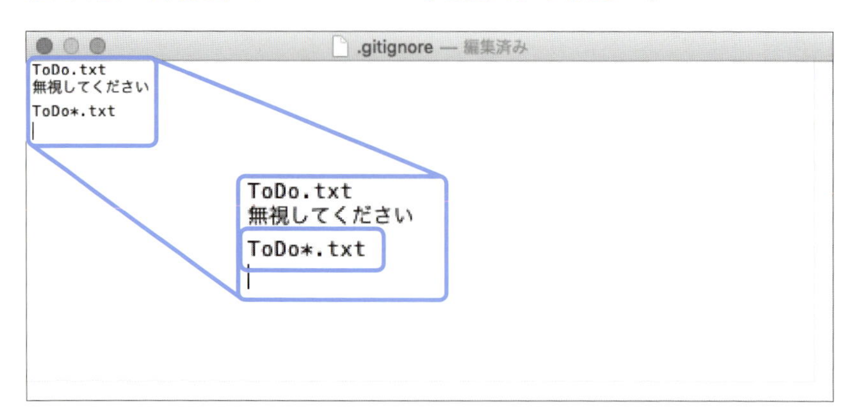


このファイルは、このリポジトリ限定の無視リストですので、前項までで登録した内容がすでに記入されています。ダイアログでの設定は分かれていましたが、実はすべてパターンであったことがわかります。

記入した「*」(アスタリスク)は、任意の文字列を示します。よって「ToDo*.txt」というパターンは、名前が「ToDo」で始まり、拡張子が「txt」であることを示すので、「ToDoのコピー.txt」はそのパターンに合致します。なお、「*」は文字列がなくてもよいので、実はこのパターンに「ToDo.txt」も合致します。よって、1行目の「ToDo.txt」を「ToDo*.txt」と書き換えても同じ結果になります。

なお、アルファベットの大文字／小文字の違いは無視されるので、「todo*.txt」と指定しても同じです。

### ステップ6

［ファイル］メニューから［保存］を選び、ウインドウを閉じてください。テキストエディタを終了してもかまいません。

内容を編集したら、必ず上書き保存してください。名前や場所は変えないでください。

### ステップ7

Sourcetreeへ切り替え、「OK」ボタンをクリックしてダイアログを閉じてください。

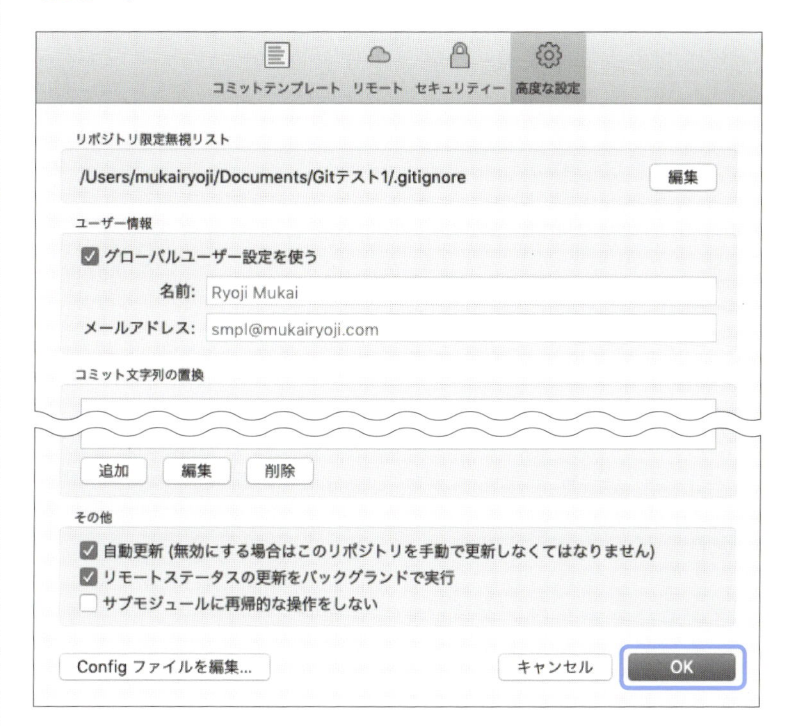


### ステップ8

ファイルステータス表示で、「ToDoのコピー.txt」が現れないことを確かめてください。

もしも現れる場合は、[リポジトリ]メニューから[リフレッシュ]を選び、表示を更新してください。それでも現れる場合は、パターンの指定が間違っています。半角文字で記述しているかなどを確認してください。

● ● ● ● ● ●

● NOTE　前項までで使用した、個別のファイルを選んで無視するように設定したダイアログで「カスタムパターンを無視」を選んでも登録できますが、コミットすべきファイルがない状態ではこのメニューを選べないため、リポジトリ設定から登録する手順を紹介しました。なお、「.gitignore」ファイルがファイルステータス表示に現れる場合は、次ページの「2.4.4 無視するパターンを登録する(すべてのリポジトリ)」を参考に扱い方を決めてください。

## 2.4.4 無視するパターンを登録する(すべてのリポジトリ)

自分が扱うすべてのリポジトリを対象として無視するパターンを登録する手順を紹介します。おおよその流れは個別リポジトリに登録するときと同じです。

### ステップ1

Sourcetreeへ切り替え、[Sourcetree]メニューから[環境設定...]を選びます。

### ステップ2

ウインドウが開いたら、ツールバーの「Git」をクリックしてから、「**グローバル無視リスト**」の欄にある「ファイルを編集」ボタンをクリックしてください。

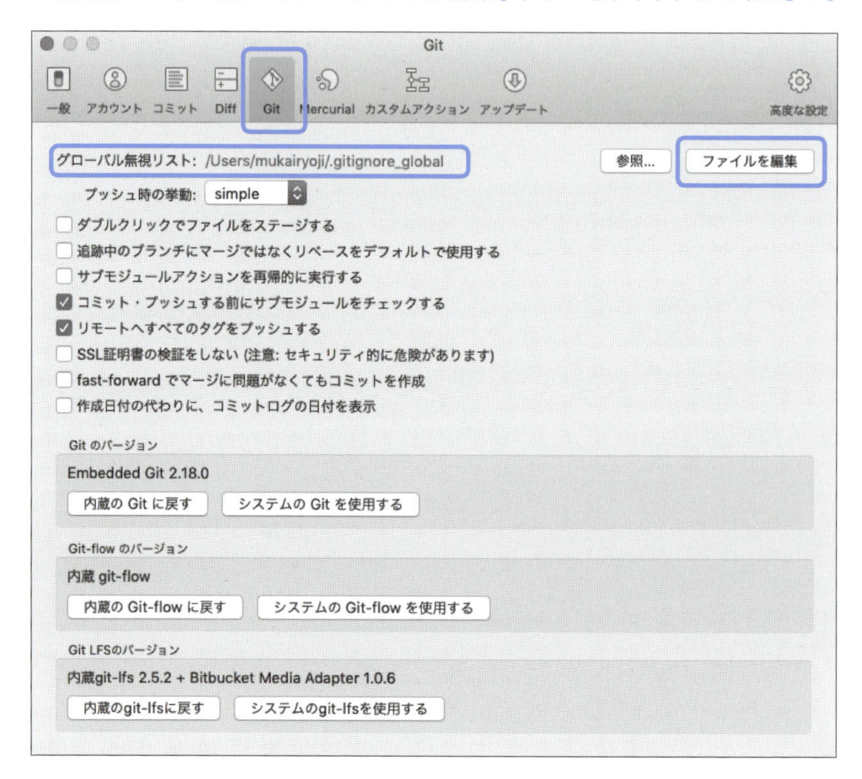


表示されている「/Users/mukairyoji/...」のパスは、このグローバル無視リストを登録している設定ファイルのものです。ここでの「**グローバル**」とは、「このユーザが使うすべてのリポジトリ」の意味です。

### ステップ3

デフォルトのテキストエディタが起動して「.gitignore_global」ファイルが開きます。最初から書き込まれている3つの設定を確かめてください。

指定内容はSourcetreeのバージョンによって異なることがあるようですので、ここでは筆者の手元の環境で指定されている、図の内容を紹介します。

- 「*~」：末尾が「~」（チルダ）のファイルまたはフォルダを指定しています。一部のアプリケーションは一時的な作業用として、このような名前の不可視ファイルを作ります。
- 「.DS_Store」：macOSが内部的に使用する、不可視ファイルの名前です。作業ツリーのファイルの内容とは関係がない上に、Windowsなどほかの OSでは機能しません。
- 「.gitignore」：個別リポジトリで無視するリストを記録するファイル名です。なお、環境によっては、この項目は指定されていないようです。

上記のパターンに合致するファイルは一般的なドキュメントファイルとは無関係ですので、もしも失ってもプロジェクトには影響ありません。

### ステップ4

2行目に半角英字で「~*」と記入してください。

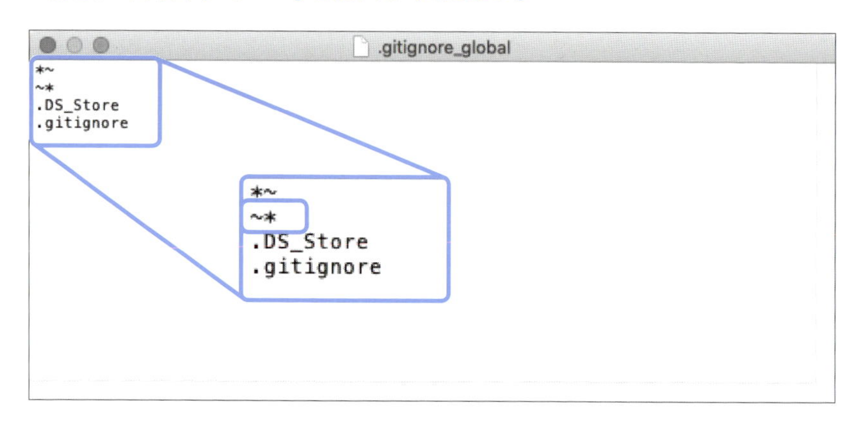


パターンを追加するには、このファイルに追記して上書き保存します。設定するパターンが似ているので、ここでは「*~」の次の行に割り込ませて追記しました。

「~*」は、名前がチルダで始まることを示します。このパターンも、一部のアプリケーションが作業用に作る不可視ファイルの名前です。

### ステップ5

［ファイル］メニューから［保存］を選び、ウインドウを閉じてください。テキストエディタを終了してもかまいません。

### ステップ6

Sourcetreeへ切り替え、環境設定のウインドウを閉じてください。

● ● ● ● ● ●

今回は実験用のファイルを作らなかったので、ファイルステータス表示に変化はありません。

## 2.4.5 さまざまなパターンの指定方法

パターンで指定するときは、0文字以上の任意の文字列を示す「*」のほかに、次の書式が使えます。

- 「#」で始まる行は無視されます。コメントを追加したいときに使ってください。
- 「!」で始まる行は、先に指定したパターンを逆転します。たとえば、上の行で「ToDo*」と指定してから、それよりも下の行で「!ToDo向井*」と指定すると、上のパターンによって名前が「ToDo」で始まるファイルやフォルダが無視されますが、「ToDo向井」で始まるものだけは無視の対象外になり、そのようなファイルやフォルダがあるとファイルステータス表示に現れます。
- 「/」で始まる行は、プロジェクトフォルダ直下のみを指します。たとえば、「/ToDo.txt」と指定すると、プロジェクトフォルダ直下の「ToDo.txt」ファイルは無視しますが、サブフォルダにある「ToDo.txt」はパターンに合致しないので、ファイルステータス表示に現れます。
- フォルダ名を先に書くと、特定のフォルダだけ指定できます。たとえば、「ToDo/*.jpg」と指定すると、「ToDo」フォルダ内にあり、拡張子が「jpg」のファイルを無視します。それ以外のフォルダにあるJPEGファイルはパターンに合致しないので、ファイルステータス表示に現れます。

## 2.4.6 登録した無視リストを修正する

いったん登録した無視リストを変更するには、パターンを登録するときと同じ手順で設定ファイルを開き、内容を編集して上書きします。個別リポジトリと、自分が扱うすべてのリポジトリのどちらに登録したかによって、設定ファイルが異なるので、必要に応じて編集するファイルを選んでください。

パターンの一部を変更するときは、それを書き換えてください。無視リストから外すときは、その行を削除してください。いずれも、無視リストの対象から外れたファイルやフォルダは、再び追跡されたり、扱いの決まっていない新しいものとして扱われます。

たとえば、最初からグローバル無視リストに「.gitignore」が登録されていた環境で、この指定を削除すると、不可視ファイルであるためFinderでは非表示のままですが、実際には存在するため、Sourcetreeのファイルステータス表示には「.gitignore」ファイルが現れます。このファイルも追跡するように設定すれば、リポジトリごとの無視リストも作業ツリーとあわせてGitで管理できるようになります。

なお、はじめからグローバル無視リストに「.gitignore」が登録されていなければ、Sourcetreeはこのファイルを無視しないので、ファイルステータス表示には通常のファイルと同様に表示されます。

もしも「.gitignore」ファイルを失ってもプロジェクトで作成するファイルに影響はありませんが、プロジェクトによってはリポジトリへ登録してもよいでしょう。

以後本書では、「.gitignore_global」ファイルに「.gitignore」を追加して、無視するように設定したものとして解説を進めます。

■「.gitignore」ファイルも追跡する

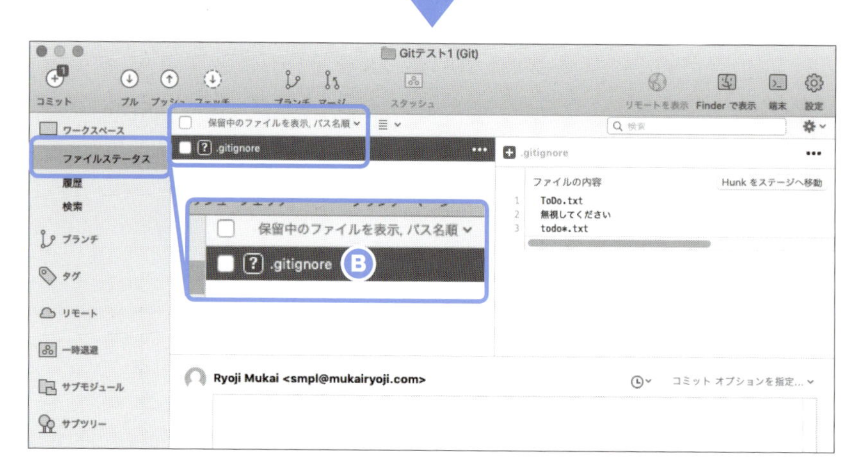


A グローバル無視リストから「.gitignore」の行を削除します。

B 個別リポジトリで無視するパターンを登録すると「.gitignore」ファイルが作られ、ファイルステータス表示に現れます。

## 無視リストはグローバル、個別の順で反映される

無視する名前のリストは、グローバル無視リストが先に反映され、個別リポジトリの無視リストがその後に反映されます。もしも両者で食い違いがあった場合は、後者が有効になります。

たとえば、自分が扱うリポジトリでは原則として「.gitignore」ファイルを無視したいが、特定のリポジトリだけ「.gitignore」ファイルを追跡したい場合は、グローバル無視リストに「.gitignore」と書いておき、特定のリポジトリの無視リストで「!.gitignore」と書きます。

基本的な事項をSourcetreeの環境設定で設定しておき、個別のリポジトリだけで有効にしたい設定をリポジトリの設定として登録するという流れは、ほかの設定内容でも使われます。

# 2-5 変化を登録する

**追跡するように設定したファイルの内容を書き換え、変化を履歴として記録してみましょう。あわせて、行末の改行にも注意してください。**

## 2.5.1 内容を追加して記録する

作業ツリーに置いたファイルに対する1回目のコミットでは、ファイル自体について、**追跡**するか、**無視**するかを指定しました。

2回目以降のコミットでは、内容の変化を**履歴**として記録していきます。P.62「2-3 リポジトリへファイルを登録する」で登録したファイルを使って、変化を履歴として残す手順を紹介します。

なお、以下の手順を始める前に、P.74「2-4 追跡したくないファイルを登録する」で作成したファイル「ToDo.txt」「ToDoのコピー.txt」と、フォルダ「無視してください」は削除してください。そのままでもかまいませんが、作業ツリーが煩雑になるのを避けるためです。

### ステップ1

Sourcetreeで「Gitテスト1」リポジトリのウインドウを開き、ファイルステータス表示へ切り替えてください。

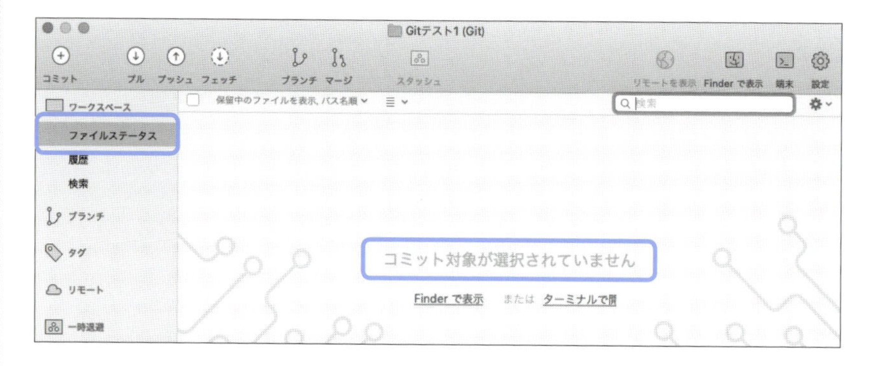


「**コミット対象が選択されていません**」と表示されるはずです。Gitでは、あるリポジトリに対して2回目以降のコミットを行うには、前回コミットした状態と比べて、作業ツリー内に何らかの変化が必要です。たとえば、次のようなものです。

- 前回コミットしたファイルの内容を変更した
- 新しいファイルを作業ツリーへ追加した（プロジェクトフォルダ内へ保存した）
- 以前にコミットしたファイルを削除した

ただし、空のフォルダを追加してもコミット対象にはなりません。フォルダ自体には内容がないので、変化として扱われません。

この画面の「コミット対象が選択されていません」というメッセージは、厳密にいえば「コミット対象として選べるものがありません」という意味です。つまり、現在の作業ツリーには、前回コミットしたときの状態と比べて変化がないため、たとえコミットしたくてもできないという意味になります。

別の見方をすると、前回のコミットから変化がないということは、作業ツリーで行ったすべての内容がリポジトリに記録されているため、何らかの理由で作業ツリーのファイルを変更しても、履歴から復旧できるということです。この状態を「**クリーン**」（**clean**）であるといいます。

### ステップ2

Finderへ切り替えて「書類1.txt」をCotEditorで開き、2行目を書き足してください。

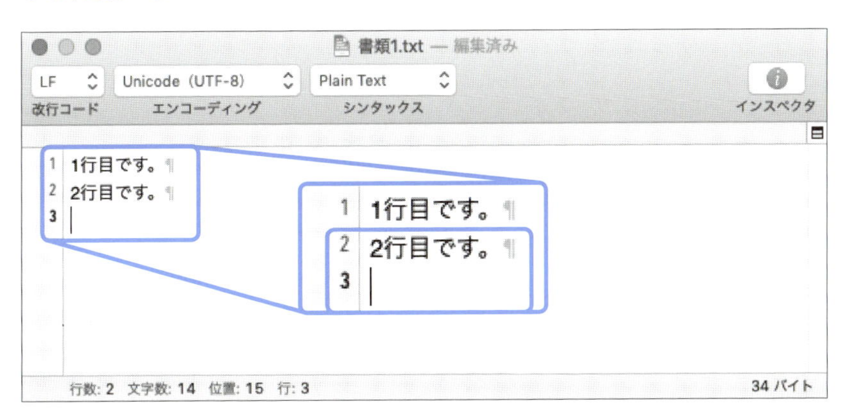


2行目の最後で改行して、3行目には何も書かないでください。

拡張子が「TXT」のファイルをダブルクリックしたときに、CotEditorを使って開きたいときは、次ページのコラム「TXTファイルのデフォルトのアプリケーションをCotEditorへ変更する」を参照してください。

## TXTファイルのデフォルトのアプリケーションをCotEditorへ変更する

拡張子が「TXT」のファイルをダブルクリックしたときに、CotEditorを使って開くには、拡張子「TXT」のファイルに対して、CotEditorをデフォルトのアプリケーションとして指定します。手順は次のとおりです。

① Finderで、拡張子がTXTであるいずれかのファイルを選びます。
② ［ファイル］メニューから［情報...］を選びます。
③ 「情報」ウインドウの「このアプリケーションで開く」のメニューを開き、「CotEditor」を選びます。
④ すぐ下にある「すべてを変更...」ボタンをクリックします。
⑤ 確認のダイアログが表示されたら「続ける」ボタンをクリックします。

### ステップ3

［ファイル］メニューから［保存］を選んで上書き保存し、ウインドウを閉じてください。

### ステップ4

Sourcetreeのファイルステータス表示へ切り替えて、表示内容を確かめてください。

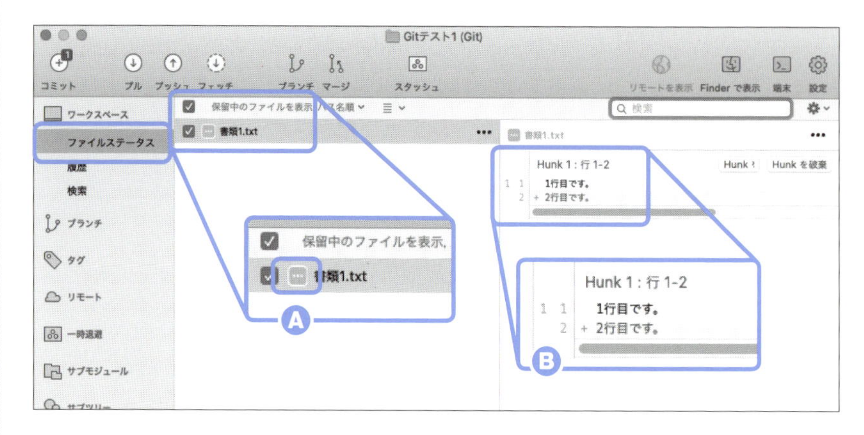


ファイルの内容が変わったことが自動的に認識され、表示が変わります。ファイルが現れないときは、［リポジトリ］メニューから［リフレッシュ］を選んでください。

**A** ファイル名の左隣にある「…」のアイコンは、追跡するようにすでに設定されているファイルの内容が変更されたことを示しています。チェックボックスは、1回目と同様にコミットの対象にするという設定です。すでに追跡対象になっているファイルに変化があると、自動的にチェックされます。

**B** ウインドウの右側には、左側で選ばれている「書類1.txt」ファイルの内容が表示されています（もしも表示されないときは左側の「書類1.txt」をクリックしてください）。2行目は、先頭に「+」マークがあり、緑色で背景が塗られています。これは、前回のコミットと比べて、この行が新しく追加されたことを示しています。前回のコミット以後に何度も内容を書き換えたとしても、この画面で比較対象とするのは前回のコミットです。

内容が比較されるのは、前回のコミットからの変化である点に注意してください。もしも、この後に「書類1.txt」を開き、2行目を削除して再び保存すると、前回のコミットと比べて結果的に内容には変化がないので、ファイルステータス表示は再び「コミット対象が選択されていません」の表示へ戻ります。

● NOTE　ファイルステータス表示は、作業ツリーのファイルに対して行われた操作の手順や、ファイルの更新日時を調べているわけではありません。なお、変化を表示するほかの方法はP.146「2-9 差分を詳しく調べる」で紹介します。

## ステップ5

［表示］メニューから［履歴表示］を選ぶか、または、サイドバーの「ワークスペース」→「履歴」をクリックして、履歴表示へ切り替えてください。

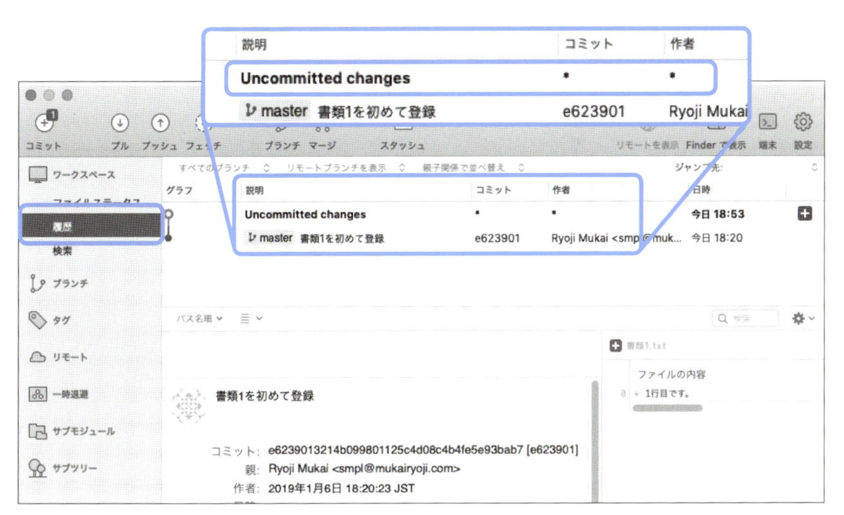


1番上に「**Uncommitted changes**」（まだコミットされていない変更）があるはずです。「Uncommitted changes」は、コミットとして確定したものでは

ないため、コミットメッセージはなく、コミットIDや作者の欄には暫定的な文字が表示されています。とはいえ、Sourcetreeは直前のコミットから何らかの変更があったことを認識しています。

別の見方をすると、いま作業ツリーには、(ファイルとして保存されていても)リポジトリへ記録していないものがあるため、何らかの操作によって作業ツリーのファイルが変更されると、履歴にない内容(前回のコミットから更新した分のデータ)は失うということです。この状態を(直前のコミットから何も変更がない「クリーン」に対して)「**ダーティ**」(**dirty**)であるといいます。

### ステップ6

「Uncommitted changes」をクリックして、ウインドウの下段に変更内容が表示されることを確かめてください。

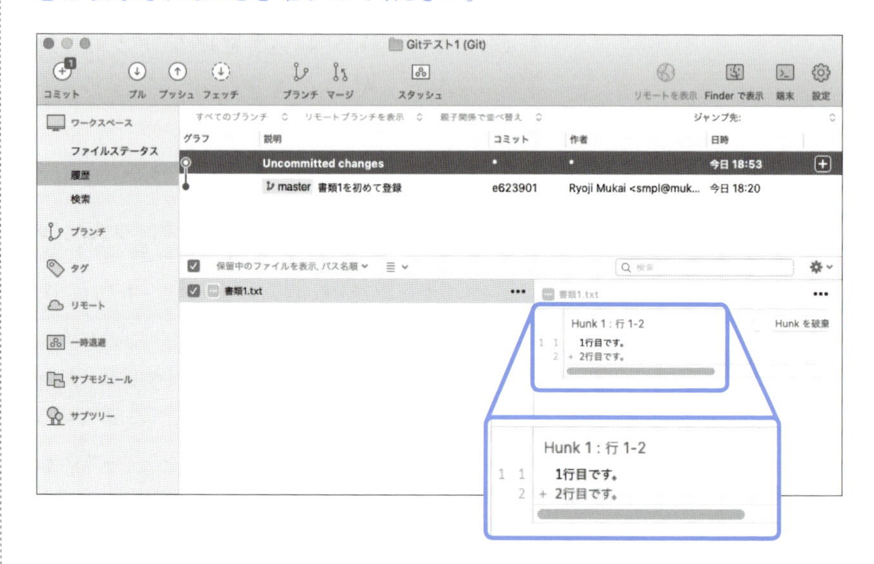


表示される内容は、ファイルステータス表示と同じです。

## ステップ7

新しい内容をコミットしてください。

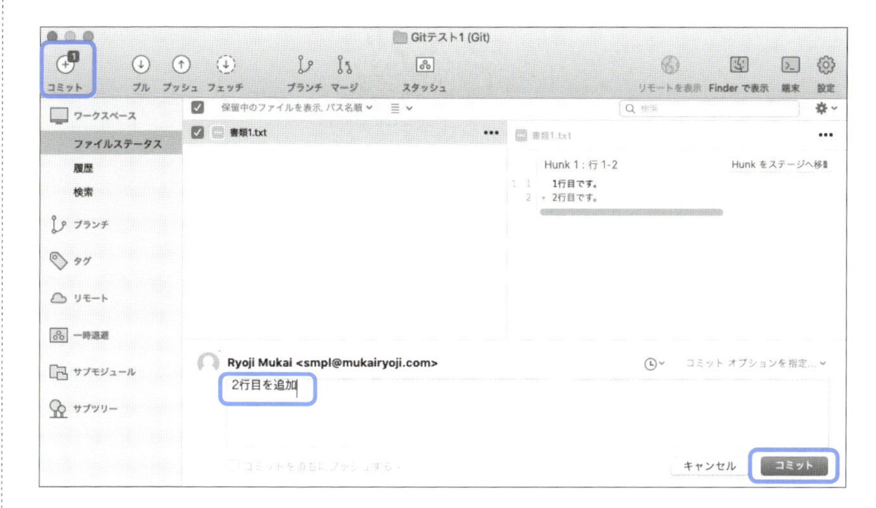


コミットそのものの手順は1回目と同じです。ツールバーの「コミット」をクリックして、コミットメッセージを記入し、「コミット」ボタンをクリックします。

## ステップ8

画面が変わったら履歴表示へ切り替えて、履歴を確かめてください。

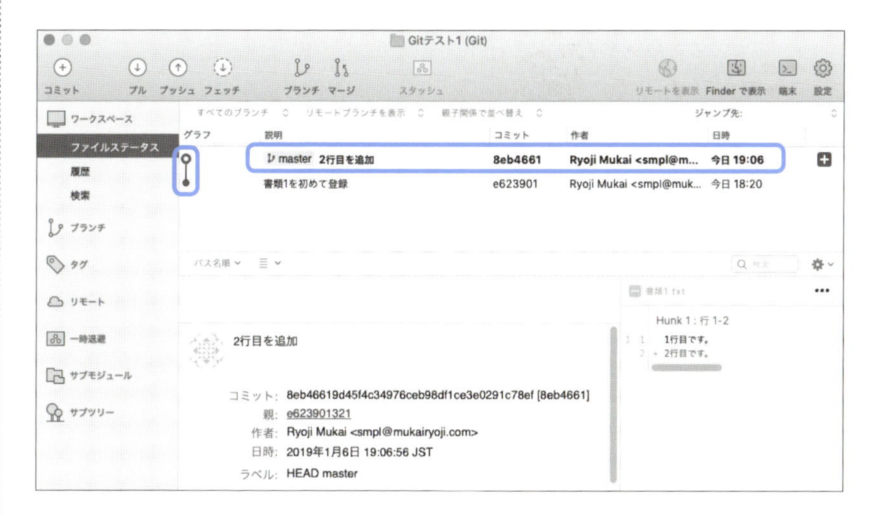


これで、「新しいファイルを追跡対象として初めて登録」→「すでに追跡対象として登録したファイルの内容を更新」という2段階の作業が履歴として記録

されました。コミットIDや日時などの情報が自動的につけられる点は1回目と同じです。「**グラフ**」欄を見るとわかるように、履歴は、樹木のように新しいものが上へ伸びるように表示されます。

## ステップ9

いま行ったコミットの行をクリックして、下段の表示を確かめてください。

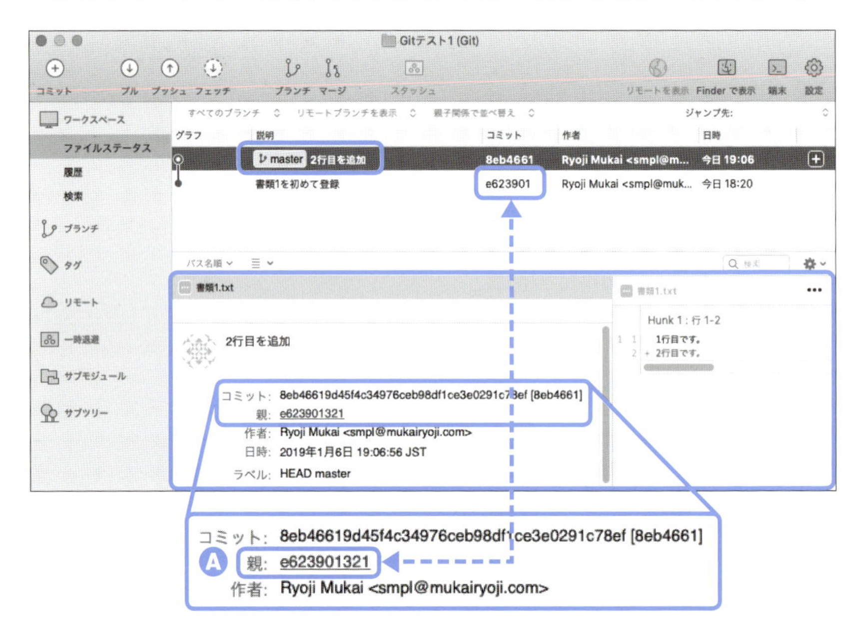


1回目のコミットと同様に、コミットIDなどの情報や、変更内容が表示されています。

Ⓐ「親」: 値の先頭7桁は1回目のコミットの「コミット」欄に表示されているものと同じです。これは、2回目のコミットが、1回目のコミットをもとにしていることを示しています。「親」とは、この変化を親子に見立てたものです。つまり、「8eb4661…の親は、e623901…である」といえます。

### ステップ10

ファイルステータス表示へ切り替えて、「コミット対象が選択されていません」と表示されることを確かめてください。

図の表示にならないときは、［リポジトリ］メニューから［リフレッシュ］を選んでください。

2回目にコミットを行った後に、ファイルの内容は書き換えていません。よって、コミットできる対象は、いまはありません。つまり、ファイルを編集したすべての作業がリポジトリに記録されている「クリーン」な状態です。

### ステップ11

同様にして、テキストファイルに3行目を追加してコミットしてみましょう。Finderへ切り替えて「書類1.txt」をCotEditorで開き、3行目を書き足して上書き保存してください。

3行目の最後で改行して、4行目には何も書かないでください。

## ステップ12

Sourcetreeへ切り替えて、コミットメッセージを記入してコミットしてください。

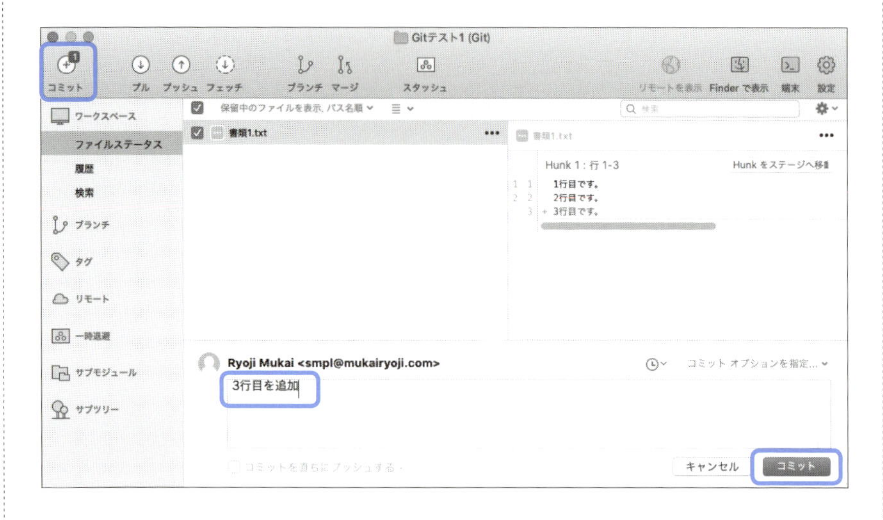


## ステップ13

履歴表示を確かめてください。

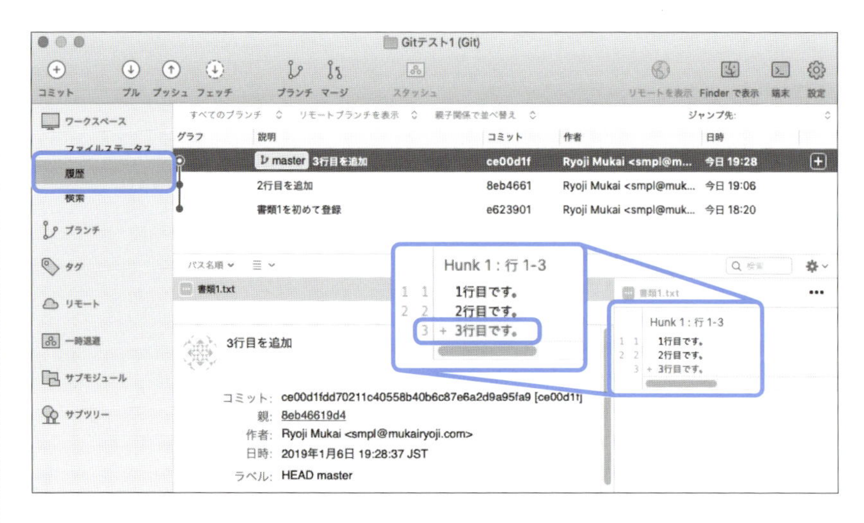


2回目のコミットとの違い、つまり、3行目に追加した内容が「+」で始まる行に表示されます。

もしもプロジェクトの進行に何も問題がなければ、ワークフローに分岐や逆流を考える必要がなく、ファイルの作成は1方向に進められます。具体的には、次のような流れになります。

① 新しいファイルを作業ツリー（プロジェクトフォルダ直下）へ置く。
② ドキュメントファイルをリポジトリへ登録する、または、無視リストへ登録する。
③ ドキュメントファイルの内容を作り進めるとともに、適切なタイミングでコミットする。これを繰り返す。

## 2.5.2 既存の内容を編集して記録する

ファイルの内容を追加したときの動作と表示はわかったので、既存の内容を編集したときについても調べてみましょう。

### ステップ1

CotEditorで「書類1.txt」を開き、2行目の内容を書き換えてから上書き保存してください。

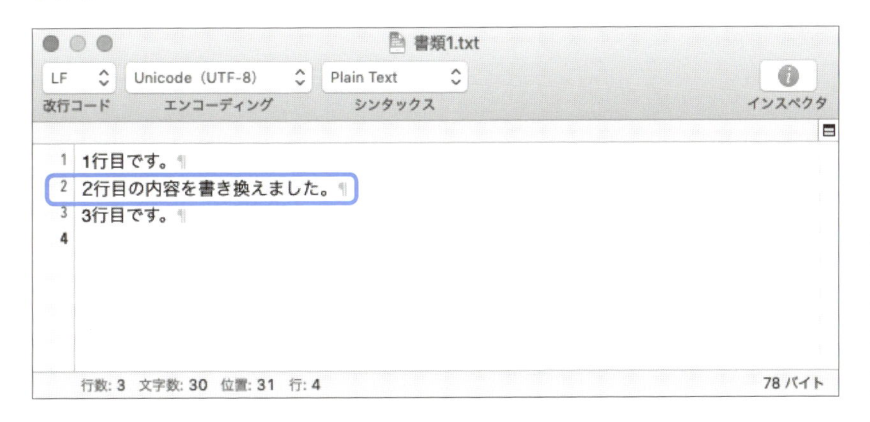

### ステップ2

Sourcetreeへ切り替えて、ファイルステータス表示を確かめてください。

**A** 先頭に「−」マークがあり、背景が薄い赤色の行は、この行が削除されたことを示しています。

**B** 先頭に「+」マークがあり、背景が薄い緑色の行は、すでに見てきたように、この行が追加されたことを示しています。

**C** 行番号を見ると、AとBはどちらも2行目となっています。これにより、前回のコミットと比べると、2行目の内容がいったん削除され、同じ2行目に別の内容が追加された、つまり、2行目の内容が書き換えられたことを示しています。

このように、既存の内容が書き換えられたときは、前回のコミットと比べて、削除された内容と、追加された内容の両方が表示されます。

## ステップ3

適当なコミットメッセージを記入してコミットしてください。

## ステップ4

履歴表示で、「書類1.txt」の変更内容を確かめてください。

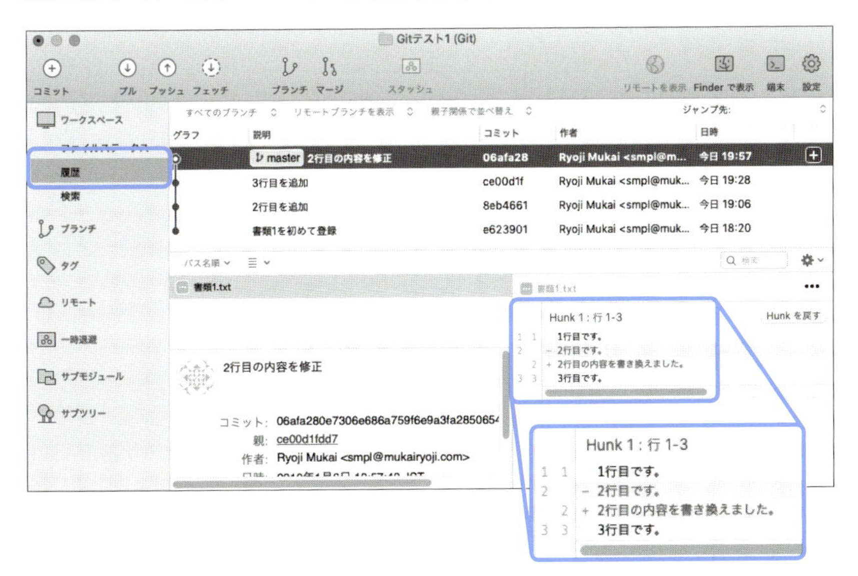

## 2.5.3 変化は行単位で表示する

Sourcetreeのファイルステータス表示や履歴表示では、テキストファイルの内容のうち、前回のコミットから変更された箇所を行単位で表示します。テキストファイルは1行の長さが決まっていないので、より正確にいえば次の改行まで、文章でいえば段落単位です。1行のうち1文字だけ変更しても、その1行を変更箇所として表示します。

次の図は、いったんコミットしたファイルの先頭にスペースを1文字挿入して、ファイルステータス表示で前回のコミットからの変化を確かめているところです。変化は1文字だけですが、1行全体が比較表示されていることがわかります。

■Sourcetreeでは内容の変化を行単位で表示する

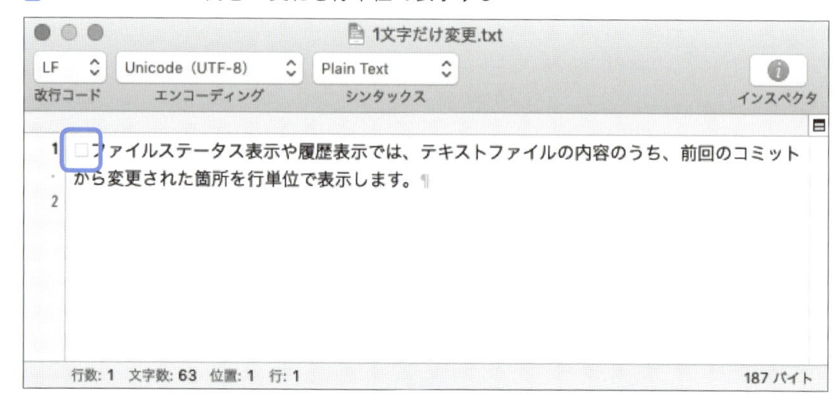


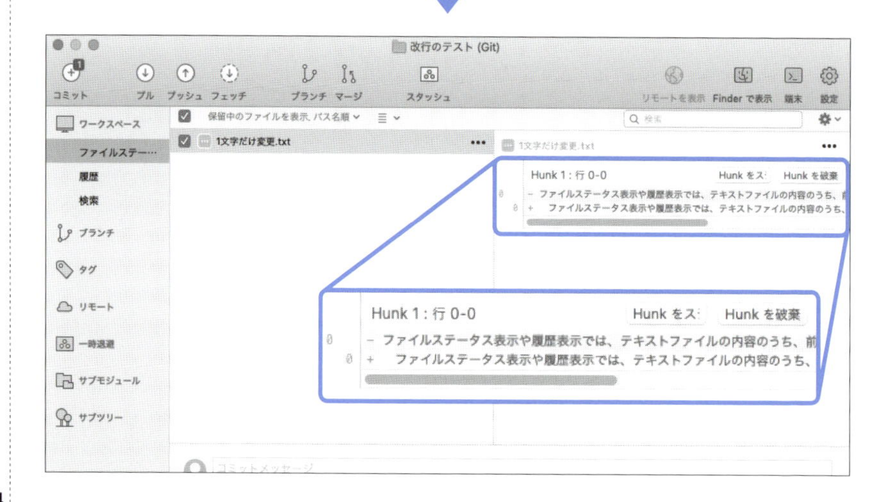

1行の文字数が長い場合は、行単位ではなく、文字単位で変化を表示してほしいこともありますが、ここではSourcetreeに内蔵されている機能に慣れていきましょう。

このような、2つのファイルを比較した違いのことを一般的に「**差分**」、または、俗に「**diff**」（ディフ、differenceの意味）と呼びます。どちらもソフトウェア開発でよく使われる用語で、「diff」はSourcetreeのメニューにも使われています。

● NOTE　2つのファイルの違いを調べるツールや設定にはさまざまなものがありますが、本書ではP.152「2.9.3 別のアプリを使って差分を調べる」で「P4Merge」をとりあげます。なお、diffはもともと、UNIXで差分を調べるコマンドの名前でしたが、現在では差分そのもの、差分を調べる操作、（本来のdiffコマンドだけでなく）差分を調べるソフトウェア一般など、多くの意味で使われます。

## 2.5.4 改行も変化として扱われる

行末の改行は、テキストの1行に含まれます。一般的な文章を書くときは行末、とくに最終行末の改行に注意することはほとんどありませんが、Sourcetreeでは、行末の改行だけを操作しても、行の文章を書き換えたときと同様に、その行に変化があったとみなされます。実際に操作しなくてかまわないので、以下の実験を確かめてください。

### ステップ1

行末で改行しないテキストファイルを作成して保存します。

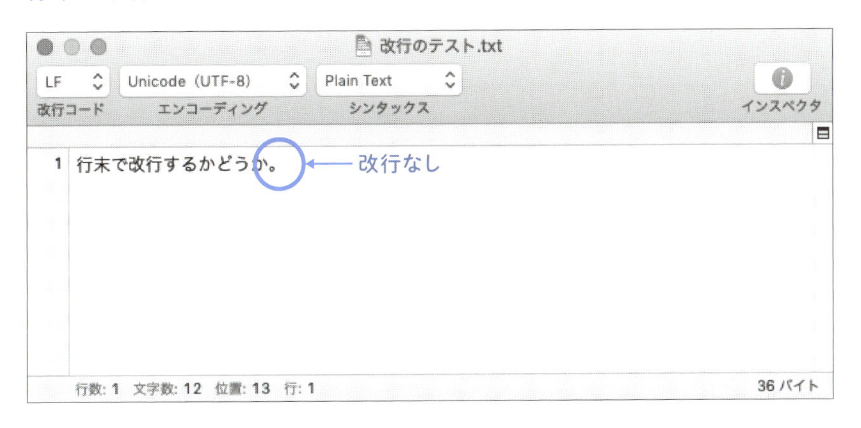

## ステップ2

ファイルを登録してコミットします。

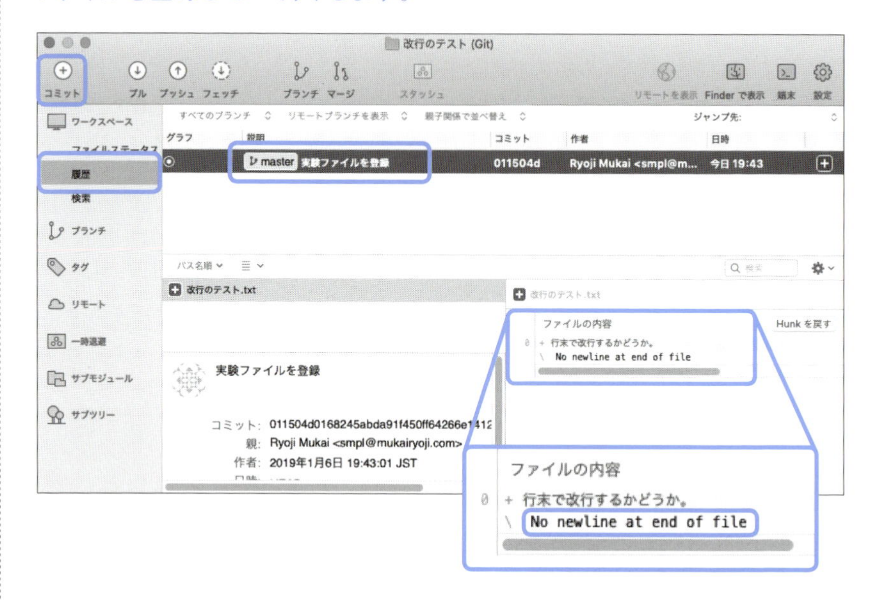


ウインドウ右下には「ファイルの内容」として、末尾に「**No newline at end of file**」(ファイルの末尾に新しい行がありません)と表示されます。

## ステップ3

テキストファイルを開き、行末で改行して上書き保存します。

### ステップ4

「ファイルステータス表示」を確認すると、この行に変化があったとみなされます。

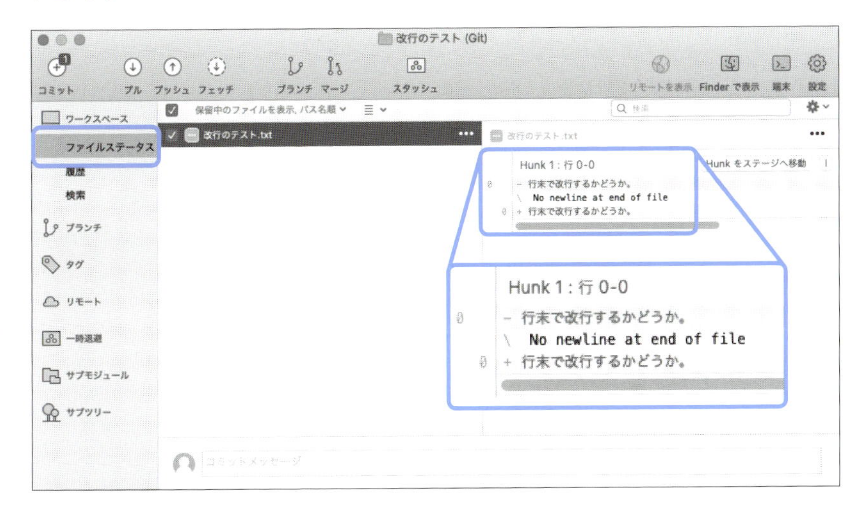


違いは行末の改行だけですが、この行の文章にも何か変更されたように見えてしまいます。これは、ユーザが期待する動作ではないでしょう。ファイルの末尾は改行で終える習慣をつけてください。

● ● ● ● ● ●

● NOTE　macOSのベースでもあるUNIXでは、行末の改行が記述の終わりとして扱われることが多くあります。プログラミング言語によっては、ファイルの最終行に改行がない場合は、明確にエラーになる場合もあります。ほかのツールを組み合わせるなどして改行を無視するように設定・運用することも不可能ではありませんが、本質的な対策とはいえないでしょう。

# 2-6 履歴を取り出す

**コミットを繰り返して履歴を記録できたので、次は、これを取り出してみましょう。操作次第では更新内容を失うおそれがあるので注意してください。**

## 2.6.1 履歴を取り出す

履歴を取り出す操作をすると、作業ツリーにあるファイルを丸ごと差し替えて、そのコミットを行ったときの状態へ切り替えます。どのような動作になるのか、やってみましょう。

### ステップ1

Sourcetreeで個別リポジトリのウインドウを開き、作業ツリーが**クリーン**であることを確かめてください。

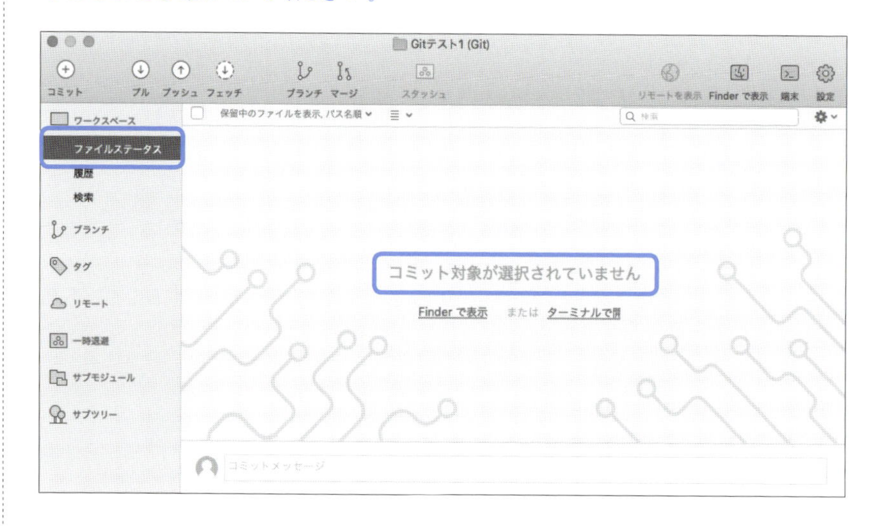


この確認は、実際の作業では大変重要なものです。

作業ツリーがクリーンであるとは、具体的には、ファイルステータス表示で「コミット対象が選択されていません」と表示される、または、履歴表示で「Uncommitted changeと表示されない」状態です。つまり、作業ツリーにある作業のすべてが、リポジトリへ記録されている状態です。

前節から続けている場合はクリーンであるはずですから、いまはこのまま進めます。ただし、実際の作業では、履歴を取り出そうと考えたときに別の作業が進行中で、作業ツリーがダーティであるかもしれません。その場合は、すぐにコミットするか、「**スタッシュ**」という機能を使って一時的によけておくことができます（詳細はP.268「3-7 スタッシュで作業内容を退避する」を参照）。

## ステップ2

履歴表示へ切り替えてください。

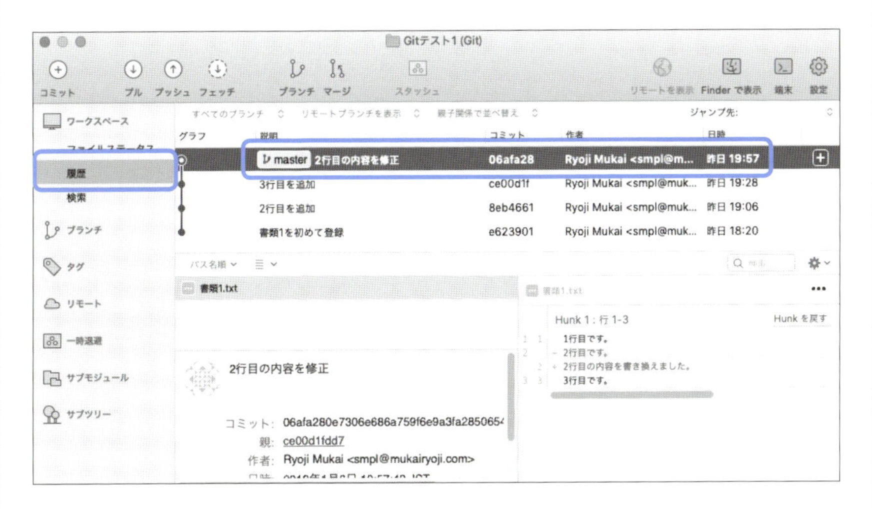


4つあるコミットのうち、最新のものが太字で表示されているはずです（選択していなくてもかまいません）。

### ステップ3

最下段にある、1番目のコミットをダブルクリックしてください。

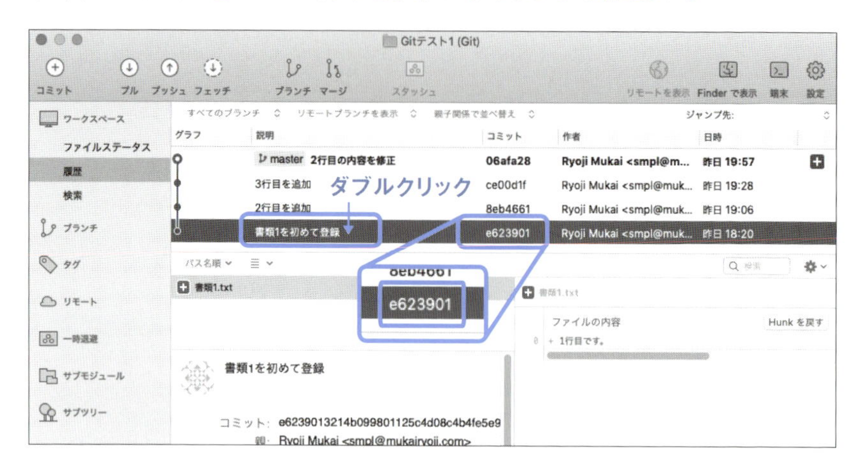


操作するときに、1番目のコミットのIDを覚えてください。ほかのコミットと区別できればよいので、先頭の3文字程度でかまいません。図では「e62」です。

### ステップ4

ダイアログが表示されたら、「OK」ボタンをクリックしてください。

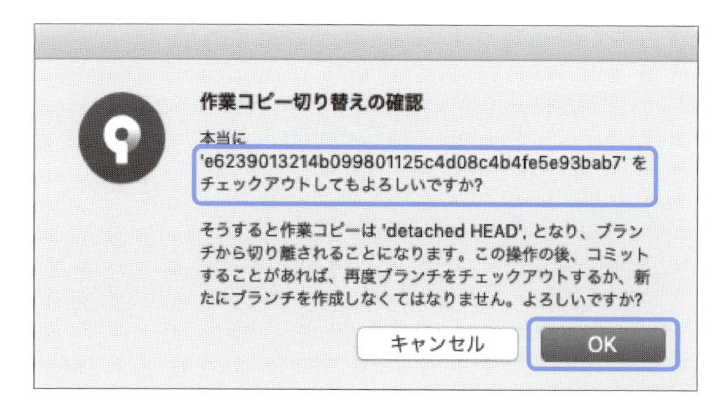


ダイアログには、ダブルクリックした1番目のコミットのIDが表示されていることを確かめてください。

履歴表示にある古いコミットをダブルクリックすると、そのコミットを取り出して、作業ツリーのファイルを差し替える操作になります。この操作を「**チェックアウト**」(**checkout**)と呼びます。コミットを記録することを「**チェックイン**」と呼びましたが、その逆の操作です。

ダイアログにコミットIDが表示されていることからわかるように、Gitは内部的には**コミットID**でコミットを区別しています。ただし、Sourcetreeでは履歴表示にコミットの一覧が表示されるので、コミットメッセージを目印にして目的のコミットを選ぶことができます。このため、通常はコミットIDに注意する必要はありません。

逆にいえば、履歴表示で目印になるように、コミットメッセージの文章を工夫する必要があります。履歴を1つずつ操作して目的の状態を探すのは大変だからです。

### ステップ5

1番目のコミットに「HEAD」と表示されたことを確かめてください。また、Finderへ切り替えて、作業ツリーのファイルの内容が1番目のコミットのものと同じになったことを確かめてください。

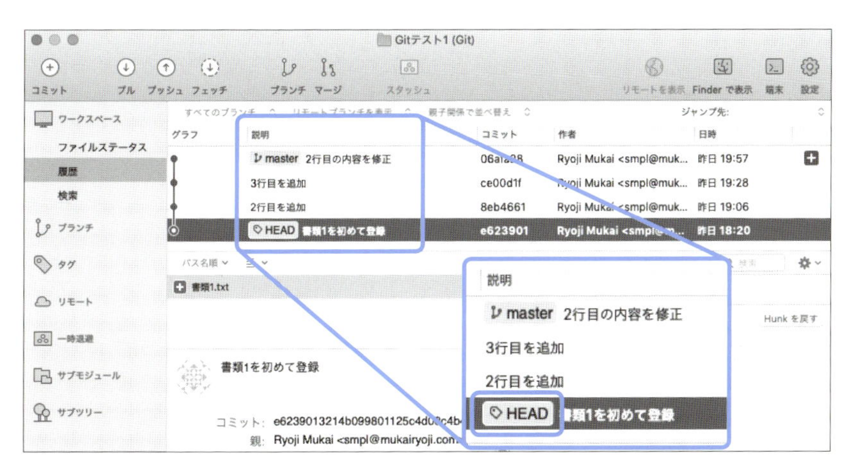


「HEAD」は、いまこれが選ばれているという目印です。最新のコミットが選ばれている場合は、作業ツリーは最新のコミットと同じ、あるいはそれを元に編集した状態ですので、「HEAD」の表示は省略されます。一方、履歴をチェックアウトしたときは、最新ではないコミットの状態が作業ツリーに現れるため、チェックアウトしたコミットを明示するために表示されます。「HEAD」の表示は、派生した状態を管理するブランチを扱うときはとくに重要です（ブランチについてはP.194「3-1 ブランチの基本操作」以降を参照）。

また、Sourcetreeは確認のダイアログを表示しましたが、Finderからは何の確認もなく1番目のコミットのものとファイルが差し替えられたことに注意してください。

### ステップ6

Sourcetreeのウインドウへ戻り、同様にして、ほかのコミットもダブルクリックしてチェックアウトしてみてください。

同様に、確認のダイアログが表示されます。また、Finderでファイルの内容を確かめてください。

### ステップ7

最新のコミットをダブルクリックしてください。

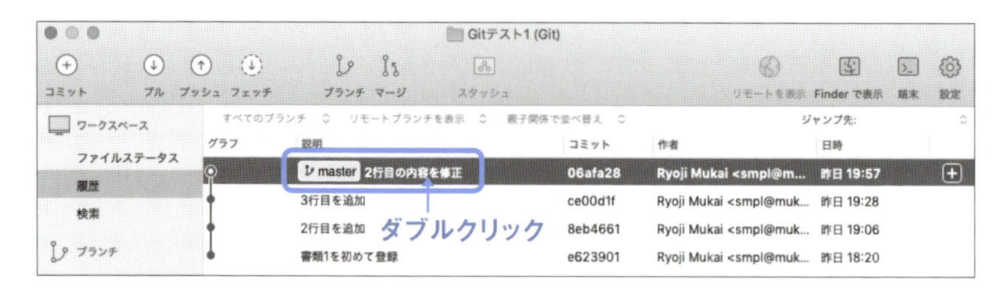


今度は確認のダイアログは表示されません。

### ステップ8

履歴表示から、別のコミットをチェックアウトしていたときに表示されていた「HEAD」の文字が消えたことを確かめてください。

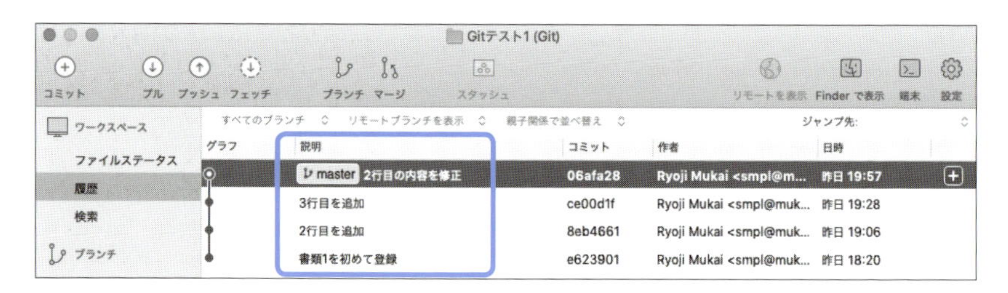


Finderへ切り替えて、作業ツリーのファイルが最新のコミットのものと同じになったことを確かめてください。これで、本項の作業を始める前の状態へ戻りました。

● ● ● ● ● ●

履歴をチェックアウトすると、作業ツリーのファイルを上書きする点に注意してください。また、Sourcetreeは確認のダイアログを表示しますが、Finderは警告などを表示しません。ただし、クリーンな状態であれば、目的のコミットをチェックアウトすればよいので、データを失うことはありません。

## 2.6.2 ダーティな状態でチェックアウトすると

もしも**ダーティ**な状態、つまり、最後にコミットした後に作業ツリーの内容を更新しているのに、コミットしないままチェックアウトすると、エラーになります。ただし、作業ツリーの内容を強制的に上書きすることもできます。ここでは、ダーティな状態でチェックアウトするとどうなるか、確かめてみましょう。

なお、作業をやり直すために、最後のコミットの後に行った作業を意図的に破棄したいときは、「リセット」という操作してください（詳細はP.166「2-10 作業をやり直す」を参照）。

### ステップ1

CotEditorを開き、「書類1.txt」に4行目を書き足して上書き保存してください。

区別がつきやすいよう、本書では4行目に「この行はまだコミットしていません。」と記入しました。Gitを使わない環境では、これでファイルとして保存できたので、意図的に上書きしたりゴミ箱へ入れなければ、内容を失うおそれはありません。

### ステップ2

Sourcetreeの個別リポジトリのウインドウへ切り替え、履歴表示を確かめてください。

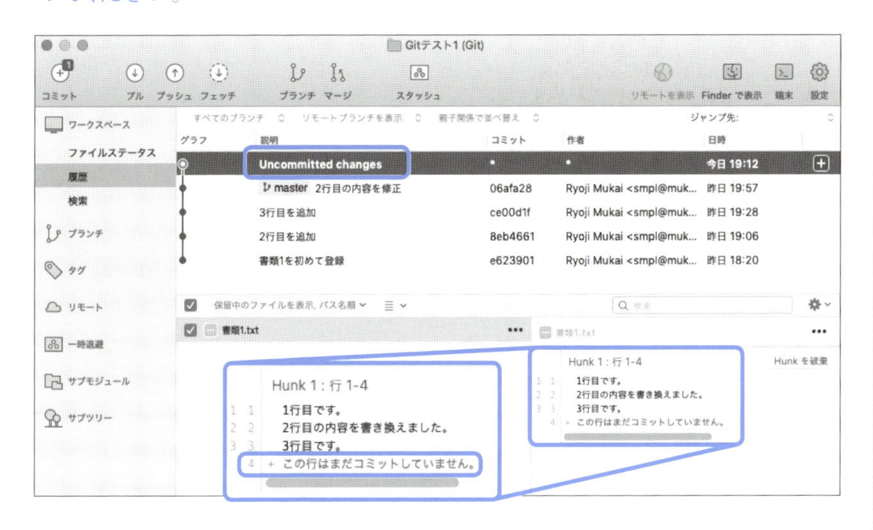

最後のコミットの後に作業ツリーの内容を更新したので、「**Uncommitted changes**」と表示されます。**ダーティ**な状態です。

## ステップ3

1番目のコミットをダブルクリックして、**チェックアウト**の操作をしてください。

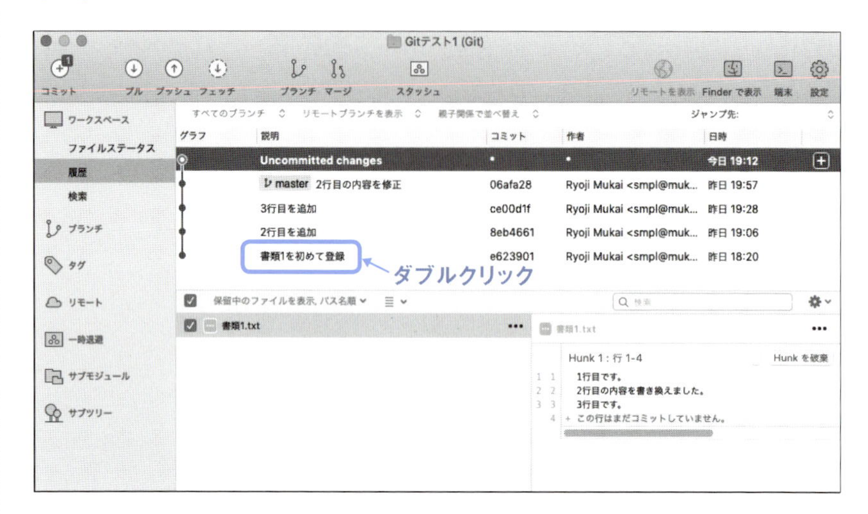


## ステップ4

確認のダイアログが表示されたら、「**ローカルの変更を破棄**」オプションをオフにしてから、「OK」ボタンをクリックしてください。

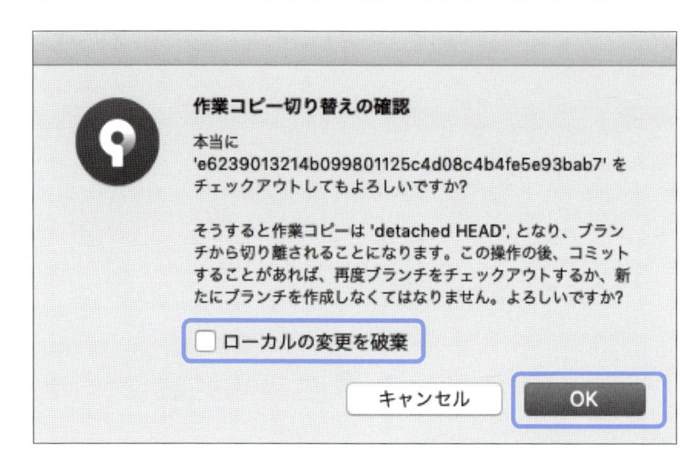

### ステップ5

「作業コピーの切り替え...」ダイアログが開きますが、図のようなメッセージが表示されます。

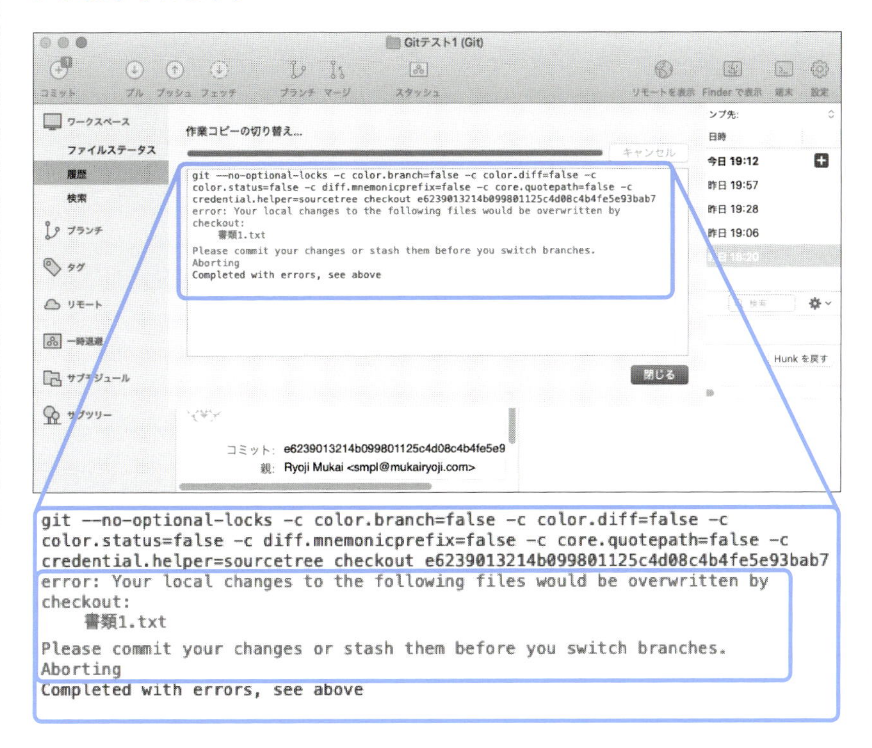


「error」から始まる赤い文字の部分には、次のように書かれています。

以下のファイルに対するローカルの変更は、チェックアウトによって上書きされます:
書類1.txt
ブランチを切り替える前に、変更をコミットするかスタッシュしてください。
中止

つまり、最後のコミットの後にローカルで変更された内容が上書きされてしまうので、チェックアウトの操作を中止したということです。

### ステップ6

ダイアログの「閉じる」ボタンをクリックしてから、ファイルステータス表示へ切り替えて「書類1.txt」の表示を確かめてください。

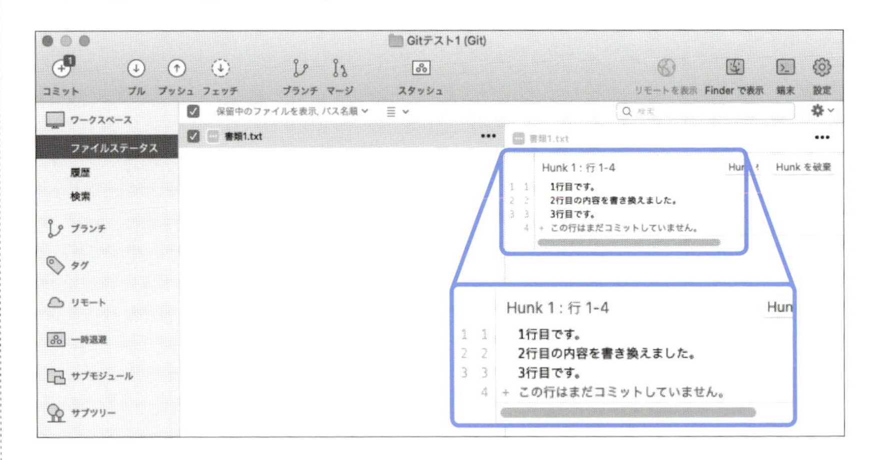


コミットしていない4行目が残っています。よって、チェックアウトの操作はしましたが、中断され、作業ツリーのファイルは実際には差し替えられていないことがわかります。

### ステップ7

履歴表示へ切り替えて、あらためて1番目のコミットをダブルクリックして、チェックアウトの操作をしてください。ダイアログが表示されたら、今度は「**ローカルの変更を破棄**」オプションをオンにしてから、「OK」ボタンをクリックしてください。

### ステップ8

今度はエラーを表示せず、チェックアウトできました。Finderへ切り替えて、「書類1.txt」の内容を確かめてください。

1番目のコミットの内容に差し替えられているはずです。

### ステップ9

最新のコミットをダブルクリックして、チェックアウトしてください。

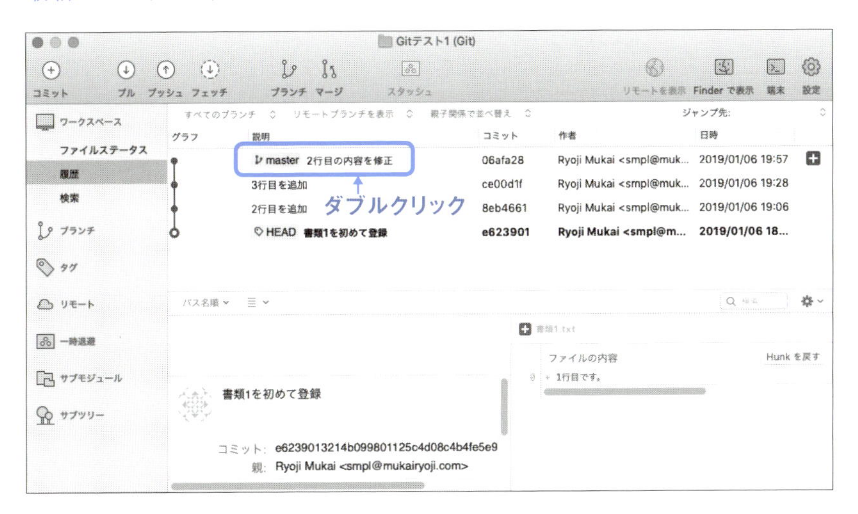


これで、最後にコミットした状態まで戻すことはできましたが、すべてが元通りではありません。「ローカルの変更を破棄」オプションをオンにしてチェックアウトしたときに作業ツリーのファイルは差し替えられたので、リポジトリへコミットしていなかった4行目の内容はどこにも記録されず、完全に失われました。

● ● ● ● ● ●

チェックアウトのオプション設定によっては、いったんファイルとして保存したものであっても、内容が失われることがあります。コミットさえ実行しておけばリポジトリへ記録されますが、通常のファイル保存の操作だけでは不十分である点に注意してください。もっとも簡単な対策は、チェックアウトする前にクリーンであることを確かめることです。

# 2-7 ステージを使う

**これまで行ってきたコミットはSourcetree特有の簡易的なやり方です。一般的には、「ステージ」と呼ばれる場所を経由する必要があります。**

## 2.7.1 ステージとは

これまで行ってきたコミットの操作では、作業ツリーにあるファイルを選ぶことで、コミットする対象を指定していました。しかし実は、これはSourcetree特有の簡略化された手順です。

一般的なGitクライアントソフトウェアでは、コミットしたいファイルを作業ツリーとは別の場所へいったんコピーしてからコミットします。この、作業ツリーとリポジトリの間にある中間的な場所を「**ステージ**」(**stage**)、作業ツリーからステージへファイルをコピーすることを「**ステージする**」と呼びます。Sourcetreeでも、設定を変更すればステージを経由した手順を使ってコミットできます。

■目的のファイルをステージで取りまとめてからコミットする

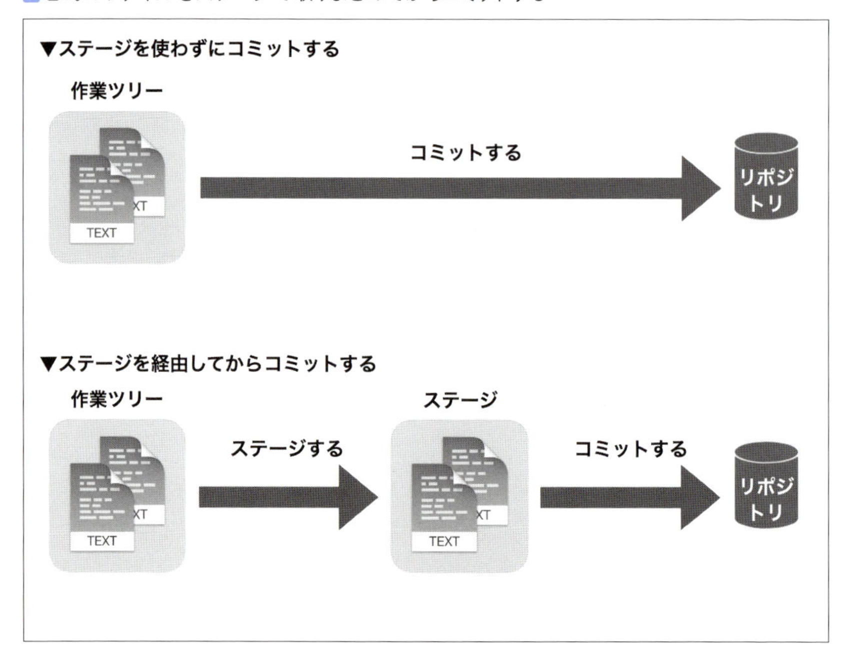

ステージを使う利点は、作業ツリーとは異なる状態でコミット対象を取りまとめられるようになることです。具体的な利点はプロジェクト次第ですので、ここではステージの一般的な特徴について把握してください。以後本書ではステージを使ってコミットする手順を使いますが、実際にステージを使うかどうかは必要に応じて切り替えてください。

● NOTE 「ステージ」は、「**ステージングエリア**」(staging area)、または、「**インデックス**」(index)と呼ばれることもあります。ステージはプロジェクトフォルダ直下の「.git」フォルダの中にあります。ステージしたファイルをFinderで確かめる必要はありませんが、作業ツリーとは別のところにある点に注目してください。

## 2.7.2 ステージを使ってコミットする

ステージの特徴を学びつつ、Sourcetreeの設定を変えて、ステージを使ったコミットを行ってみましょう。ここでは2つめのファイルを作り、2つのファイルを1つずつコミットします。作業が同時進行していても、ファイルの内容によって、あえてコミットを分けたいときなどに向いています。

### ステップ1

CotEditorで「書類1.txt」を開き、4行目を追加して上書き保存してください。

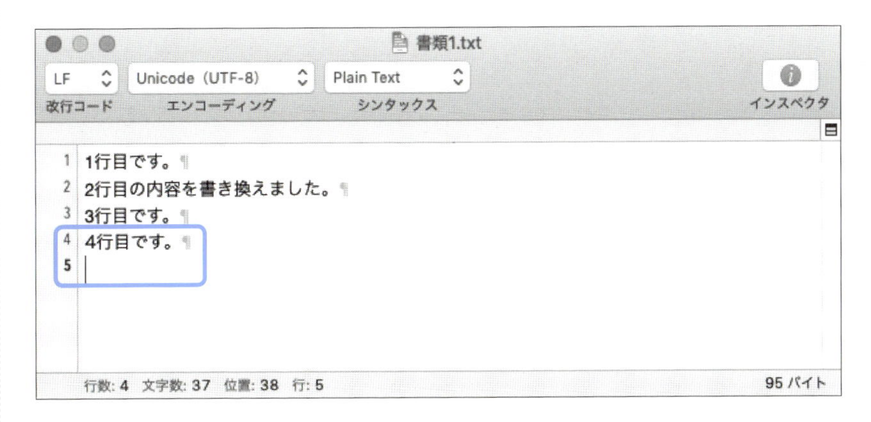

## ステップ2

CotEditorで［ファイル］メニューから［新規］を選び、1行目を書いて「書類2.txt」の名前で保存してください。さらに、ファイルをプロジェクトフォルダへ移動してください。

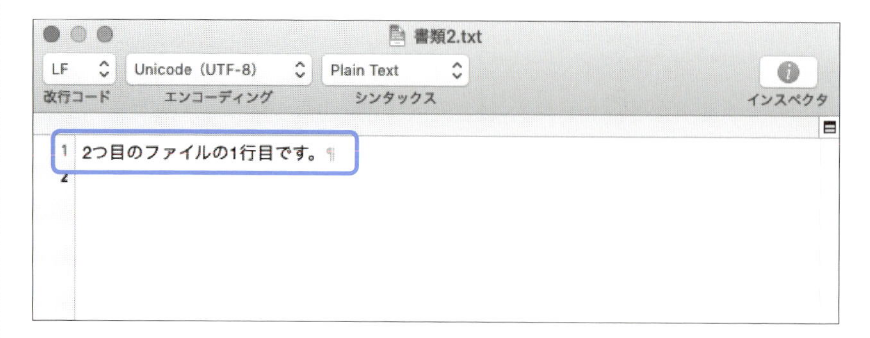


## ステップ3

Sourcetreeの個別リポジトリのウインドウへ切り替え、ファイルステータス表示を確かめてください。

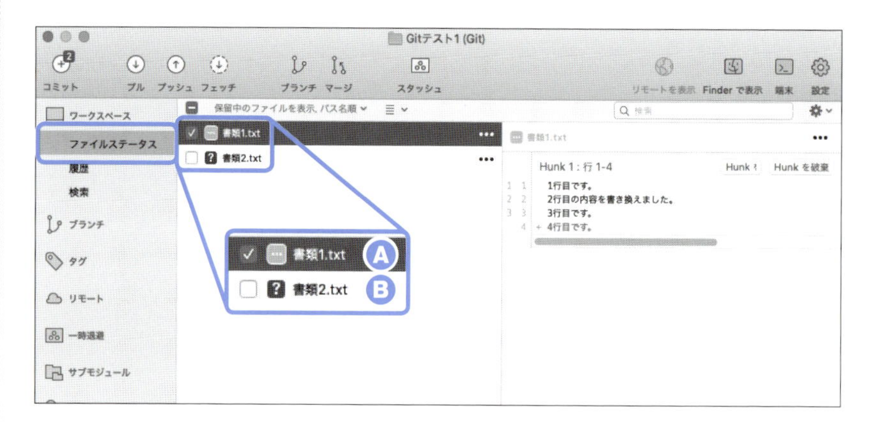


Ⓐ「書類1.txt」は、すでに追跡対象になっていて、前回のコミットから内容が変更されたので、「…」アイコンとともに表示されます。また、チェックボックスが自動的にオンになっているので、自動的にコミット対象になっています。

Ⓑ「書類2.txt」は、新しいファイルであり、追跡するか無視するかが指定されていないので、「?」アイコンとともに表示されます。また、チェックボックスはオフになっているので、このままではコミット対象ではありません。

なお、もしもこのまま「書類2.txt」をチェックすると、ステージを使わずに2つのファイルを1度にコミットする操作になります。

## ステップ4

ファイル一覧の上にある、図に示したアイコンをクリックしてメニューを開き、［ステージビューを分割する］を選んでください。

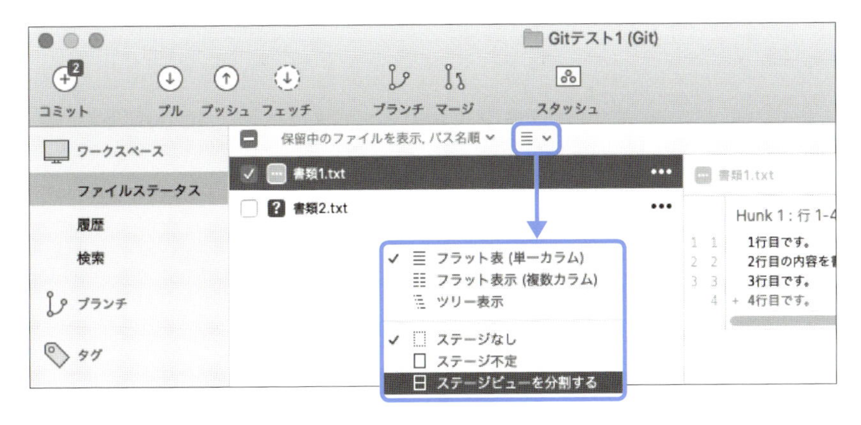


これまで選ばれていたのは［**ステージなし**］で、ステージを使わずに直接コミットするという設定です。このように、ステージを使うかどうかという設定は、速やかに切り替えられます。

## ステップ5

［ステージビューを分割する］を選ぶと、左側の表示が上下に分割されます。

Ⓐ「**作業ツリーのファイル**」：左下には、作業ツリーにある、ステージ可能なファイルの一覧が表示されます。

**B**「**Indexにステージしたファイル**」：左上には、ステージされたファイルの一覧が表示されます。以降は単に「**ステージしたファイル**」と呼びます。図ではファイルがないので、1つもステージされていません。

## ステップ6

「書類1.txt」のチェックボックスをオンにしてください。

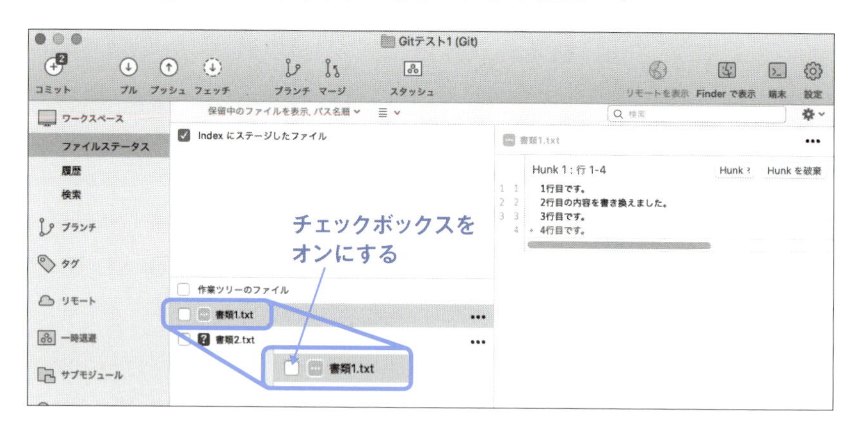


コミット対象のファイルを選ぶときと同じです。

## ステップ7

「書類1.txt」が「ステージしたファイル」欄へ移動したことを確かめてください。

ステージを使う場合は、ステージしたファイルだけがコミットの対象になります。すなわち、ステージした「書類1.txt」は次のコミットの対象になりますが、ステージしていない「書類2.txt」は次のコミットの対象にはなりません。

### ステップ8

コミットメッセージを記入して、コミットを実行してください。

ステージを使う場合でも、コミット自体の手順は同じです。すなわち、コミットメッセージを記入し、「コミット」ボタンをクリックします。

### ステップ9

コミットが終わってファイルステータス表示へ戻っても、「作業ツリーのファイル」欄には「書類2.txt」が残っています。

今回のコミットでは、ステージした「書類1.txt」だけをコミットしたため、「書類2.txt」は扱い方を決めていないままです。そのため、「書類2.txt」は前回の

コミットから変化があるファイル、すなわち、コミット対象として指定できるファイルとして、引き続きファイルステータス表示に表示されます。

### ステップ10

履歴表示へ切り替えて、いま行ったコミットをクリックして選び、内容を確かめてください。

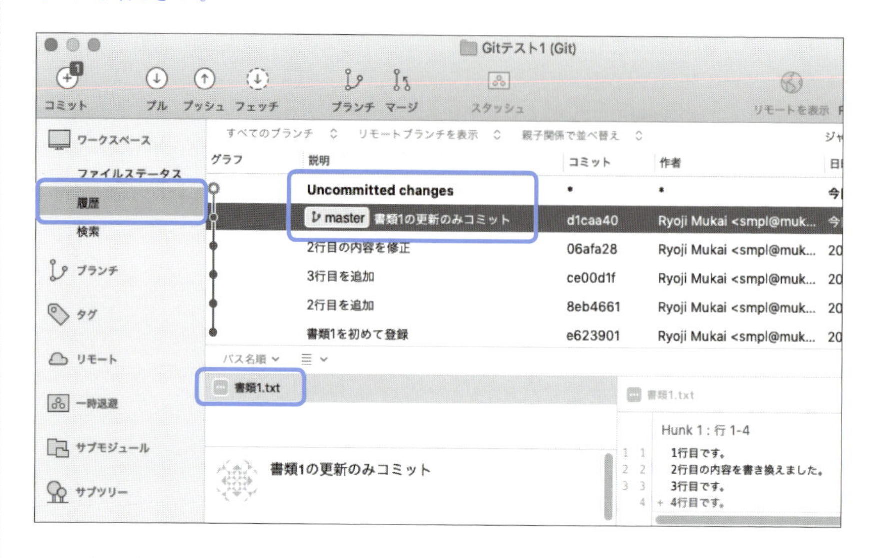


下段左側を見ると、コミット対象にした「書類1.txt」だけが表示されています。このコミットをする前にステージしたのは「書類1.txt」だけだからです。

コミット直後であるにもかかわらず「**Uncommitted changes**」と表示されています。これは、「書類2.txt」をコミットしなかったためです。

## あえてステージを使わない方法もある

Sourcetreeを使う場合は、ステージを使わなくても、ファイルステータス表示でコミットしたくないファイルの左隣のチェックボックスをオフにすれば、次回のコミット対象から外すことができます。このため、単にコミット対象を選ぶだけであればステージを使う必要はありません。

もしも、メンバーが自分1人で、ほとんどの作業が1方向に流れるような単純なワークフローのプロジェクトであれば、コミットの手間を省くために、あえてステージを使わないやり方をしてもよいでしょう。

ただし、一般的なGitクライアントソフトウェアでは必ずステージを使います。そこで本書でも、以後はステージを使った手順を紹介します。

### 2.7.3 ステージへは作業ツリーからコピーされる

まだコミットしていない「書類2.txt」を使って、**ステージ**は**作業ツリー**のコピーであることを確かめましょう。どの時点でコピーされるのか注意してください。

なお、以後は「作業ツリーのファイル」欄にあるファイルを単に「作業ツリーにあるファイル」、「ステージしたファイル」欄にあるファイルを単に「ステージにあるファイル」のように表します。

#### ステップ1

ファイルステータス表示へ切り替え、作業ツリーにある「書類2.txt」を選び、右側の表示を確かめてから、チェックボックスをオンにしてください。

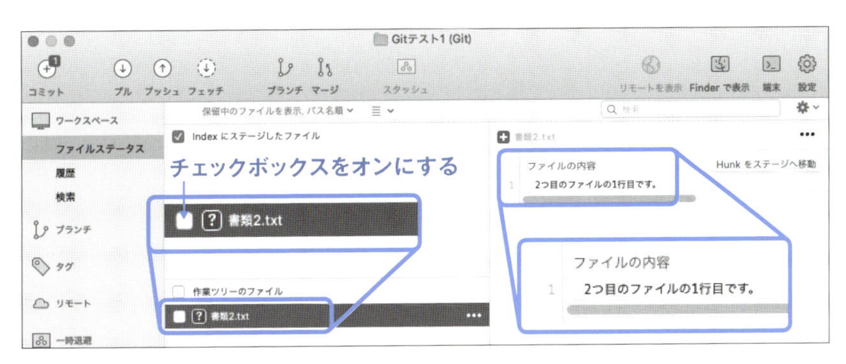


右側に表示される内容は、記入した1行目だけです。

#### ステップ2

「書類2.txt」がステージへ移ったことを確かめてください。

ここまでは前項と同じ流れです。

### ステップ3

CotEditorで「書類2.txt」を開き、2行目を追加して上書き保存してください。

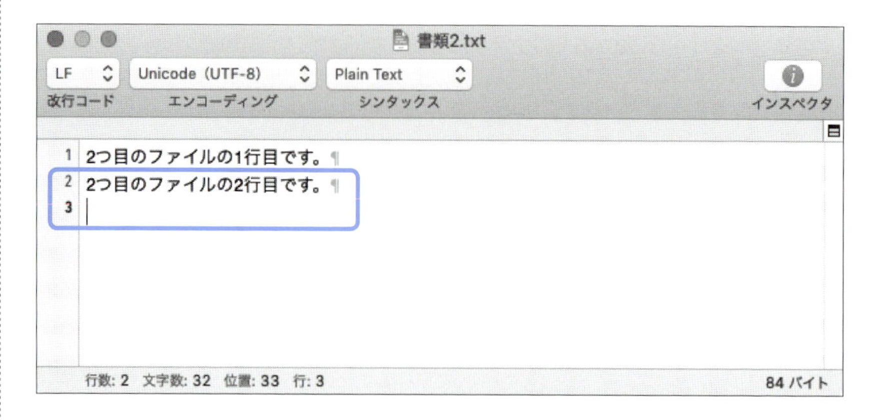


### ステップ4

Sourcetreeの個別リポジトリのウインドウへ切り替え、ファイルステータス表示を確かめてください。

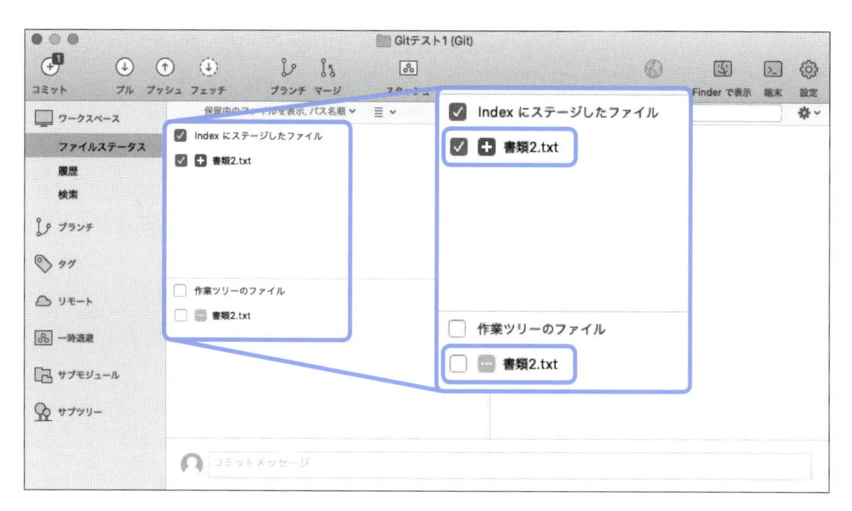


「書類2.txt」が、作業ツリーとステージの両方に表示される点に注意してください。これは、ファイルは同名でも、状態が異なることを示しています。

### ステップ5

2つ表示されている「書類2.txt」の内容を確かめてみましょう。作業ツリーにある「書類2.txt」を選択してください。

右側には2行目が新しく追加された行として表示されます。つまり、いまFinderからアクセスできる、作業ツリーにある状態が表示されます。

### ステップ6

ステージにある「書類2.txt」を選択してください。

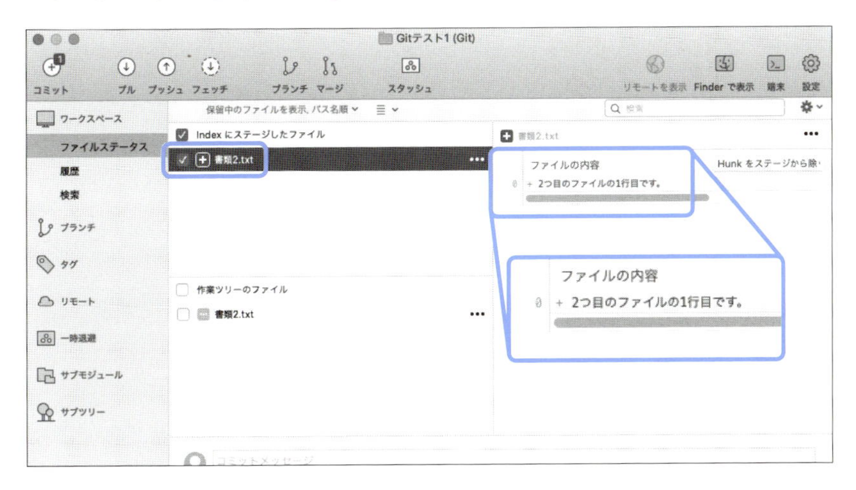


右側には1行目が新しく追加されたとして表示されます。つまり、ステージした時点の状態が表示されることに注意してください。

### ステップ7

コミットメッセージを記入して、コミットを実行してください。

ステージを使う場合、コミットされるのはステージの内容ですから、2行目を追記していない状態でコミットされます。

### ステップ8

ファイルステータス表示へ戻り、「書類2.txt」は、2行目が新しいものとして表示されることを確かめてください。さらに、「書類2.txt」の左隣にあるチェックボックスをオンにして、ステージしてください。

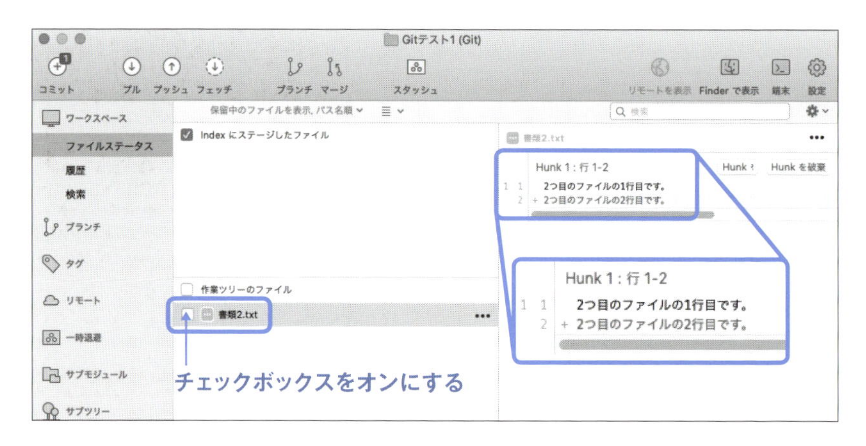


前回のコミットでは1行目だけを記入した状態でコミットしたため、それと比較すると、2行目は新しく追加された行として扱われます。

## ステップ9

コミットメッセージを記入して、コミットを実行してください。

## ステップ10

ファイルステータス表示が「コミット対象が選択されていません」の表示へ戻ることを確かめてください。

すべての変更がコミットされたので、クリーンな状態になりました。

● ● ● ● ● ●

このように、ファイルをステージすると、その段階で、作業ツリーからステージへファイルがコピーされます。そのため、ステージした後で作業ツリーのファイルを編集しても、ステージしたファイルは更新されません。更新したい場合は、そのファイルをいったんステージから取り消す必要があります(詳細は次の「2.7.4 ステージを取り消す・やり直す場合」を参照)。

前項の操作と組み合わせると、必要なファイルを必要なタイミングでステージすれば、必要に応じたコミット内容をステージへ取りまとめることができます。Gitでは、作業ツリーの状態を時間で区切ってコミットするのではなく、作業の段階でコミットできることを思い出してください。

## 2.7.4 ステージを取り消す・やり直す場合

**ステージ**、すなわち、作業ツリーからステージへのコピーは、何度でも取り消したり、やり直したりすることができます。

実際のプロジェクトでは、ステージした後にファイルの内容を更新する必要が出てきて、ステージの内容も更新したいことがあるでしょう。その場合は、いったんステージを取り消すか、直接ステージを上書きします。もちろん、取り消した後に再び適切なタイミングでステージしてもかまいません。

以下の手順では、作業ツリーのファイルを編集したり、ステージを操作しますが、コミットは行わない点に注目してください。

### ステップ1

「書類2.txt」に3行目を追記して上書き保存し、ステージしてください。さらに、4行目を追記して上書き保存してください。

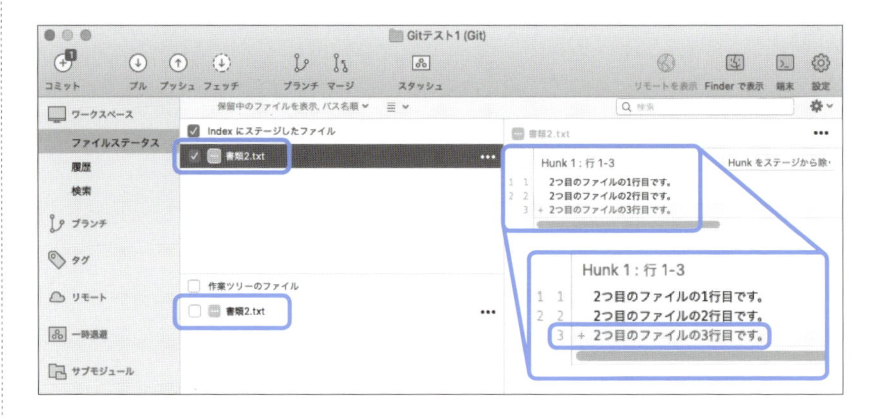


このときのファイルステータス表示は図のようになります。前項と同様に、ステージした後に作業ツリーの内容を更新した状態です。

## ステップ2

ステージにある「書類2.txt」のチェックボックスをオフにしてください。

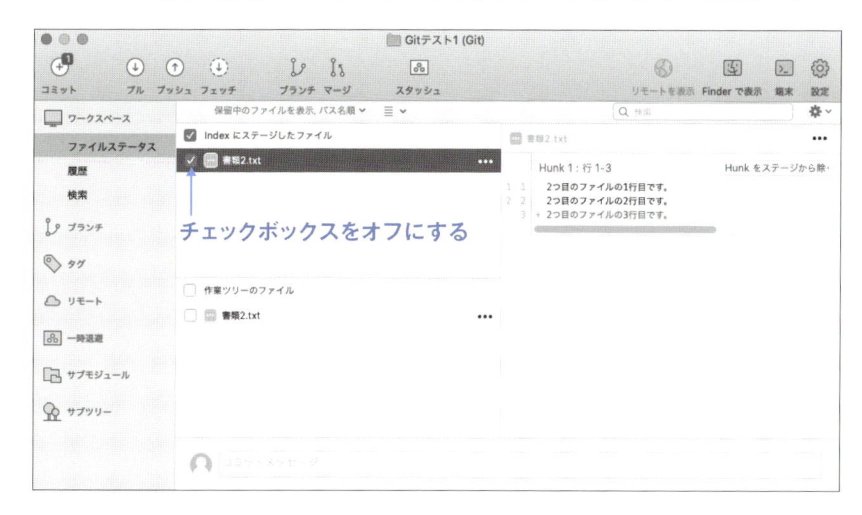


ステージにあるファイルのチェックボックスをオフにすると、そのファイルのステージを取り消す操作になります。もしもファイルの更新を続けたい場合は、このまま作業を続けます。

## ステップ3

あらためて、作業ツリーにある「書類2.txt」のチェックボックスをオンにしてください。

通常のステージする操作と同じですので、操作した時点の状態でステージされます。すなわち、4行目を含んだ状態です。

なお、作業ツリーからステージへ同一のファイルを上書きするのであれば、前のステップは不要です。ステージを取り消さなくても、作業ツリーにある「書類2.txt」のチェックボックスをオンにすれば、ステージにある「書類2.txt」を上書きできます。

● NOTE　ステージの取り消しや上書きを行うと、ステージした時点のファイルは失われることになります。コミットしていないのでリポジトリにも記録されていませんし、作業ツリーはすでに更新されています。もしもステージした時点のファイルも必要であれば、いったんコミットしてください。

### ステップ4

「書類2.txt」は、作業ツリーには表示されず、ステージにのみ表示されることを確かめてください。

4行目まで追記した状態でステージされているので、もしもこのままコミットすれば、そのようにコミットされます。

## ステップ5

CotEditorで「書類2.txt」の3〜4行目を削除してファイルを上書き保存してください。

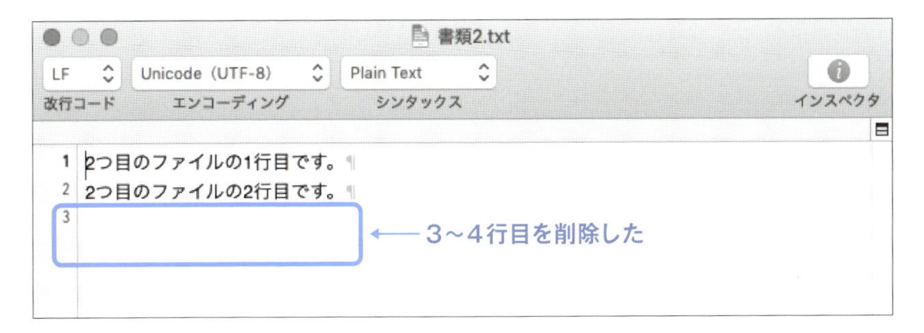


## ステップ6

Sourcetreeへ切り替え、ステージにある「書類2.txt」のチェックボックスをオフにして、ステージを取り消してください。

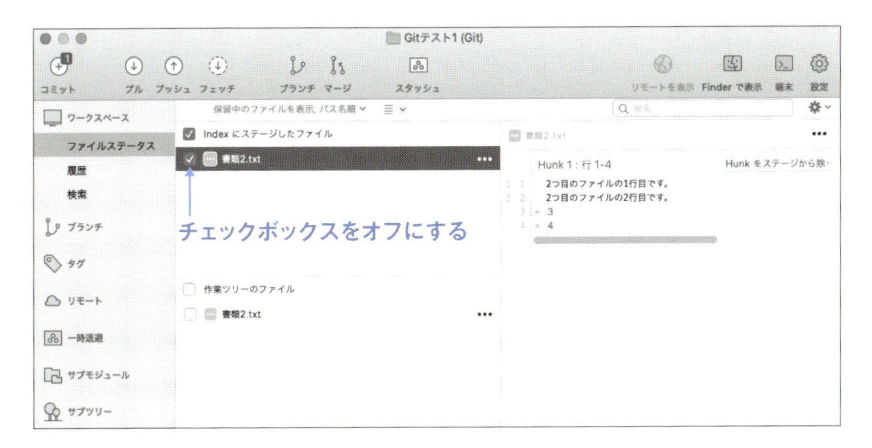


## ステップ7

ファイルステータス表示は、「コミット対象が選択されていません」の表示へ戻ります。

ステージを取り消したので、作業ツリーにある「書類2.txt」は、最後にコミットしたときと同じ状態になります。何度も作業ツリーやステージを操作しましたが、最終的に、前回のコミットと比べて作業ツリーとステージの両方に変化がなくなったので、クリーンな状態へ戻りました。

# 2-8 ファイルを操作する

ファイルの削除や、名前の変更をしたときに、Sourcetreeに必要になる操作を紹介します。

## 2.8.1 ファイルを削除する

不要なファイルを削除したときは、Sourcetreeにそのことをコミットする必要があります。ただし、過去のコミットが残っていれば、そのファイルを管理していた記録は残ります。

### ステップ1

Finderでプロジェクトフォルダを開き、「書類2.txt」をゴミ箱へ移動します。

実際にはゴミ箱ではなくても、別のフォルダなどでもかまいません。作業ツリーから外すことがポイントです。

### ステップ2

Sourcetreeへ切り替えて個別リポジトリのウインドウを開き、ファイルステータス表示を確かめてください。

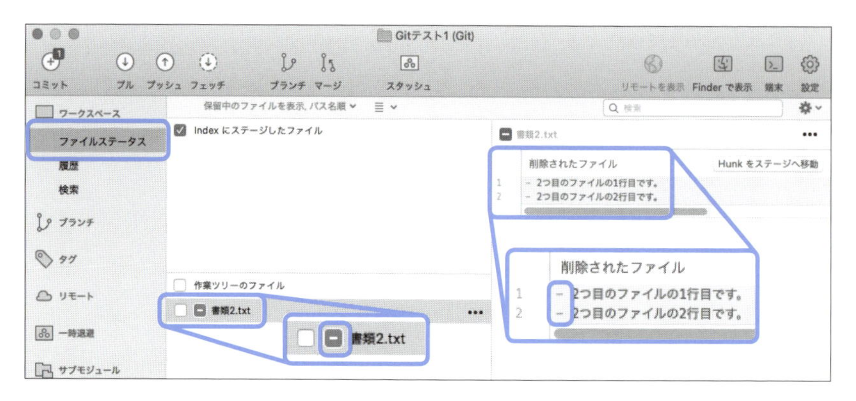


ウインドウの左下にある「作業ツリーのファイル」欄に、「－」アイコンとともに「書類2.txt」が表示されます。このアイコンは、追跡していたファイルが作業ツリーから削除されたことを示しています。

ファイル自体が削除されたので、ファイルの内容を表示するウインドウの右側には、すべての行の先頭に「－」アイコンが付いて表示されます。

### ステップ3

「作業ツリーのファイル」欄の「書類2.txt」のチェックボックスをオンにして、ステージしてください。

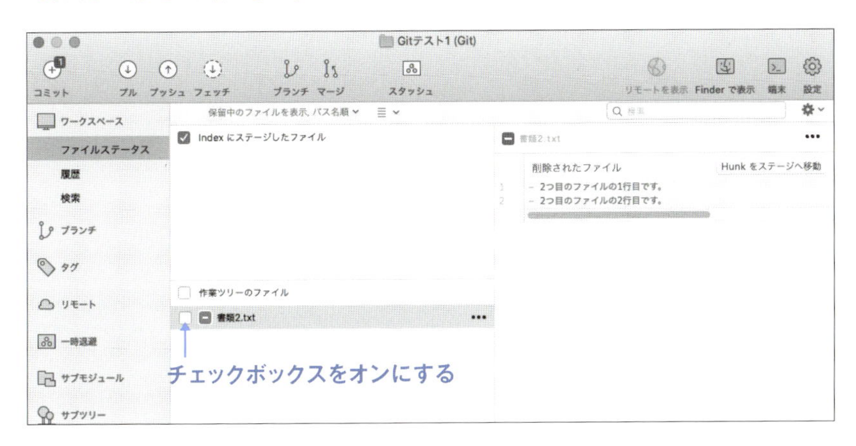


「削除したファイルをステージする」と考えると違和感があるかもしれませんが、追加と削除のどちらであっても、変化を記録するのだと考えてください。

### ステップ4

「ステージしたファイル」欄へ「書類2.txt」が移動したことを確かめてください。

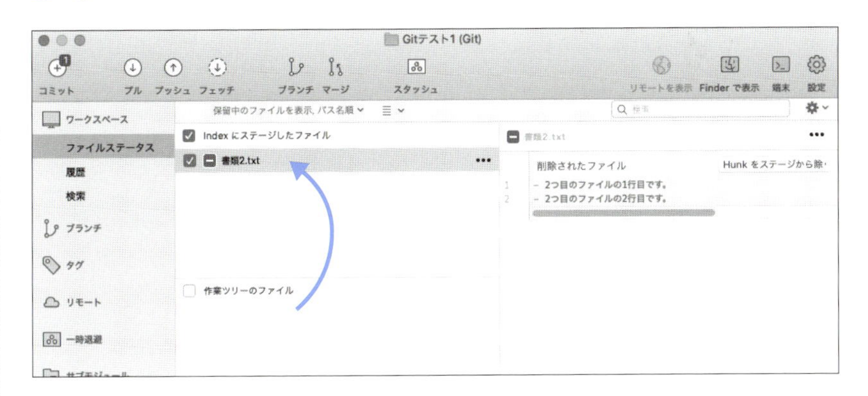


削除するファイルをコミットする手順も、内容を更新したり、新しいファイルを追跡するときと同じです。

## ステップ5

コミットメッセージを記入して、コミットを実行してください。

## ステップ6

履歴表示へ切り替えて、最新より1つ前のコミットをダブルクリックしてチェックアウトしてください。さらに、Finderへ切り替えて、「書類2.txt」が復元されたことを確かめてください。

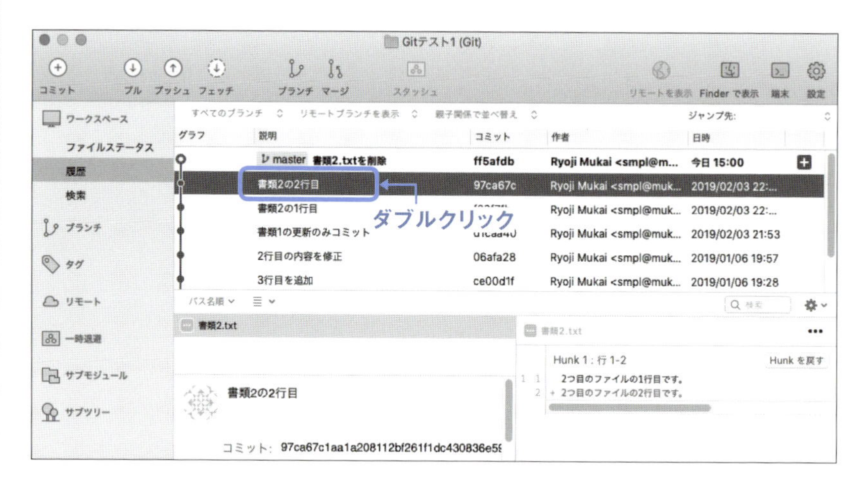


最新の状態では「書類2.txt」を削除しましたが、リポジトリには過去にコミットしたときの「書類2.txt」が記録されています。過去のコミットをチェックアウトすれば、その時々の「書類2.txt」を復元できます。

## ステップ7

Sourcetreeの履歴表示へ切り替えて、最新のコミットをダブルクリックしてチェックアウトしてください。

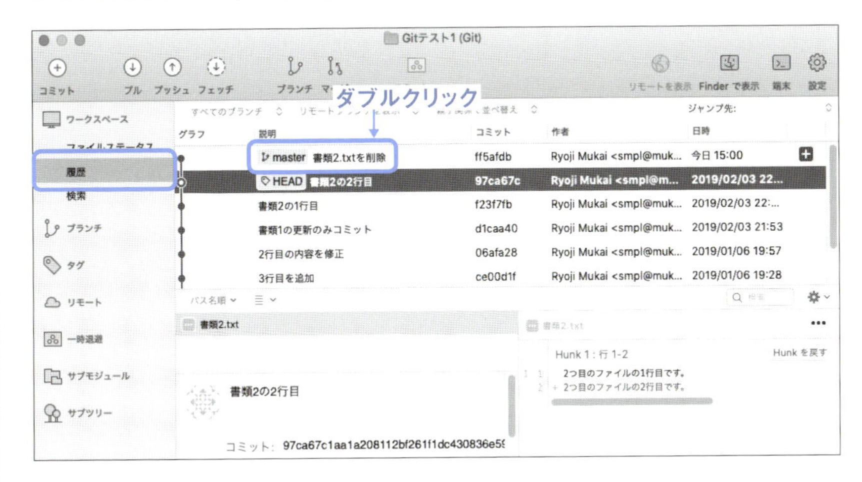


Finderへ切り替えて、「書類2.txt」が削除されたことを確かめてください。

## 2.8.2 ファイルの名前を変える

ファイルの名前を変えることも、作業ツリーに起こる変化として扱われます。内容についてはGitが自動的に追跡してくれるので、Sourcetreeから必要な操作は、1段階の変化としてコミットすることです。

## ステップ8

Finderでプロジェクトフォルダを開き、「書類1.txt」の名前を「file1.txt」へ変更してください。

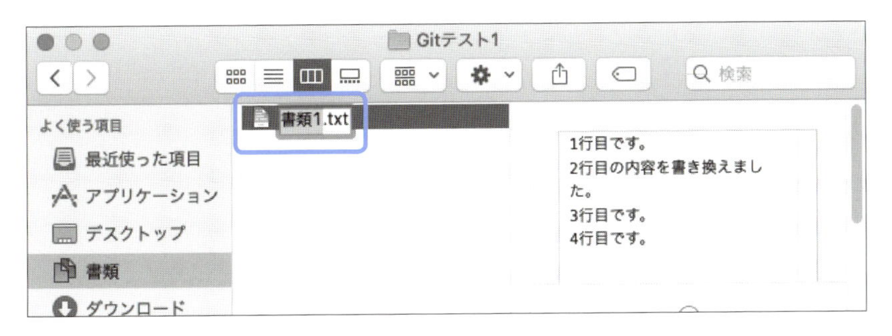

### ステップ9

Sourcetreeへ切り替えて個別リポジトリのウインドウを開き、ファイルステータス表示を確かめてください。

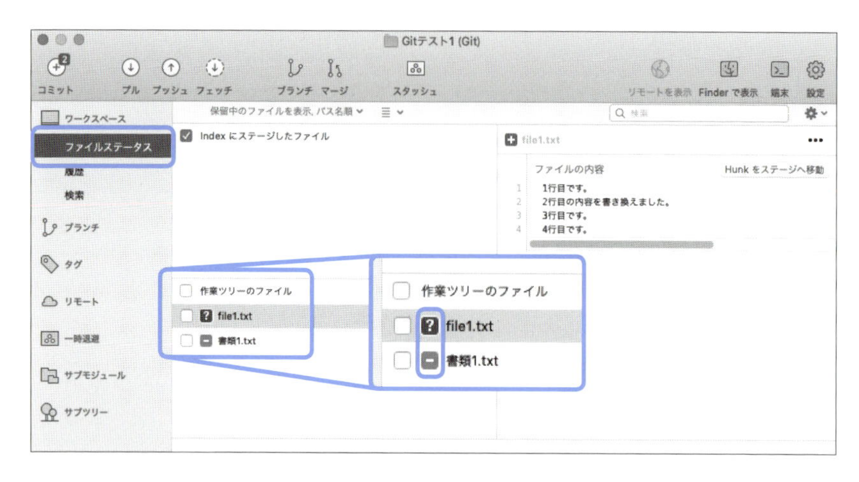


「作業ツリーのファイル」欄を見ると、元の名前の「書類1.txt」は削除され、新しい名前の「file1.txt」は扱いが未定のファイルとしてみなされていることがわかります。つまり、元のファイルを削除して、新しいファイルを登録するものとして扱われています。

### ステップ10

「作業ツリーのファイル」欄にあるチェックボックスをオンにして、両方の項目を同時にステージしてください。

## ステップ11

「ステージしたファイル」欄へ移動すると、新しい名前の「file1.txt」に「R」(Rename)のアイコンが添えられて表示されます。

## ステップ12

コミットメッセージを記入して、コミットを実行してください。

## 2.8.3 ファイルを個別に復元する

作業ツリーを丸ごと切り替えずに、任意のコミットから特定のファイルを選んで復元できます。ここでは、削除したファイルの過去のバージョンを復元してみましょう。

### ステップ1

Sourcetreeの履歴表示を開き、「書類2.txt」を初めて記録したコミットをクリックして選びます。

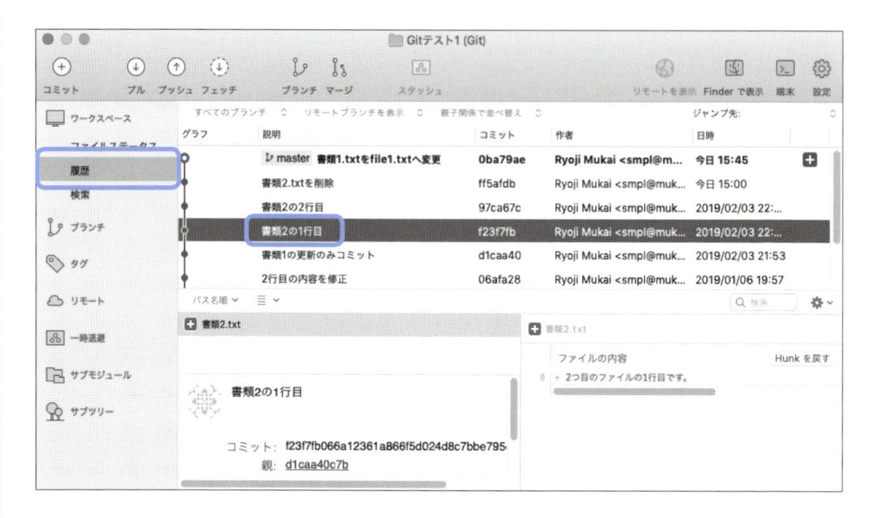

ダブルクリックするとコミット自体をチェックアウトしてしまうので注意してください。

### ステップ2

ウインドウ左下にある「書類2.txt」をクリックして選び、右下に表示されるファイルの内容を確かめてください。

「書類2.txt」には、1行目だけが書かれています。このファイルはこの後に何度も内容を追加していますが、あえてこの状態が必要だとして、このコミットに含まれる「書類2.txt」を復元してみましょう。

### ステップ3

[操作]メニュー、または、「書類2.txt」を[control]キーを押しながら開いたメニューから、[**コミットまで戻す...**]を選んでください。

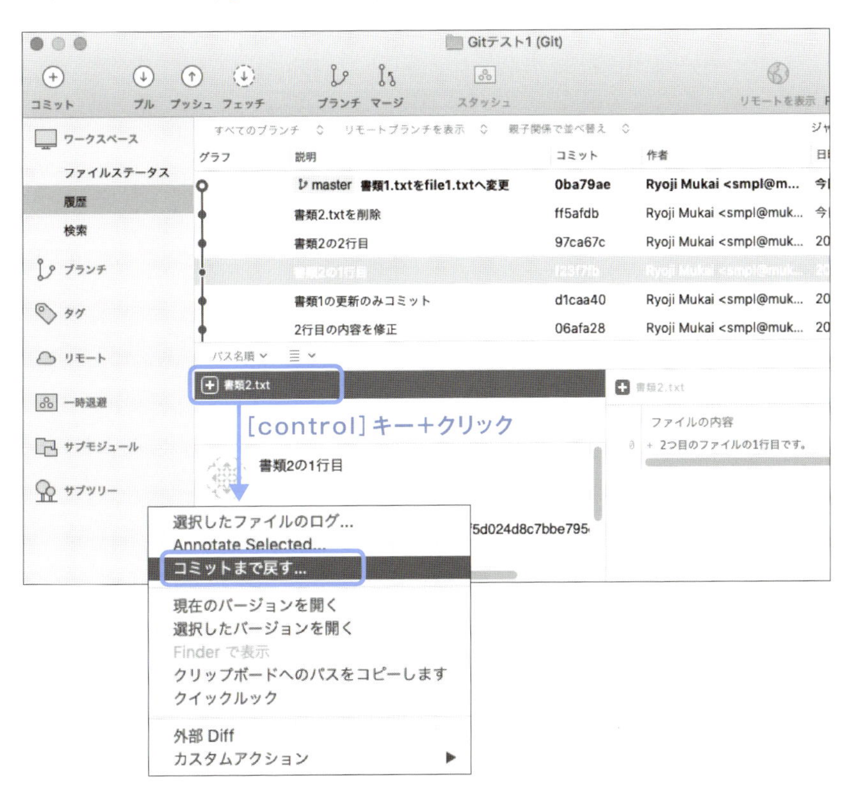


もしも複数のファイルがあるときは、目的のファイルを選んでいるか注意してください。

● NOTE　ファイルの内容を確かめたいときは、同じメニューにある[**クイックルック**]を選ぶと、macOSのクイックルック機能を使ってファイルの内容を表示します。Sourcetree内部の機能よりも大きなウインドウで表示できるので、長文のファイルを確認するときに便利です。

### ステップ4

確認のダイアログが表示されたら、「OK」ボタンをクリックしてください。

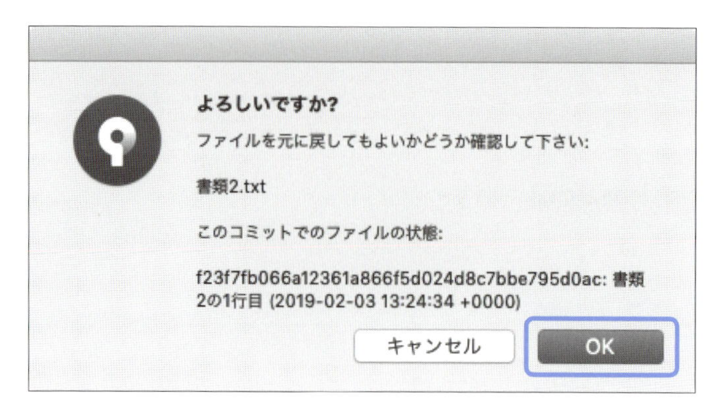


ダイアログに表示されているハッシュは、復元の元になるコミットのIDです。

### ステップ5

Finderへ切り替えて、選択したコミットの状態で「書類2.txt」が復元されたことを確かめてください。

もしも作業ツリーに同名のファイルがある場合でも、特別なダイアログなどは表示せず、同じ操作で上書きされるので注意してください。

### ステップ6

Sourcetreeのファイルステータス表示へ切り替えて、状態を確認してください。

実際のプロジェクトでこの機能を使うときは、いまどのような状態になったかを確かめてから、作業を続けたり、次のコミットを行ってください。

## 2.8.4 追跡をやめる

すでに追跡するように設定しているファイルに対して、追跡をやめる手順を紹介します。追跡をやめると、追跡するか無視するか設定されていない、新しいファイルとして扱われます。

ここでは、前の項で復元した「書類2.txt」に対して、追跡をやめるように設定してみましょう。追跡をやめるには、すでに追跡するように設定されている必要があるので、追跡するか無視するか設定されていないファイルに対しては、この操作はできません。

### ステップ1

Sourcetreeのファイルステータス表示へ切り替え、目的のファイルを選んでください。

ここでは、「ステージしたファイル」欄にある「書類2.txt」をクリックしてください。

なお、この操作をするときは、ファイルが作業ツリーとステージのどちらにあってもかまいません。

### ステップ2

[操作]メニュー、または、「書類2.txt」を[control]キーを押しながら開いたメニューから、[**追跡を停止する**]を選んでください。

## ステップ3

「書類2.txt」が「作業ツリーのファイル」欄へ移動し、アイコンが「?」へ変わったことを確かめてください。

「?」のアイコンは、追跡するか無視するか、まだ扱い方を決めていないことを示しています。

## ステップ4

Finderへ切り替えて、「書類2.txt」をゴミ箱へ移動してください。

Sourcetreeのファイルステータス表示へ切り替えて、クリーンな状態になったことを確かめてください。

# 2-9 差分を詳しく調べる

**任意に選んだコミット間の差分や、特定のファイルの最初からの差分（ログ）を調べられます。別のアプリを使って差分を表示する方法も紹介します。**

## 2.9.1 任意のコミット間の差分を調べる

Sourcetreeの履歴表示で、任意のコミット間の**差分**を調べられます。

### ステップ1

Sourcetreeの履歴表示を開き、下へスクロールして4番目のコミットをクリックし、ウインドウ右下に表示される「書類1.txt」の変化の内容を確かめてください。

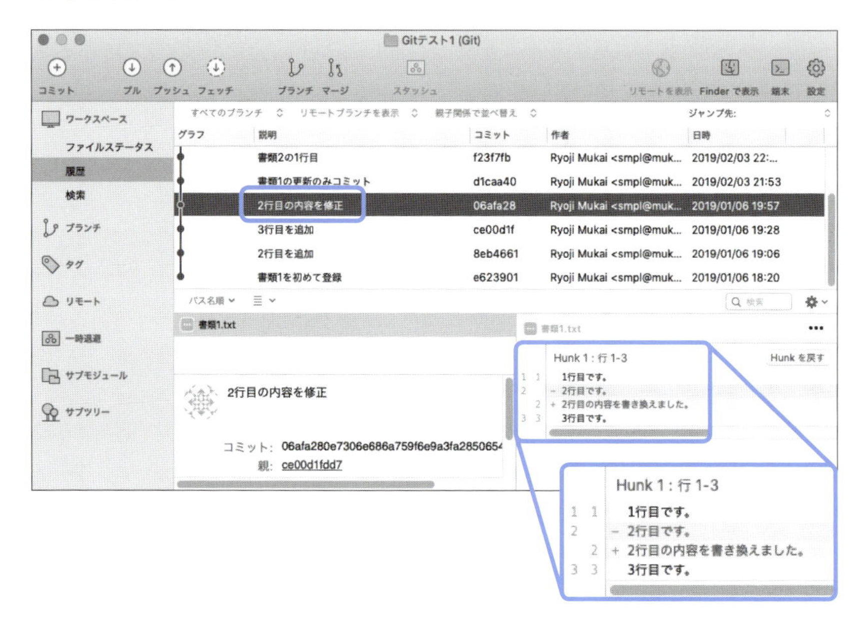


履歴表示で1つのコミットを選んだときは、その前のコミットから変化した内容を強調表示します。たとえば、4番目のコミットを選ぶと、その1つ前の3番目のものから変化した部分を強調表示しています。

## ステップ2

[command]キーを押しながら1番目のコミットをクリックして、ウインドウ下段の表示を確かめてください。

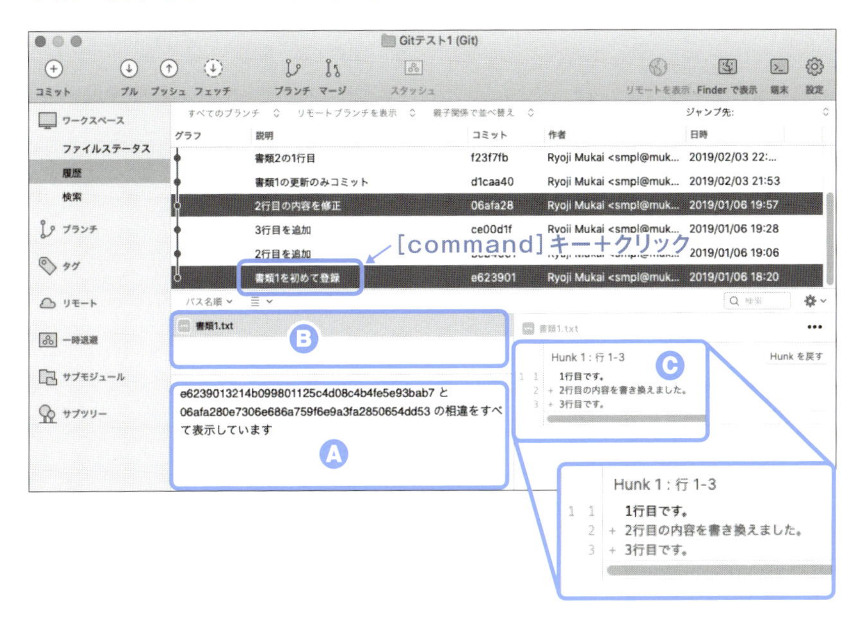


図のように2つのコミットを強調表示できないときは、1つめのコミットをクリックするところからやり直してください。

**A** いまの状態の説明を表示しています。上段で選んでいる2つのコミットと同じIDが表示されていることを確かめてください。

**B** 違いがあるファイルの一覧です。

**C** **B**で選ばれているファイルの内容を表示しています。

● NOTE　1つのアイテムを選んでいるときに、[command]キーを押しながら2つめのアイテムをクリックすると、離れているアイテムを追加選択できます。この操作はmacOSの標準的なものであり、Finderなどでも同様です。

## ステップ3

4番目のコミットをクリックし、次に、[command]キーを押しながら6番目のコミットをクリックして、ウインドウ下段の表示を確かめてください。

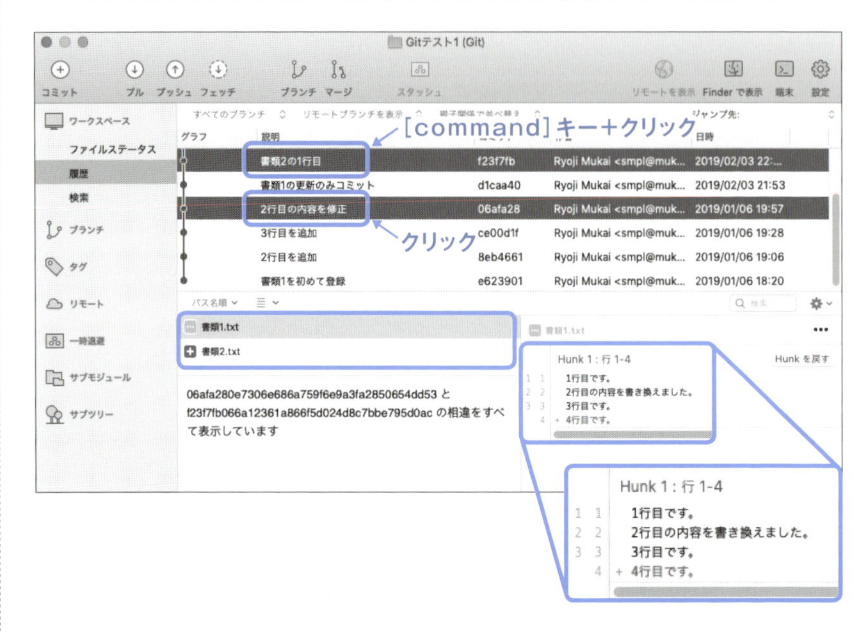


下段左側の表示を見ると、この2つのコミットでは、「書類1.txt」と「書類2.txt」の2つのファイルに変化があることがわかります。

## ステップ4

下段左側の「書類1.txt」と「書類2.txt」を交互にクリックし、下段右側の表示を確かめてください。

下段左側で選んだファイルの内容が下段右側に表示されます。複数のファイルに変化があるときは、このようにそれぞれの差分を確かめられます。

## 2.9.2 特定のファイルのログを調べる

特定のファイルの変更履歴をまとめて調べられます。ただし、比較できるのはコミットされたものだけです。作業ツリーで保存されているだけでは比較できません。

### ステップ1

Sourcetreeの履歴表示を開き、最新のコミットをクリックし、下段左側から「file1.txt」をクリックしてください。

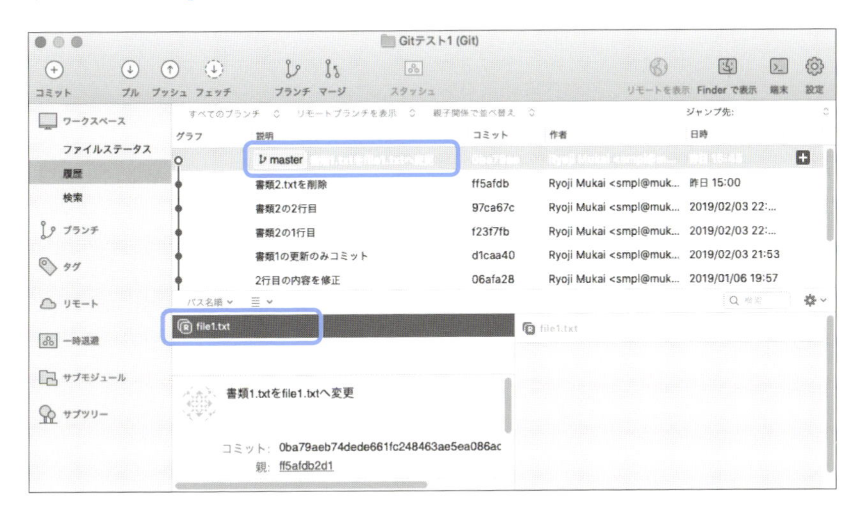


### ステップ2

［操作］メニュー、または、［control］キーを押しながら開いたメニューから、［選択したファイルのログ...］を選んでください。

### ステップ3

このファイルのログのウインドウが開きます。表示内容は履歴表示とほぼ同じですので、解説は省略します。

### ステップ4

ウインドウ左下にある「**名前が変更されたファイルに従ってください**」オプションをオンにしてください。

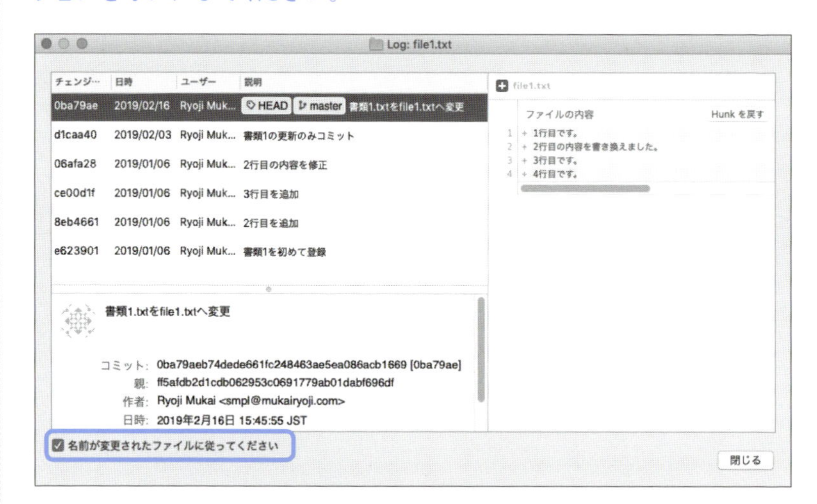


これで、プロジェクトの進行中に名前を変更したファイルも表示されます。このオプションは英語では「**Follow renamed files**」(名前が変更されたファイルを追跡する)となっています。

## ステップ5

コミットの履歴をクリックして、右側の表示を確かめてください。

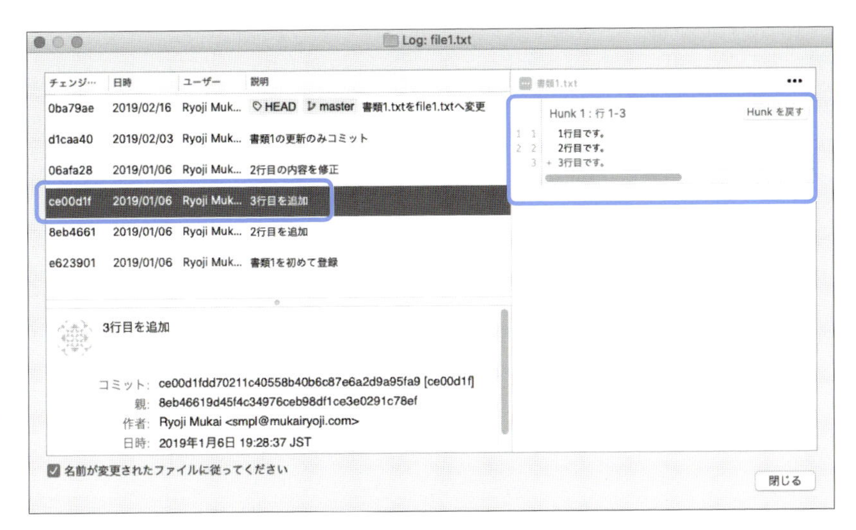


P.140「2.8.3 ファイルを個別に復元する」では、過去のあるコミットを指定してファイルを復元する手順を紹介しましたが、このウインドウでも同じことができます。すなわち、目的のコミットを[control]キーを押しながらクリックし、メニューから[このコミットまでファイルを元に戻す]を選びます。

## ステップ6

ウインドウ右下の「閉じる」ボタンをクリックして、ウインドウを閉じてください。

● ● ● ● ● ●

● NOTE　このウインドウでも、[command]キーを押しながら任意の2つのコミットをクリックするとその差分を表示できますが、状況によっては何も表示されないことがあります。ただし、2つのコミットを選択してから、[control]キーを押しながらクリックしてメニューを開き、[外部Diff]を選ぶと、別のアプリケーションを使って差分を表示できます（準備の手順は次の「2.9.3 別のアプリを使って差分を調べる」を参照）。

## 2.9.3 別のアプリを使って差分を調べる

これまで差分を調べるにはSourcetree内蔵の機能を使ってきましたが、別のアプリケーションを使うこともできます。ここではPerforce Software社のアプリケーション「**P4Merge**」を紹介します。

P4Mergeは本来「Helix Core」というバージョン管理システムのためのアプリケーションですが、差分の表示と統合の機能が独立したP4Mergeは無償で利用できます。

● NOTE　Sourcetreeから呼び出して差分を表示できるアプリケーションには多くのものがあります。本書では、インストールが簡単なこと、無償で利用できること、開発が継続されていることから、P4Mergeを選びました。

### P4Mergeをインストールする

最初にP4Mergeを用意する必要があります。以下の手順でインストールしてください。

#### ステップ1

Webブラウザを起動して「https://www.perforce.com/ja/zhipin/helix-core-apps/merge-diff-tool-p4merge」へアクセスしてください。ページが開いたら「ダウンロード」ボタンをクリックしてください。

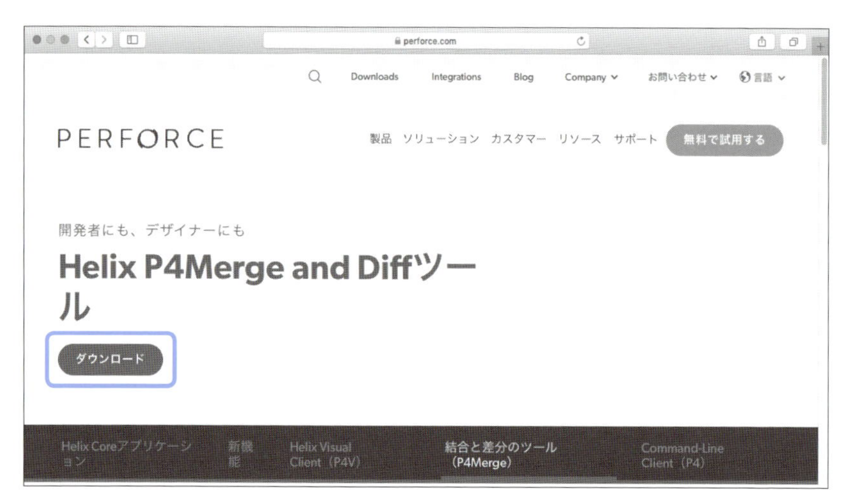


URLを直接入力しなくても、「p4merge perforce」で検索するとこのページを見つけられるでしょう。なお、ユーザガイドへのリンクもこのページにあります。

### ステップ2

「Download P4Merge」ページへ移動したら、「FAMILY」欄をクリックし、メニューから「Macintosh」を選びます。表示が変わったら「DOWNLOAD」ボタンをクリックしてください。

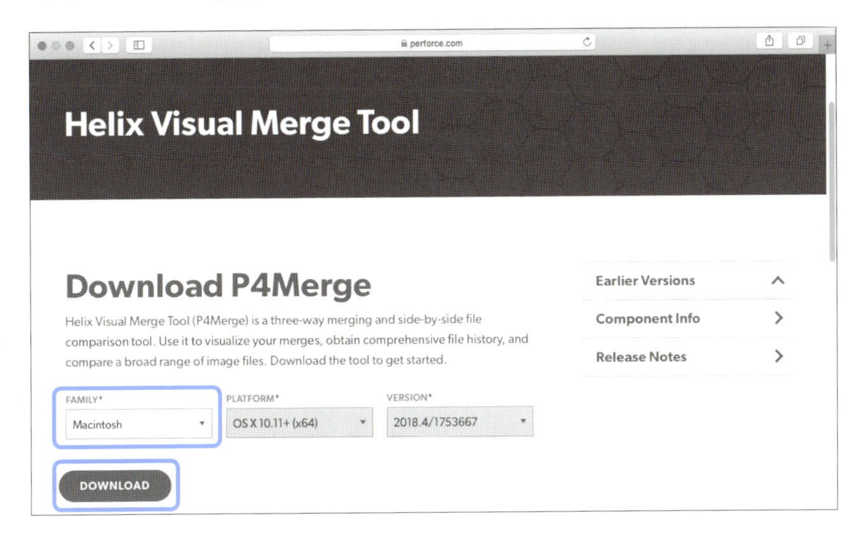


「PLATFORM」と「VERSION」はそれぞれ1つしかないので、切り替える必要はありません。「DOWNLOAD」ボタンをクリックした後にユーザー登録フォームが表示された場合は、「Skip registration」のリンクをクリックしてください。

### ステップ3

「P4V.dmg」ファイルがダウンロードされたら、Finderへ切り替えてからファイルをダブルクリックして開き、「p4merge」のアイコンを同じウインドウの「Applications」フォルダへドラッグ＆ドロップしてください。

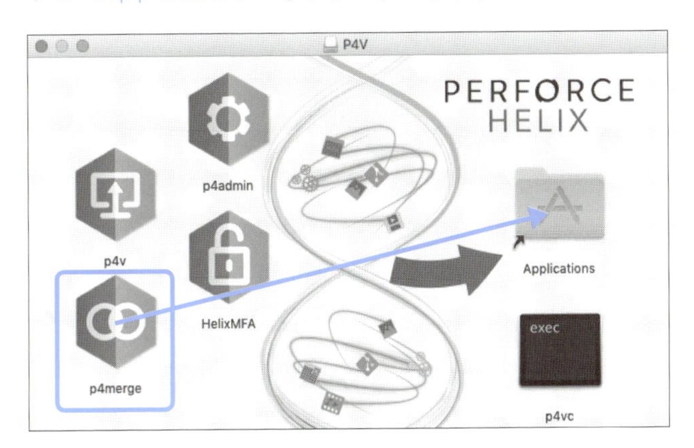

ファイルのコピーが終わったら、「P4V」のディスクイメージはゴミ箱へ移動してかまいません。また、「p4merge」以外のアプリケーションはここでは使いません。

### ステップ4

念のため、「P4Merge」が起動することを確かめておきましょう。「アプリケーション」フォルダを開いて「p4merge」アイコンをダブルクリックしてください。

図はP4Mergeのアイコンです。

### ステップ5

図のようなウインドウが開いたら問題ありません。[P4Merge]メニューから[Quit P4Merge]を選び、いったん終了してください。

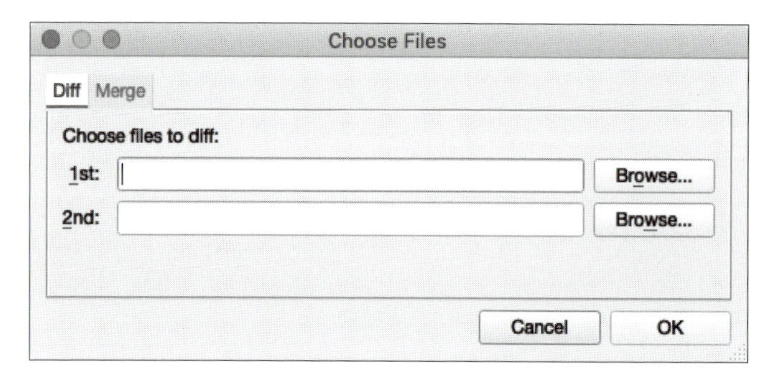


Sourcetreeから呼び出すのではなく、P4Mergeを単独で起動したいときは、アプリケーションを起動するとこのウインドウが開きます。もしも開かないときは、[File]メニューから[New Merge or Diff...]を選びます。

### 外部アプリにP4Mergeを指定する

次に、Sourcetreeに対して、P4Mergeを呼び出して差分を表示するように設定します。なお、Sourcetreeを再起動したり、個別リポジトリのウインドウを開き直す必要はありません。

#### ステップ1

[Sourcetree]メニューから[環境設定...]を選び、「Diff」をクリックしてください。次に、「**差分表示ツール**」欄のメニューをクリックして[P4Merge]へ変更してください。

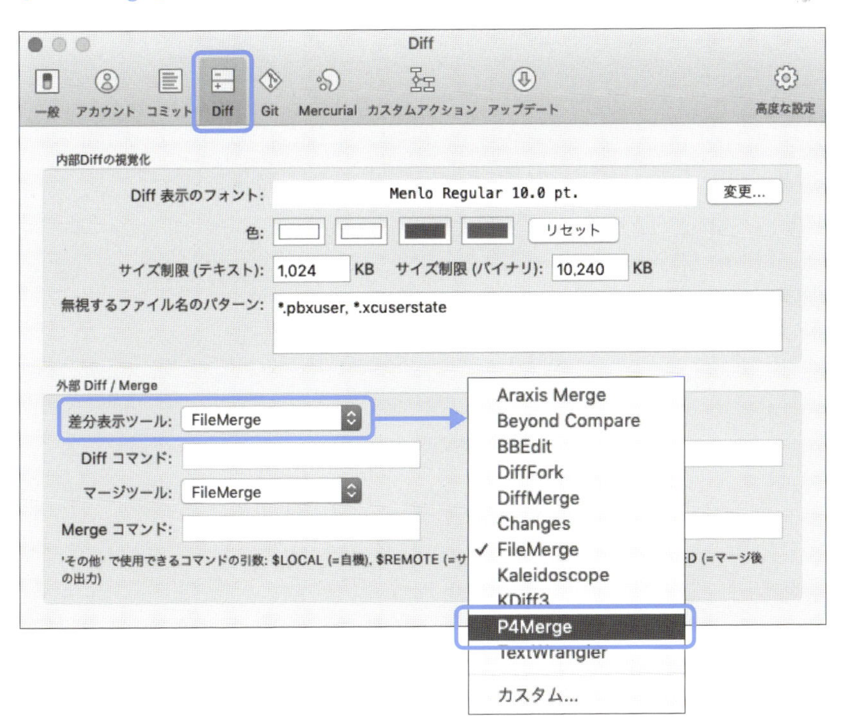


#### ステップ2

ウインドウを閉じてください。

● ● ● ● ● ●

● NOTE　P4Merge以外のアプリケーションを試したい場合、「差分表示ツール」欄にあるものを使うときはそれを選んでください。その場合は、先にアプリケーションをインストールし、念のために1度起動してください。このメニューを切り替えるときに、指定したアプリケーションが利用できることを確認するようです。

## P4Mergeを使って差分を表示する

準備ができたので、P4Mergeを使って差分を表示してみましょう。日本語のファイルを扱うときはP4Mergeの環境設定を変える必要があります。

### ステップ1

Sourcetreeの履歴表示で3行目を追加した3回目のコミットを選び、「書類1.txt」をクリックしてください。

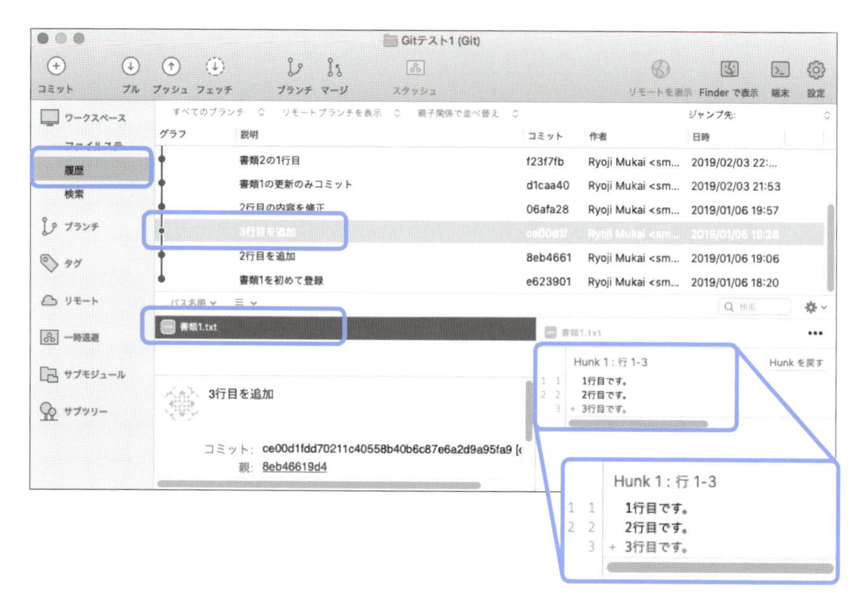


下段右側に表示されているのが差分です。これをP4Mergeで表示してみましょう。

### ステップ2

「書類1.txt」を選んでいる状態で、[操作]メニュー、または、[control]キーを押しながら開いたメニューから、[外部Diff]を選んでください。

### ステップ3

P4Mergeが起動して差分を表示します。ただし、左右に並べられて表示されるものの、追加された3行目を示す線がズレています。これは英語フォントが指定されているためです。

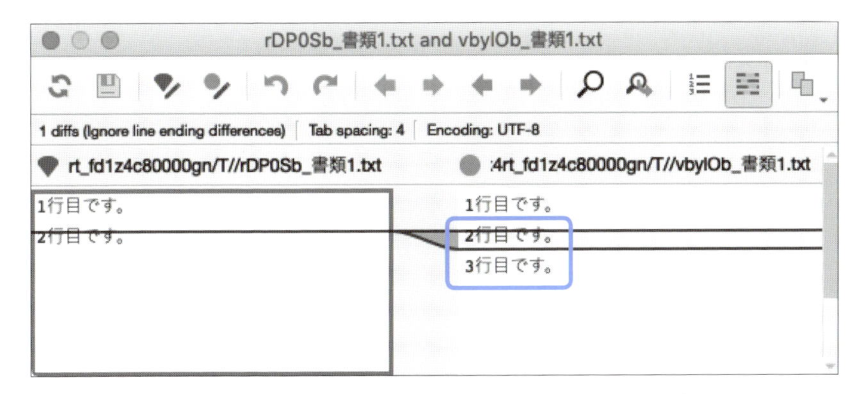


### ステップ4

[P4Merge]メニューから[Preferences...]を選んでください。

### ステップ5

「Text format (default)」カテゴリの「Font」欄にある「Choose...」ボタンをクリックしてください。

Preferences

Application font: helvetica neue - 12 Choose...

Text format (default):

Font: Courier - 12 Choose...

Tab spacing: 4

Insert spaces instead of tabs

Show tabs and spaces

File format (default):

Character encoding: System (UTF-8)

Line ending type (merge file only): Mac OS X (LF)

Application Language (default):

### ステップ6

日本語のフォントを選んでから、「OK」ボタンをクリックしてください。

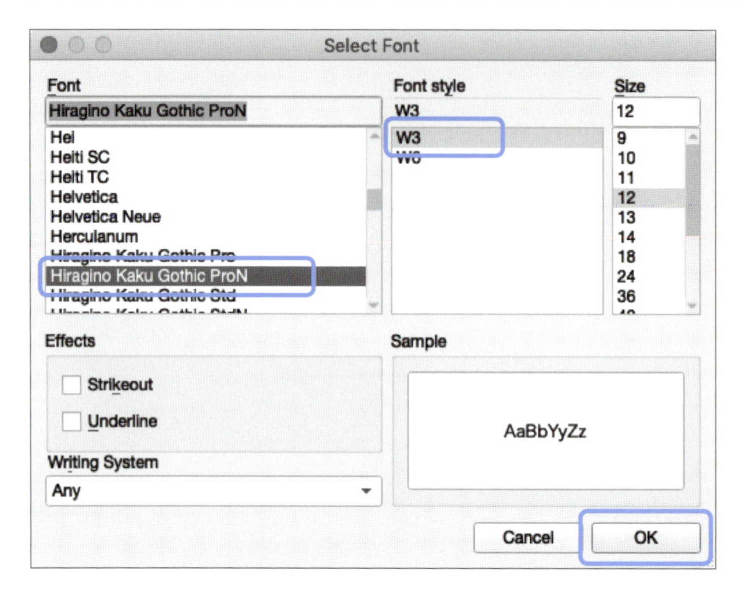


ここではシステム標準にも使われている「Hiragino Kaku Gothic ProN」の「W3」を選びました。なお、ウインドウを閉じるだけでは反映されず、キャンセルしたものとみなされます。

### ステップ7

「Font」の設定が変わったことを確かめたら、「OK」ボタンをクリックしてください。

このウインドウも、閉じるだけでは反映されません。

なお、このウインドウは縦長であるため、Macの機種やディスプレイのサイズによっては「OK」ボタンまで表示されないことがあります。その場合は、ウインドウ内の何もないところをクリックして、「Choose...」ボタンに強調を示す枠が表示されなくなったら［return］キーを押してください。ウインドウが閉じれば「OK」ボタンを押したはずです。うまくいかないときは、一時的に解像度を変えるなどしてください。

### ステップ8

もう1度、［操作］メニュー、または、［control］キーを押しながら開いたメニューから、［外部Diff］を選んでください。図のように表示されれば成功です。

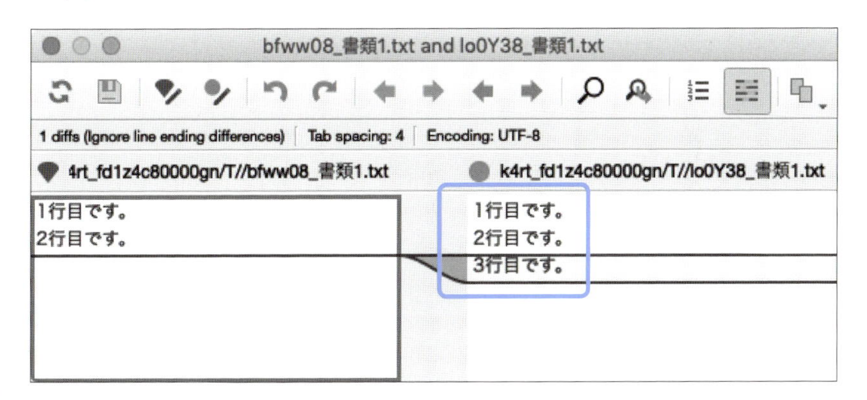


### ステップ9

差分を確認したら、安定動作を図るためにP4Mergeを終了してください。

ウインドウを開いたままにしておくと過去のコミットのファイルが開かれたままになります。そのままにしておくと、［外部Diff］を選ぶたびにP4Mergeが複数起動してしまうので、終了することをおすすめします。

## ステップ10

任意のコミットの差分を調べるときも、基本的な手順は同じです。

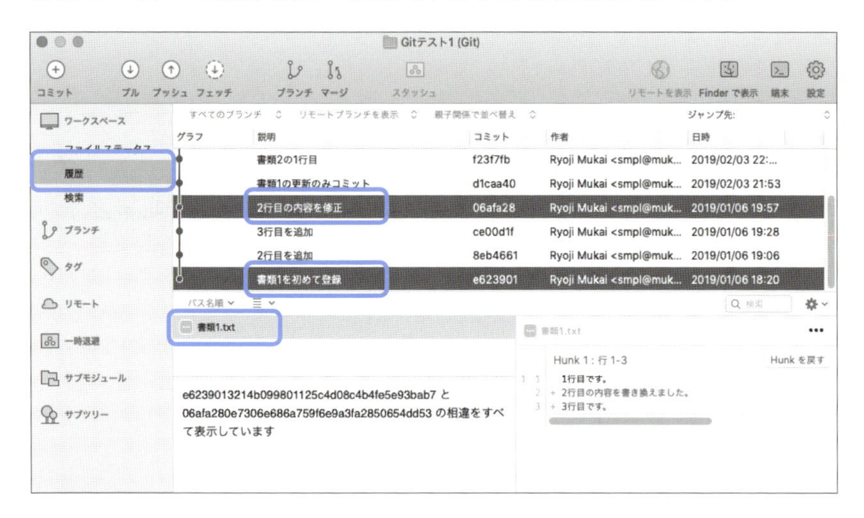


すなわち、Sourcetreeの履歴表示を開き、まず[command]キーを押しながら目的のコミットを選びます。次に、左下に表示された一覧から目的のファイルを選び、[操作]メニューから[外部Diff]を選びます。

## ステップ11

P4Mergeへ切り替わり、差分を表示します。確認したら終了してください。

P4bReb_書類1.txt and Xs4Z7a_書類1.txt
1 diffs (Ignore line ending differences) | Tab spacing: 4 | Encoding: UTF-8
d1z4c80000gn/T//P4bReb_書類1.txt
_fd1z4c80000gn/T//Xs4Z7a_書類1.txt
1行目です。
1行目です。
2行目の内容を書き換えました。
3行目です。

## 2.9.4 コミットメッセージの書き方

ここでは具体的な操作手順から離れて、**コミットメッセージ**の書き方と、テンプレートの設定方法について紹介します。いまは操作しなくてもよいので、実際にプロジェクトをGitで管理するようになったときに思い出してください。

コミットメッセージの書き方に規則はないので、プロジェクトの目的などに合わせて自由に書いてかまいません。ただし、後から見直すことを考えた上で書くことをおすすめします。これをきちんと書いておけば、目的のバージョンを速やかに見つけられるようになるからです。差分を1つずつ調べるよりも、趣旨を書き留めたコミットメッセージを読むほうが、はるかに簡単です。

一般的には、作業の目的や趣旨を端的に、1行で収まる程度で書くのがよいでしょう。具体的な修正内容はSourcetreeの画面に表示されるので、改めてコミットメッセージとして記録する必要は少ないといえます。なお、コミットメッセージに収められるのはテキストのみです。

それ以上の内容も書きたい場合は、1行あけて、3行目から書くのがよいとされています。そのように書くと、Sourcetreeの「履歴」画面では、「説明」欄に1行目だけが表示され、見た目がシンプルになります。もしも2行目に続けて詳細を書いてしまうと、それも「説明」欄に続けて表示されてしまいます。

2行目をあけた例と、あけない例

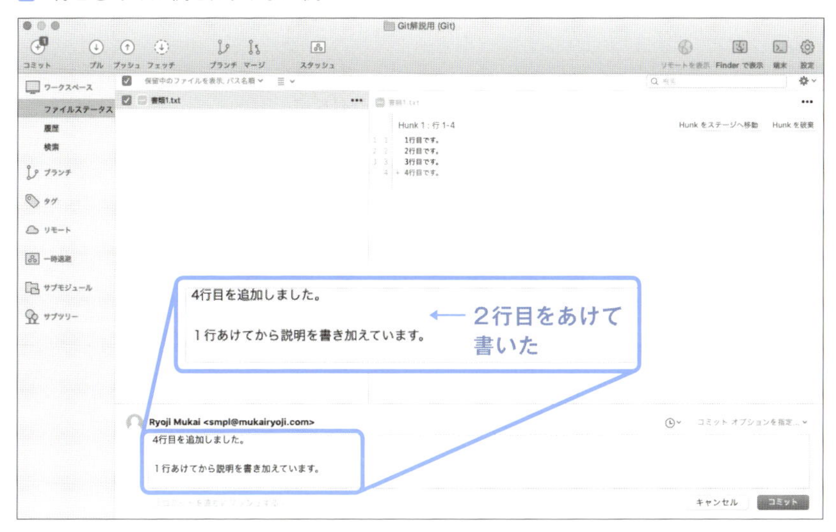

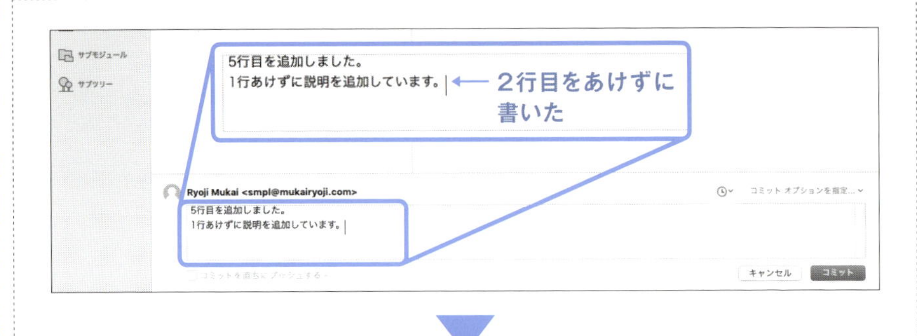


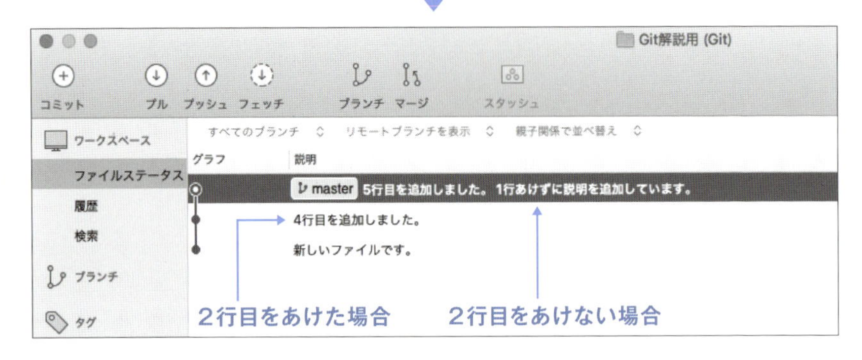


### コミットメッセージは必ず、的確に書く

コミットメッセージはできるかぎり的確に書いてください。練習の間は暫定的に「テスト」のように無意味な語句でもかまいませんが、実際に何らかのプロジェクトを記録するときは、後から見直すときの重要な手掛かりになります。

コミットメッセージとして記入する内容が思い浮かばないときは、作業内容を見直してみましょう。まだコミットすべき段階まで作業が進んでいない、その時点まで行った作業に明確な目標を設定していなかったなど、ワークフロー上の問題があるかもしれません。多くの場合、タスク管理が適切にできていれば、コミットすべきタイミングは自然と明らかになりますし、コミットメッセージは設定されたタスクを書き写すだけでよいはずです。

なお、コミットメッセージを書かずにコミットすることも不可能ではありません。ただし、Sourcetreeでは、メッセージに何も入力せずに「コミット」ボタンをクリックすると確認を求められます。

■コミットメッセージが空白のままコミットしようとすると確認を求められる

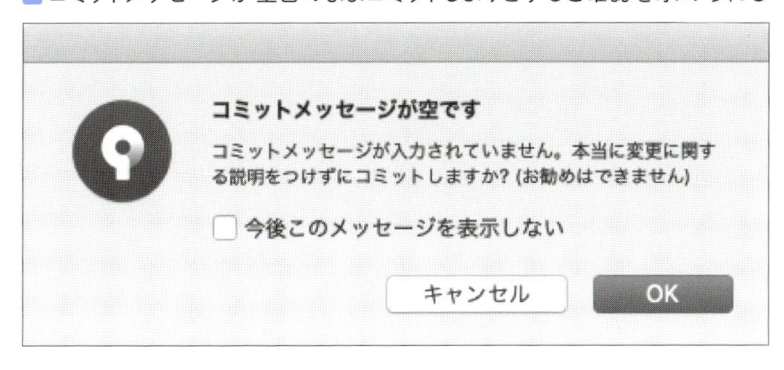


## 2.9.5 コミットメッセージにテンプレートを設定する

コミットメッセージのテンプレートを設定できます。メンバー間で書式を共通にしたい、書くべき内容を忘れないようにしたいなどの場合に活用できるでしょう。

ただし、テンプレートは特定の語句をコミットメッセージへ自動挿入するだけですので、通常の文章と同じです。必要に応じて内容を書き換えてください。書き換えずにコミットしても通常のコミットメッセージと同様に扱われます。

コミットメッセージのテンプレートは、すべてのリポジトリ、または、特定のリポジトリに対して設定できます。

### すべてのリポジトリに対して設定する

すべてのリポジトリに対してコミットメッセージのテンプレートを設定するには、[Sourcetree]メニューから[環境設定...]を選び、「コミット」をクリックして、入力欄へ記入します。すると、次回以降のコミットでメッセージを記入するときに、テンプレートへ記入した語句が自動的に挿入されます。

■すべてのリポジトリに対してコミットメッセージのテンプレートを設定する

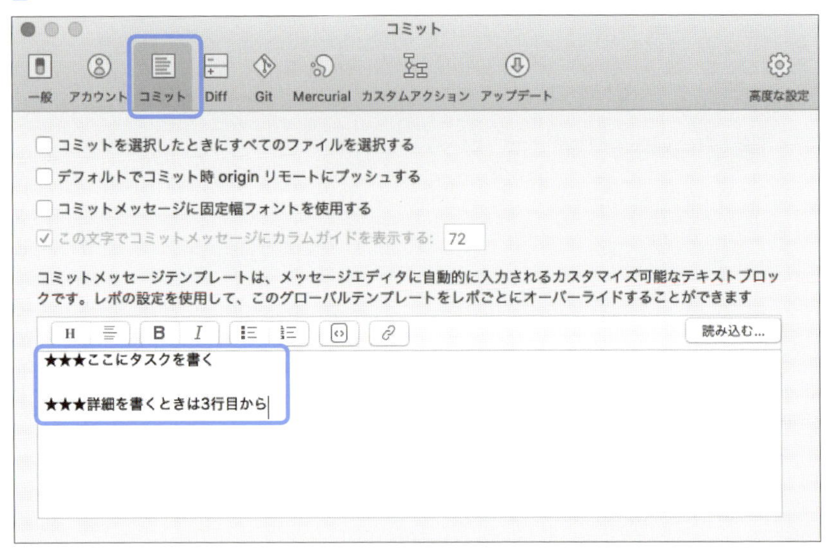

## 特定のリポジトリに対して設定する

特定のリポジトリに対してコミットメッセージのテンプレートを設定するには、個別リポジトリのウインドウを開いてから、[リポジトリ]メニューから[リポジトリ設定...]を選び、「コミットテンプレート」を選び、「カスタム(このリポジトリのみ)」オプションを選んでから、入力欄へ記入します。

■特定のリポジトリに対してコミットメッセージのテンプレートを設定する

# 2-10 作業をやり直す

作業のやり直しが必要になったときの手順を紹介します。データを完全に失うものもあるので、操作結果の違いに注目してください。

## 2.10.1 直前のコミットのメッセージを書き換える

コミットを実行した直後に、**コミットメッセージ**に書くべきことを忘れていたことに気づくことがあります。そのようなときは、直前のコミットのコミットメッセージを書き換えることができます。

● NOTE　本項で紹介する操作は、ほかのユーザに影響するおそれがある状況、具体的には、クラウドリポジトリへアップロード(プッシュ)した後には行わないでください。本項では、いったん実行したコミットをやり直したり、取り消したりします。もしもアップロードした後に実行すると、ほかのユーザからはあったはずのコミットが突然なくなったように見えるため、混乱の原因になります。アップロードする前であれば、ほかのユーザに影響するおそれはありません。

### ステップ1

Sourcetreeの履歴表示を開き、最新のコミットのIDを確かめてください。

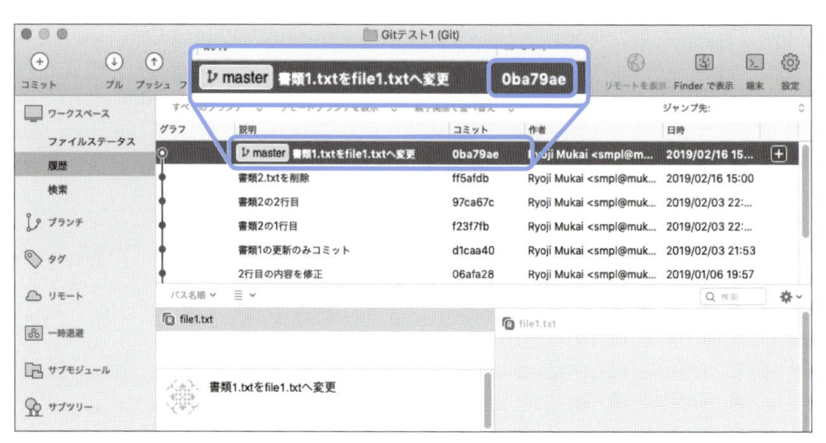


ほかのコミットと区別できればよいので、先頭の3文字程度でかまいません。図では「0ba」です。

## ステップ2

ファイルステータス表示へ切り替え、「コミットメッセージ」欄をクリックします。

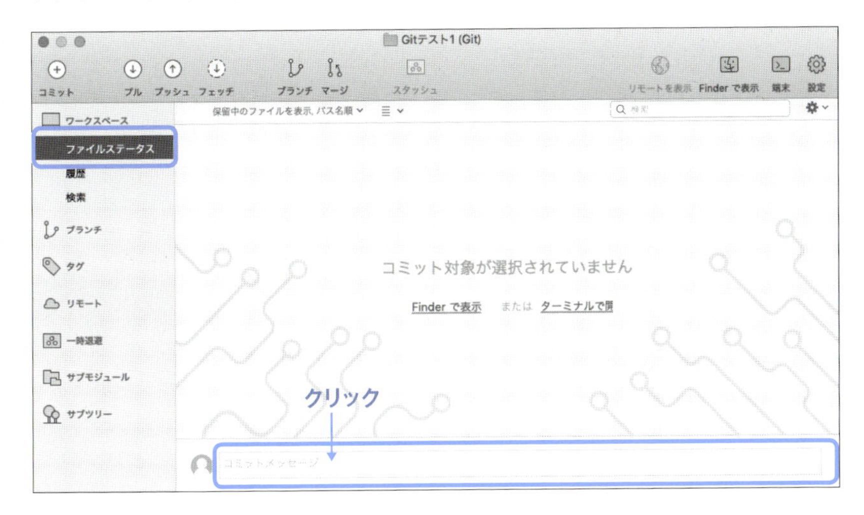


もしも、作業ツリーのファイルをすでに更新していても手順は同じです。ただし、もしもステージしたファイルがあるときは、いったんすべてのファイルをステージから外してください。

## ステップ3

コミットメッセージ欄の右上にある［**コミットオプションを指定...**］メニューをクリックし、［**最新のコミットを修正**］を選んでください。

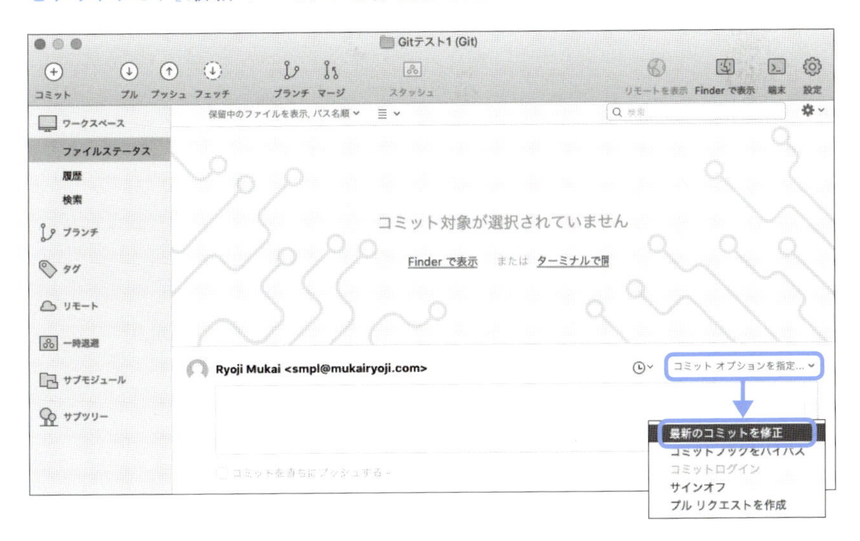

### ステップ4

直前のコミットのコミットメッセージが自動的に入力されます。必要に応じて書き換えてください。

自動的に入力されるのは、部分修正するときの手間を省くためです。完全に書き換えてもかまいません。

### ステップ5

書き換えたら「コミット」ボタンをクリックしてください。

### ステップ6

警告のダイアログが表示されます。続行するには「OK」ボタンをクリックしてください。

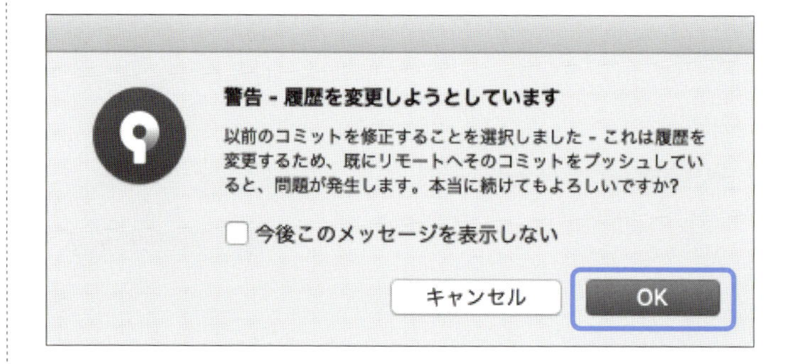

## ステップ7

履歴表示へ切り替えて、コミットの情報を確認してください。

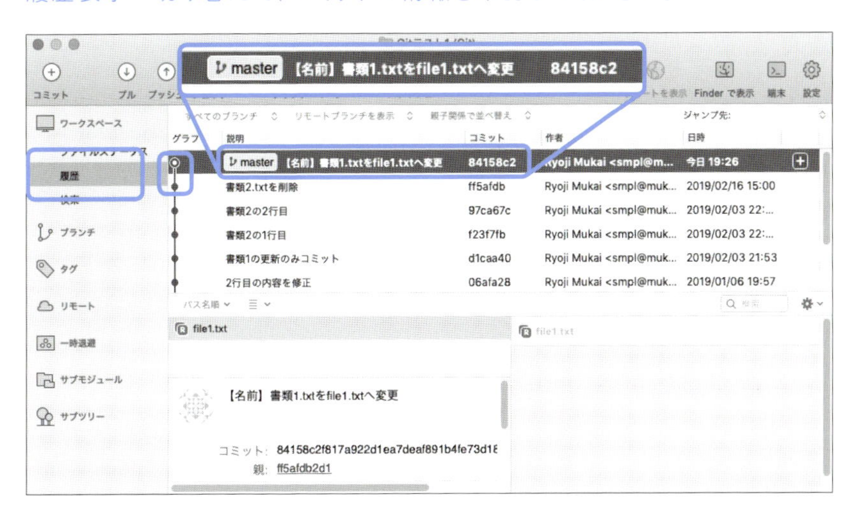


直前のコミットのメッセージが書き換えられ、あたかも前回のコミットがなかったかのようにグラフが伸びています。新しいコミットIDは「841」です。

● ● ● ● ● ●

最新のコミットIDが元のものから変わったことに注目してください。結果としては、直前のコミットのメッセージのみを書き換えたことと同じになります。しかし内部的には、直前のコミットの内容を流用しつつ、新しいコミットメッセージを付けたうえで、直前のコミットを削除して新しいコミットを実行しています。コミットIDが変わったのはそのためです。

## 2.10.2 直前のコミットをやり直す

ファイルを伴ったコミットのやり直しも、前項とほぼ同じ手順でできます。

### ステップ1

まずは通常のコミットをしてみましょう。CotEditorで「file1.txt」を開き、5行目を追加して上書き保存してください。

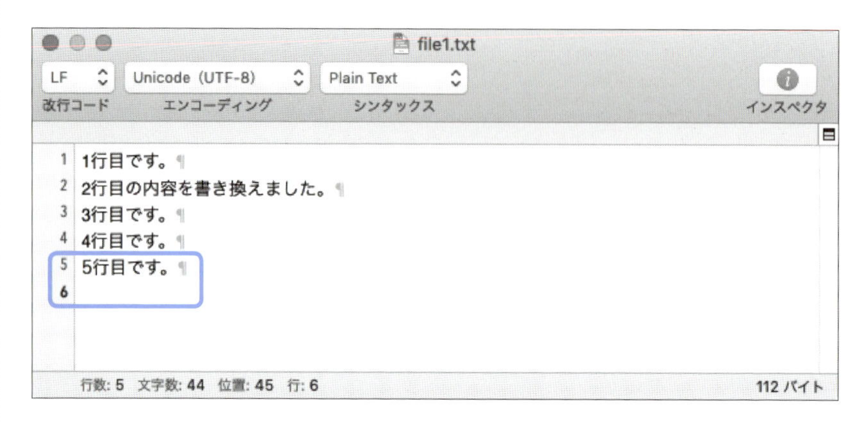


### ステップ2

コミットしてください。

具体的には、「file1.txt」をステージし、コミットメッセージを記入してから、「コミット」ボタンをクリックします。

### ステップ3

ここで、実は2行目の書き換えを忘れていたことに気づいたとします。まずCotEditorで「file1.txt」を開き、2行目を書き換えて上書き保存してください。

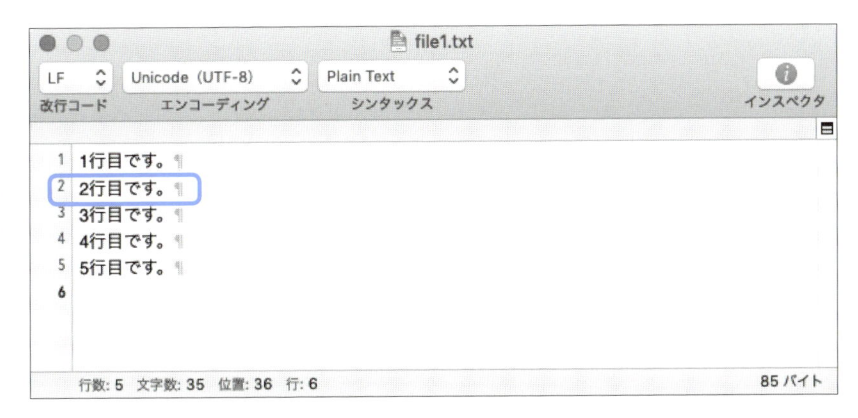


### ステップ4

Sourcetreeのファイルステータス表示へ切り替えて、「file1.txt」をステージしてください。

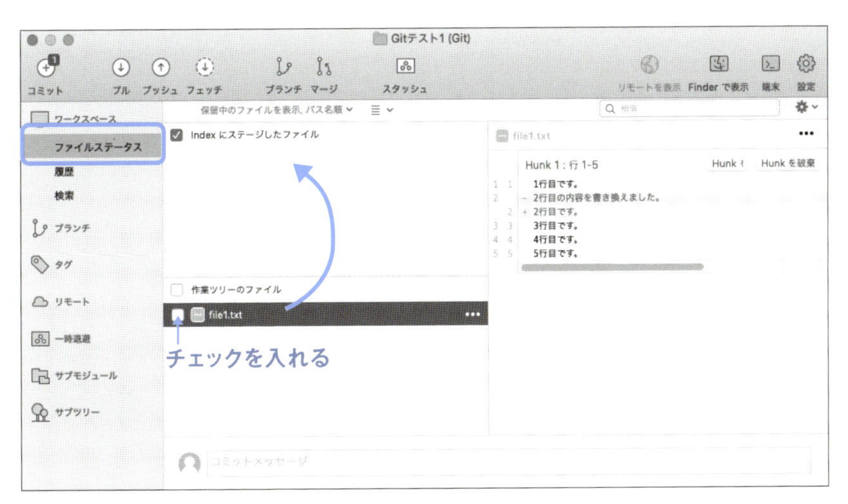


ここでは同じファイルを更新した場合の手順で紹介していますが、別のファイルをステージするのを忘れていた場合も手順は同じです。

### ステップ5

「コミットメッセージ」欄をクリックし、欄が広がったら右上にある［**コミットオプションを指定...**］メニューから［**最新のコミットを修正**］を選んでください。

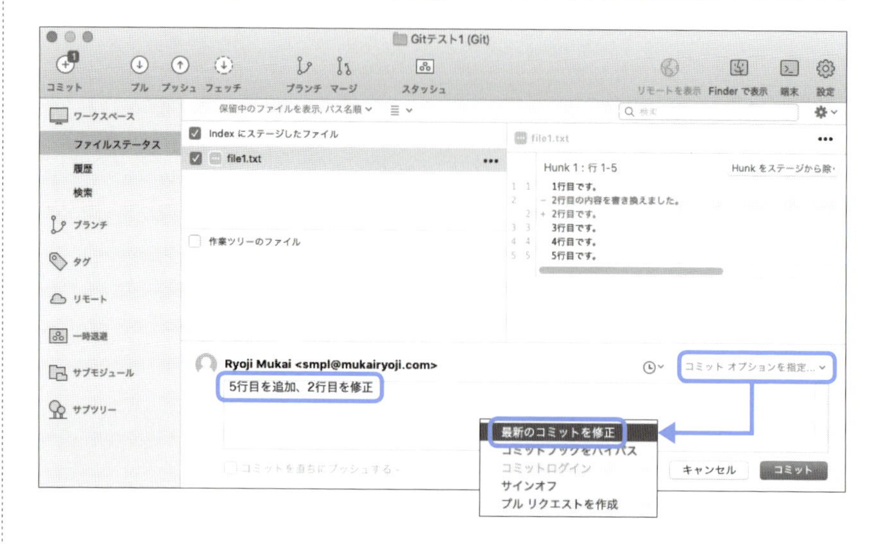


直前のコミットのメッセージが自動的に入力されますが、修正してもかまいません。

### ステップ6

「コミット」ボタンをクリックしてください。警告のダイアログが表示されますので、続行するには「OK」ボタンをクリックしてください。

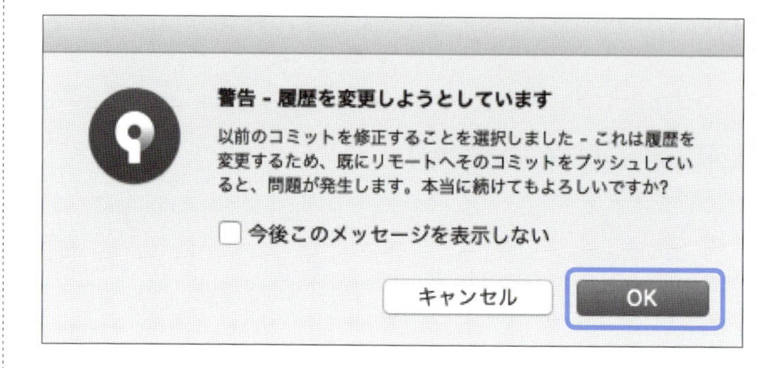

## ステップ7

履歴表示へ切り替えて、いま行ったコミットの結果を確かめてください。

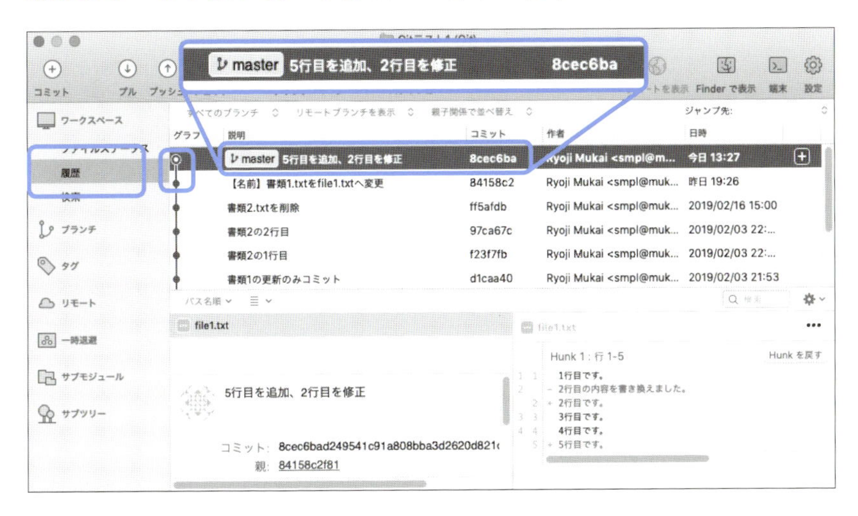


直前のコミットの内容とメッセージが変わり、あたかも前回のコミットを行っていないかのようにグラフが伸びています。

● ● ● ● ● ●

コミットIDの先頭3文字を見ると変更されているので、直前のコミットを上書きしたのではなく、やはりいったん削除してから新しくコミットしていることがわかります。

## 2.10.3 直前のコミットへ戻す

コミットを行って次の作業を始めた後に、直前のコミットまで戻すことができます。複数のファイルの内容を更新していても、1度の操作で確実に戻すことができます。ここでは、特定のファイルを選んで戻す手順と、すべてのファイルを戻す手順の両方を紹介します。

### ステップ1

Finderへ切り替えてプロジェクトフォルダを開き、「file1.txt」をコピーして「file2.txt」という名前のファイルを作ってください。

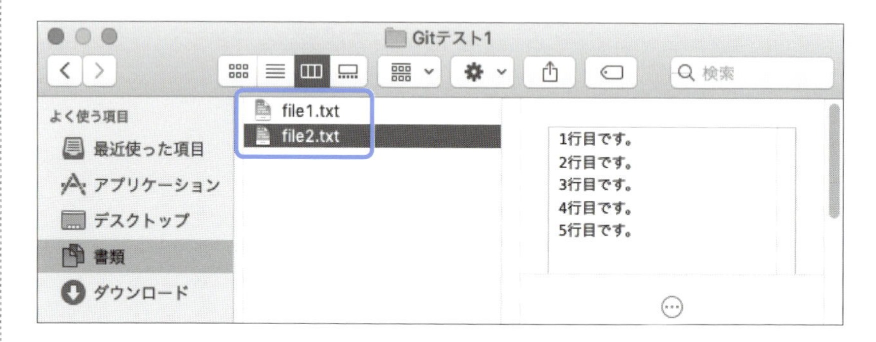


### ステップ2

Sourcetreeのファイルステータス表示へ切り替えて、「file2.txt」をステージし、コミットしてください。

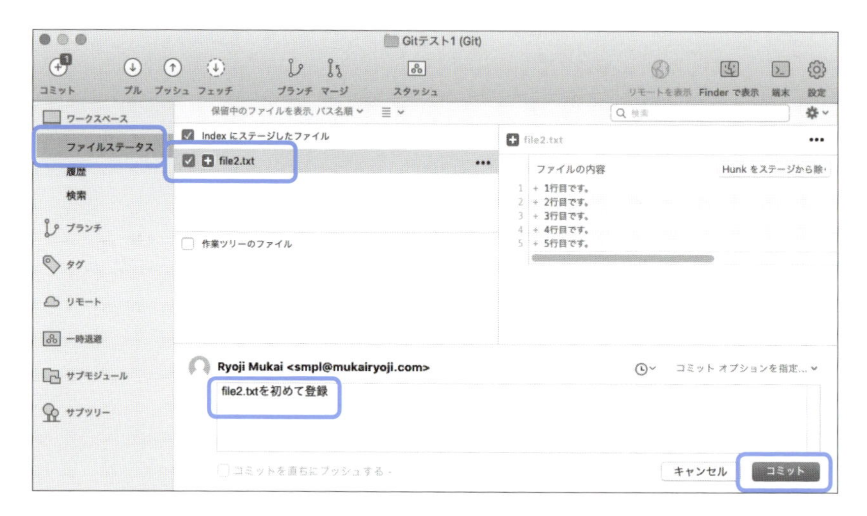

これで、それぞれ5行目まで内容がある「file1.txt」と「file2.txt」の2つのファイルをコミットしました。

## ステップ3

CotEditorで「file1.txt」を開き、5行目を削除してください。「file2.txt」も同様にしてください。

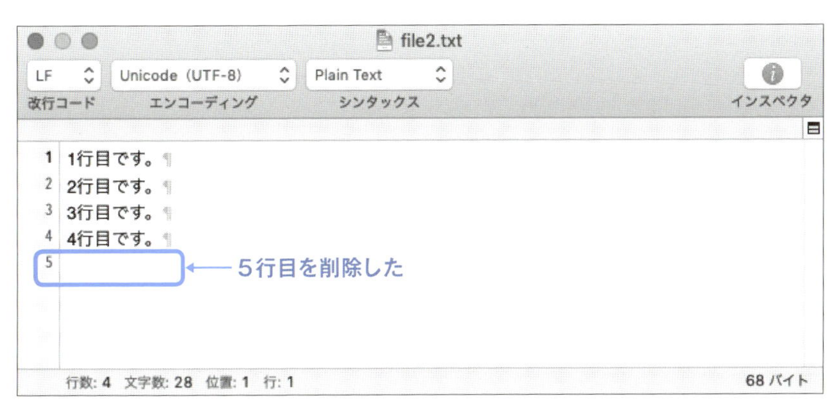


これで、直前のコミットを行った後に2つのファイルを更新した状態ができました。

## ステップ4

Sourcetreeのファイルステータス表示へ切り替えて、状態を確かめてください。

作業ツリーには、前回のコミットから内容が変更された2つのファイルが表示されます。

### ステップ5

［リポジトリ］メニューから［**リセット...**］を選んでください。

この操作は直前のコミットへ戻すものですので、履歴表示で対象のコミットを選ぶ必要はありません。

また、このダイアログの中でも、左側の一覧をクリックしてファイルの内容を確認できます。

### ステップ6

左側の一覧にある「file2.txt」のチェックボックスをオンにしてから、「**変更内容を破棄**」ボタンをクリックしてください。

チェックしたファイルに対して「変更内容を破棄」するのですから、直前にコミットした状態へ戻すことになります。

### ステップ7

確認のダイアログが表示されます。「OK」ボタンをクリックして続行してください。

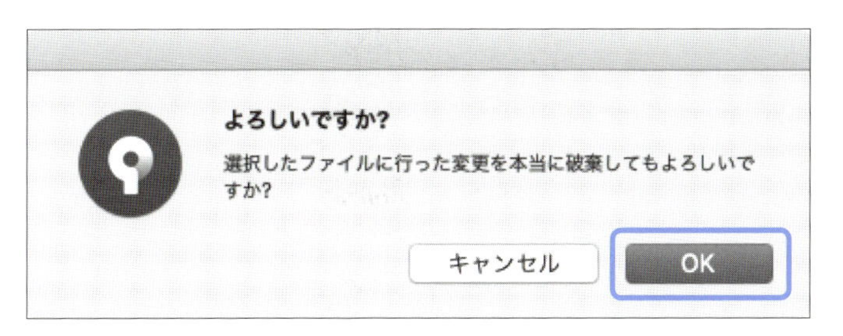


### ステップ8

ファイルステータス表示で操作結果を確かめてください。

選択していた「file2.txt」は、ファイルステータス表示には表示されなくなりました。前回のコミットまで戻されて、変更点がなくなったからです。

一方、ダイアログで選択していなかった「file1.txt」は戻されていないので、作業ツリー欄に表示されます。

### ステップ9

CotEditorで「file2.txt」を開き、再度5行目を削除して上書き保存してください。

再び、2つのファイルの内容を更新した状態になりました。

### ステップ10

Sourcetreeへ切り替えて、[リポジトリ]メニューから[リセット...]を選んでください。

### ステップ11

ダイアログが表示されたら、「すべてをリセット」をクリックしてください。表示が変わったら、「すべてをリセット」ボタンをクリックしてください。

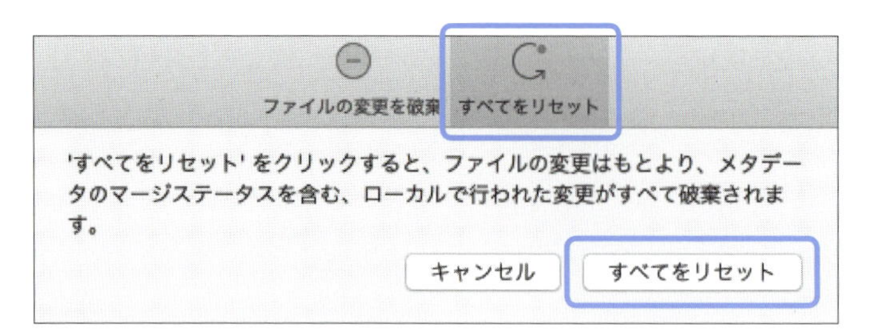


### ステップ12

確認のダイアログが表示されます。続行するには「リセット」ボタンをクリックしてください。

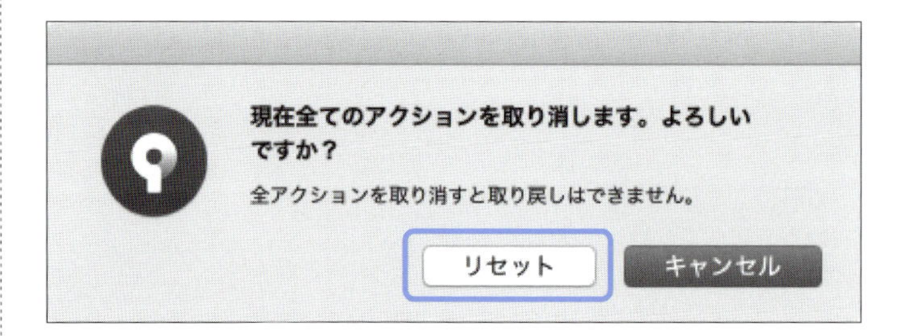


### ステップ13

「コミット対象が選択されていません」の表示へ戻ることを確かめてください。

つまり、すべてのファイルに対して、直前のコミット以降に行われた作業が破棄されました。言い換えると、直前のコミット以降に行った作業はどこにも保存されていないので、完全に失われました。

## ファイルごとに直前のコミットへ戻す

ファイルを1つずつ選んで直前にコミットしたの状態へ戻すには、ステータス表示の作業ツリー欄で目的のファイルを選び、右端に表示される「…」をクリックして、メニューから［破棄］を選ぶ方法もあります。

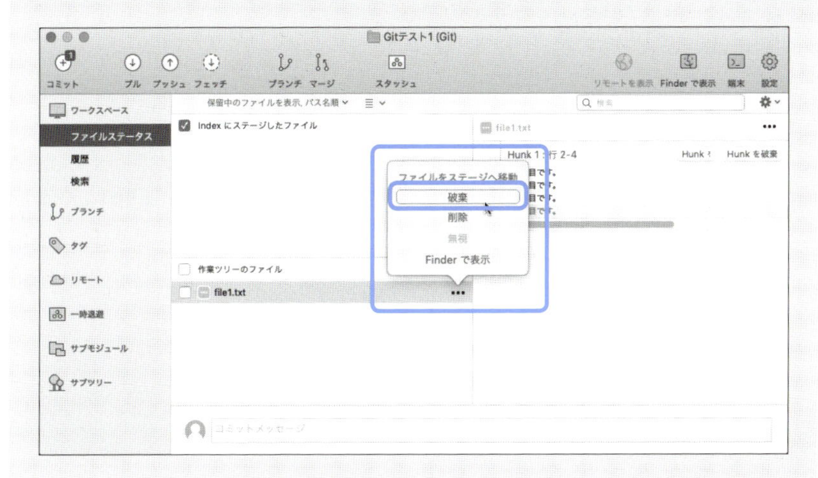


なお、このメニューにある［削除］は、Finderからファイルを削除するものですので注意してください。しかも、ゴミ箱へ移動するのではなく、確認のダイアログで続行するとすぐにファイルを削除してしまうので、ゴミ箱を開いて復元することもできません。

# 2-11 過去のコミットへ戻す

**過去のあるコミットから作業をやり直したい場合は、それ以降のコミットをなかったことにできます。3種類あるオプションを比較してみましょう。**

## 2.11.1 実験用のリポジトリを作る

過去のあるコミットから作業をやり直したい場合は、**リセット(reset)**の操作をすると、それ以降のコミットをなかったことにして作業を再開できます。ここで実行するリセットの操作には「Mixed、Soft、Hard」の3種類のオプションがあり、操作結果が異なるので注意してください。

リセットの3種類のオプションを比較するために、新しいリポジトリを作ります。

### ステップ1

Finderでプロジェクトフォルダを作ってください。

本書では、「書類」フォルダ直下に「リセットのテスト」という名前で作りました。

### ステップ2

「リセットのテスト」フォルダにリポジトリを作成してください。

ローカルリポジトリを作成

保存先のパス: /Users/mukairyoji/Documents/リセットのテスト ...

名前: リセットのテスト

タイプ: Git

☐ リモートリポジトリも作成する

キャンセル 作成

すなわち、Sourcetreeのリポジトリブラウザへ切り替え、Finderで表示した「リセットのテスト」フォルダをドラッグ&ドロップし、「ローカルリポジトリを作成」ダイアログが表示されたら「作成」ボタンをクリックしてください。

### ステップ3

CotEditorでファイルを新規作成し、1行目を書いて、「test.txt」という名前でプロジェクトフォルダへ保存してください。

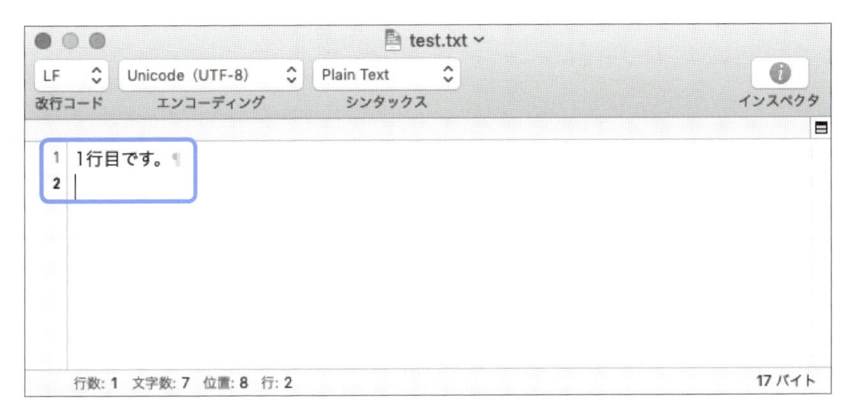


### ステップ4

Sourcetreeで個別リポジトリのウインドウを開き、「test.txt」をコミットしてください。

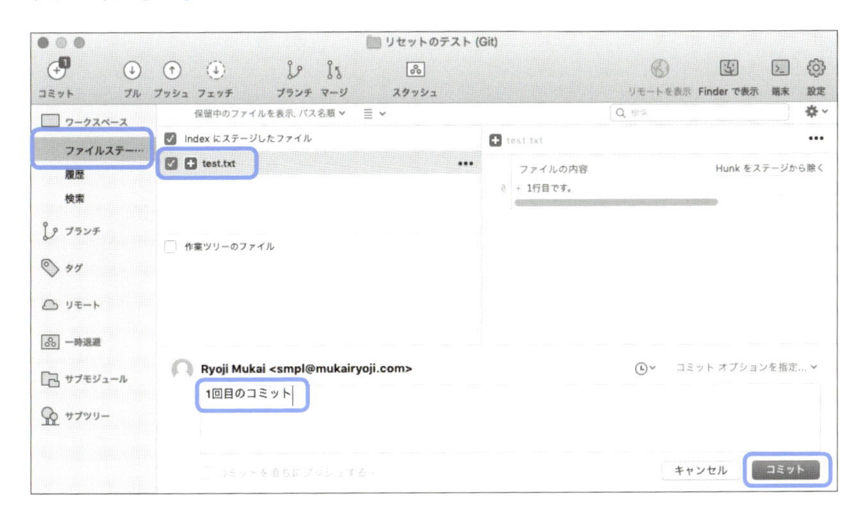

### ステップ5

同様に、2行目を書いて2回目のコミットを、3行目を書いて3回目のコミットを行ってください。

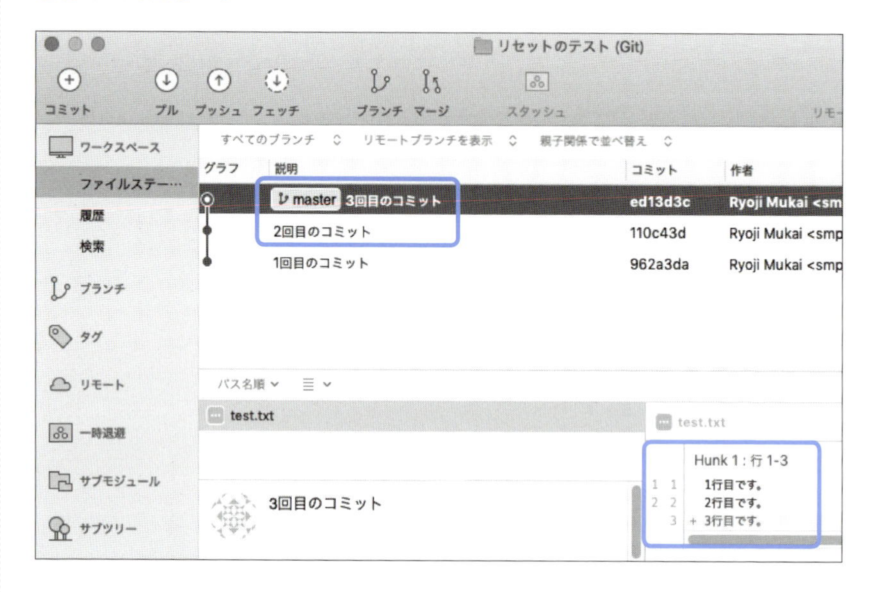


### ステップ6

CotEditorで「test.txt」を開き、4行目を書いて保存してください。次にSourcetreeのファイルステータス表示へ切り替えて、ステージしてください。コミットはしないでください。

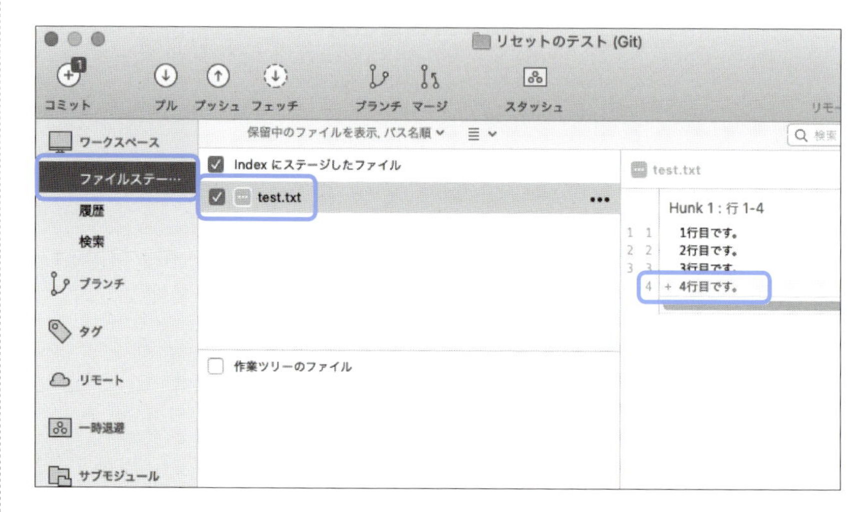

## ステップ7

CotEditorで「test.txt」を開き、5行目を書いて保存してください。ステージはしないでください。

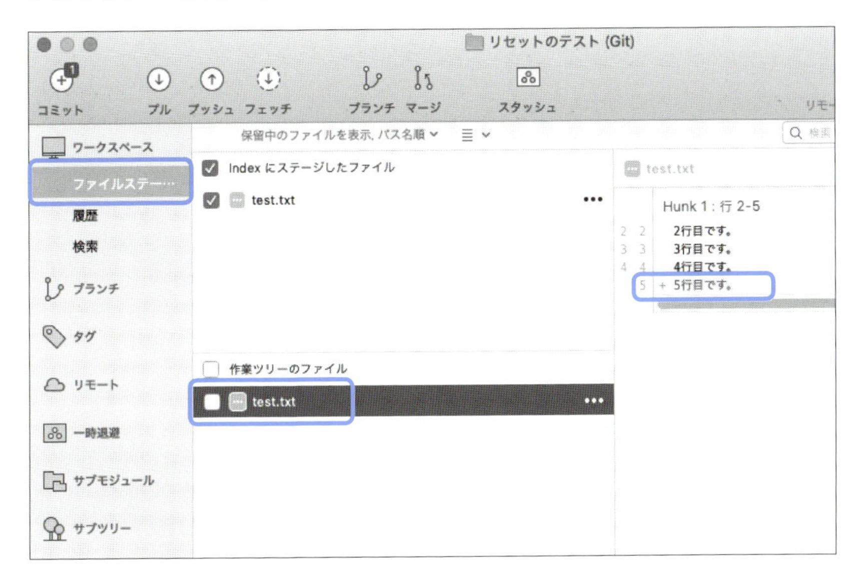


これで、「test.txt」に書いた5行の内容のうち、1〜3行目は1〜3回目のコミットに対応し、4行目はステージにのみ、5行目は作業ツリーにのみあるリポジトリを用意できました。

## ステップ8

Finderへ切り替えて、[ファイル]メニューから[“リセットのテスト”を圧縮]を選んでください。

この圧縮ファイルはバックアップです。Sourcetreeでリポジトリを削除してから、圧縮ファイルを展開してSourcetreeのリポジトリブラウザへ再登録すれば、いまの段階からやり直して実行結果を比較できます。

## 2.11.2 Mixedオプション

初めに、**Mixed**オプションを実行してみましょう。

### ステップ1

Sourcetreeの履歴表示を開き、[control]キーを押しながら2回目のコミットをクリックして、開いたメニューから[**このコミットまでmasterを元に戻す**]を選んでください。

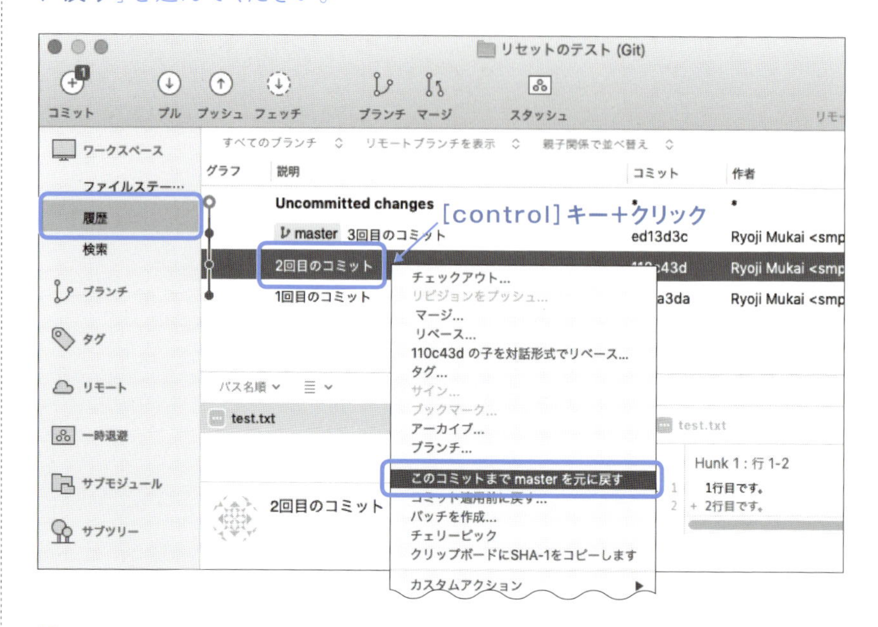


### ステップ2

ダイアログが表示されます。「モード」が「**Mixed - 作業コピーの変更内容を保持するが、インデックスをリセットする**」であることを確認してから、「OK」ボタンをクリックしてください。

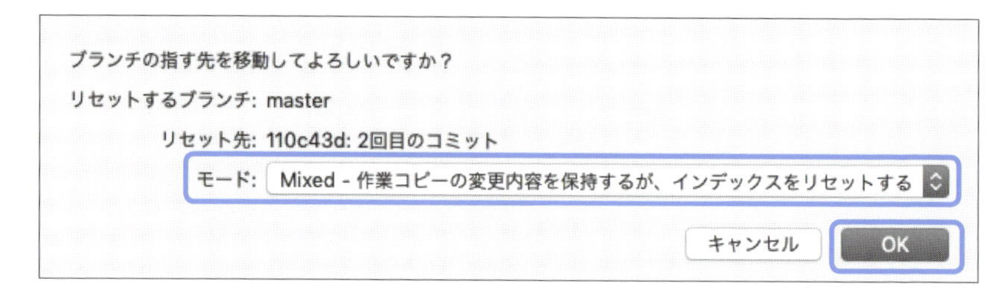


メニューにある「**インデックス**」とは、ステージのことです。

### ステップ3

履歴表示で実行結果を確かめてください。

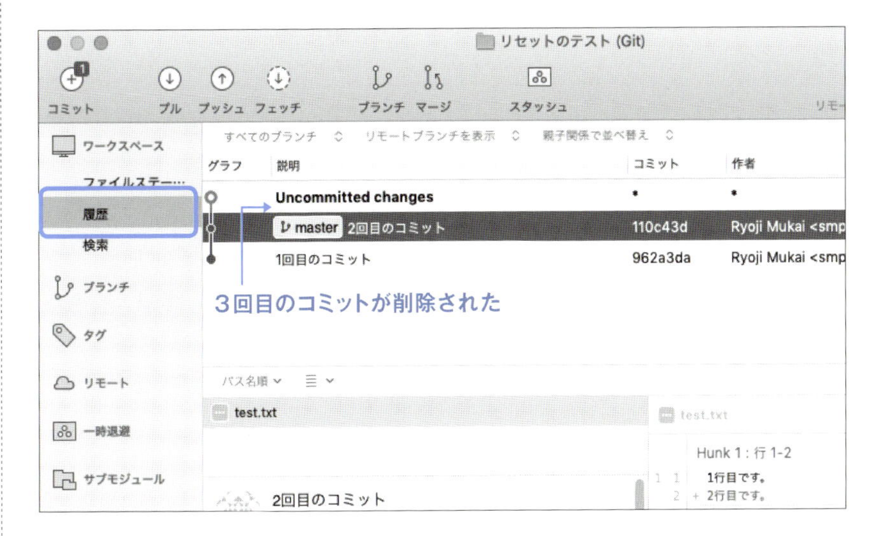


選択していた2回目よりも後のコミット(3回目のコミット)が削除されました。

### ステップ4

ファイルステータス表示へ切り替えて、作業ツリーとステージの状態を確かめてください。

同じ「test.txt」ファイルについて、削除された3回目のコミットの差分(3行目の内容)と、ステージにあった差分(4行目)が、もともと作業ツリーにあった差分(5行目)と一緒に、作業ツリーへ統合されました。つまり、この操作によって何もデータを失っていないことに注目してください。

続けてコミットを行えば、削除された3回目のコミットと、ステージにあった内容、作業ツリーにあった内容のすべてが、新しい3回目のコミットへ記録されます。

● ● ● ● ● ●

実際に試しながら次へ読み進めるときは、以下の操作をしてリポジトリを元通りにしてください。

① Sourcetreeのリポジトリブラウザで「リセットのテスト」リポジトリを[control]キーを押しながらクリックし、[削除]を選びます。
②「削除しますか？」のダイアログが表示されたら「ゴミ箱にも入れる」ボタンをクリックして、Sourcetreeのブックマークとプロジェクトフォルダの両方を削除します。
③ Finderへ切り替えて、圧縮しておいた「リセットのテスト」をダブルクリックして復元します。
④ 復元された「リセットのテスト」フォルダをSourcetreeのリポジトリブラウザへドラッグ&ドロップして登録します。

## 2.11.3 Softオプション

次に、**Soft**オプションを実行してみましょう。

### ステップ1

Sourcetreeの履歴表示を開き、[control]キーを押しながら2回目のコミットをクリックして、開いたメニューから[**このコミットまでmasterを元に戻す**]を選んでください。

### ステップ2

ダイアログが表示されたら、今度は「**Soft - すべてのローカル変更を保持**」へ切り替えてから「OK」ボタンをクリックしてください。

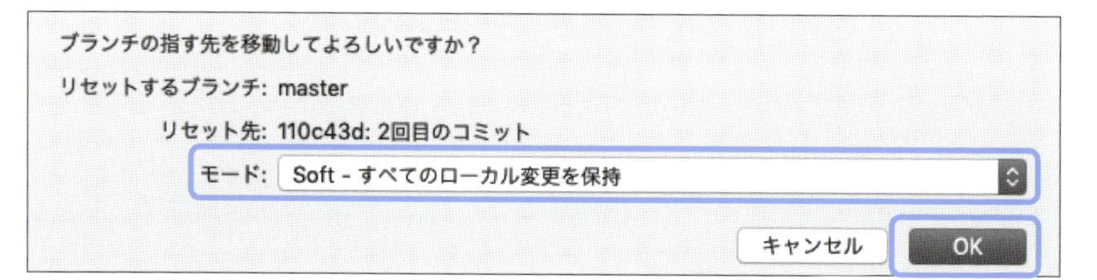

メニューにある「**すべてのローカル**」とは、ステージと作業ツリーの両方のことです。

### ステップ3

履歴表示で実行結果を確かめてください。

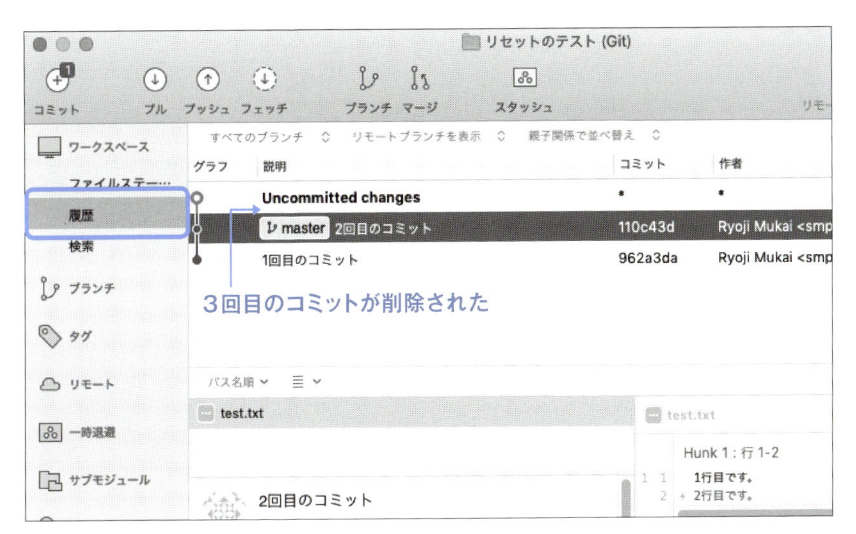


選択していた2回目よりも後のコミット（3回目のコミット）が削除されました。これは「Mixed」と同じです。

### ステップ4

ファイルステータス表示へ切り替えて、ステージにある「test.txt」をクリックして内容を確かめてください。

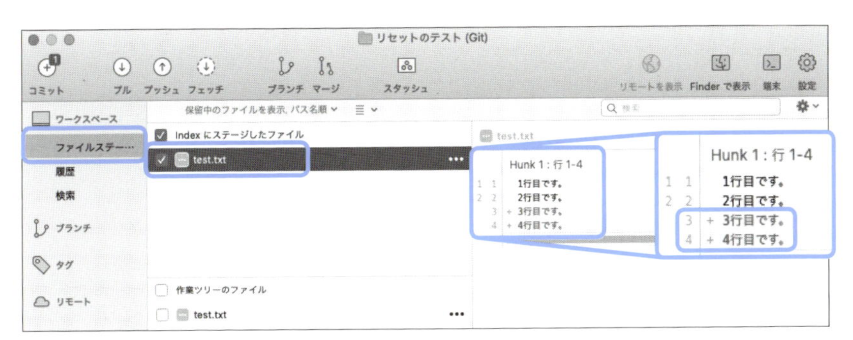


3行目と4行目に「+」マークがあります。削除された3回目のコミットの差分（3行目の内容）は、もともとステージにあった差分（4行目）と統合されています。

### ステップ5

作業ツリーにある「test.txt」をクリックして内容を確かめてください。

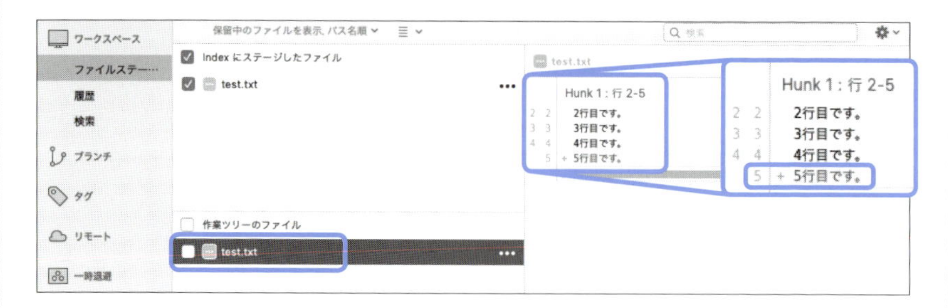


5行目だけに「+」マークがあります。つまり、作業ツリーは内容を変えられていません。このオプションでも、何もデータを失っていません。

● ● ● ● ● ●

次へ読み進む前に、リポジトリを元通りにしてください。

## 2.11.4 Hardオプション

最後に、**Hard**オプションを実行してみましょう。

### ステップ1

Sourcetreeの履歴表示を開き、[control]キーを押しながら2回目のコミットをクリックして、開いたメニューから[**このコミットまでmasterを元に戻す**]を選んでください。

### ステップ2

ダイアログが表示されたら、今度は「**Hard - すべての作業コピーの変更内容を破棄**」へ切り替えてから「OK」ボタンをクリックしてください。

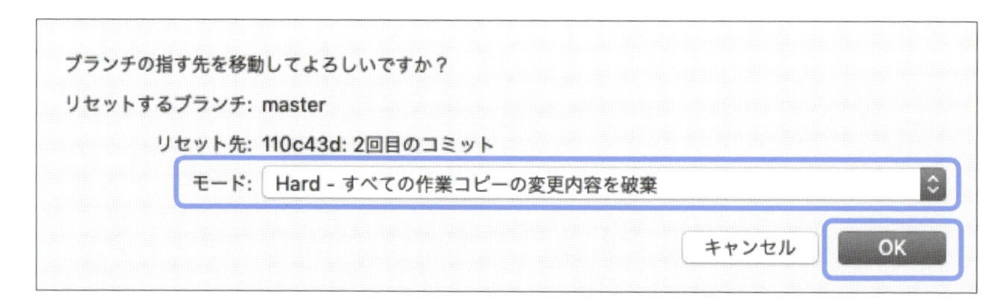

### ステップ3

確認のダイアログが表示されます。続行するには、「OK」ボタンをクリックしてください。

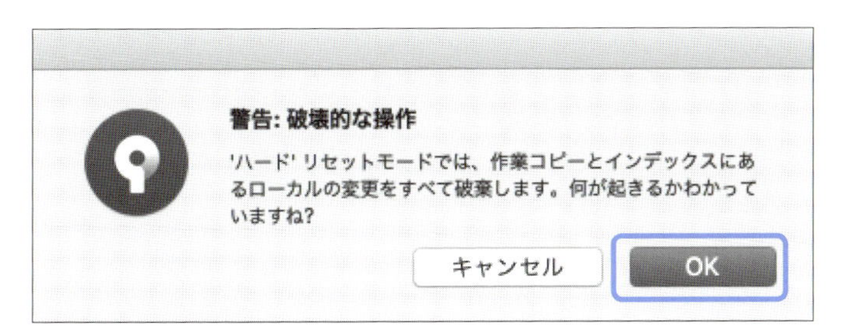


ダイアログにあるとおり、Hardオプションではデータを失います。

### ステップ4

履歴表示で実行結果を確かめてください。

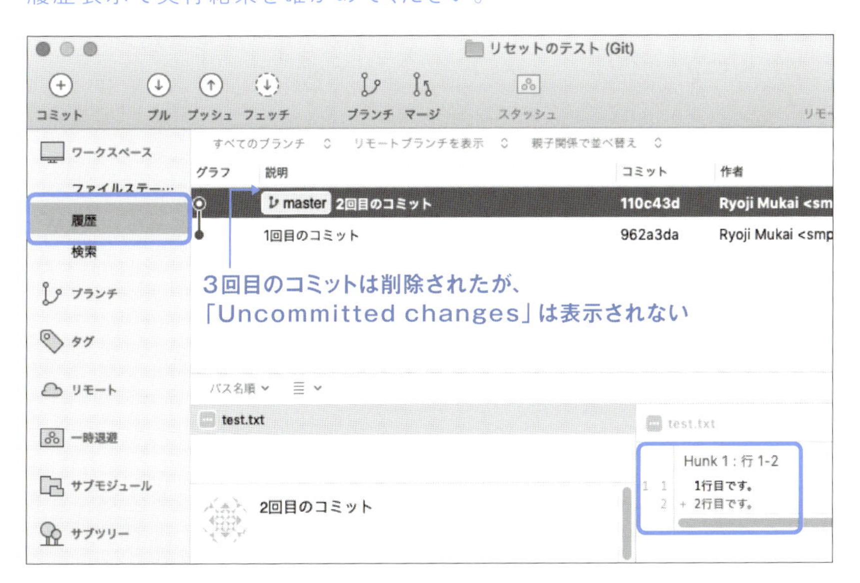


選択していた2回目よりも後のコミット（3回目のコミット）が削除されました。これは「Mixed」や「Soft」と同じです。ただし、これまでとは異なり、「Uncommitted changes」が表示されません。

残っているコミットは、選択していた2回目までのものだけです。内容も2回目までのものであり、IDが変わったり内容が更新されたりしたわけでもありません。よって、3回目のコミットの内容は復元できません。

### ステップ5

ファイルステータス表示へ切り替えて、表示を確かめてください。

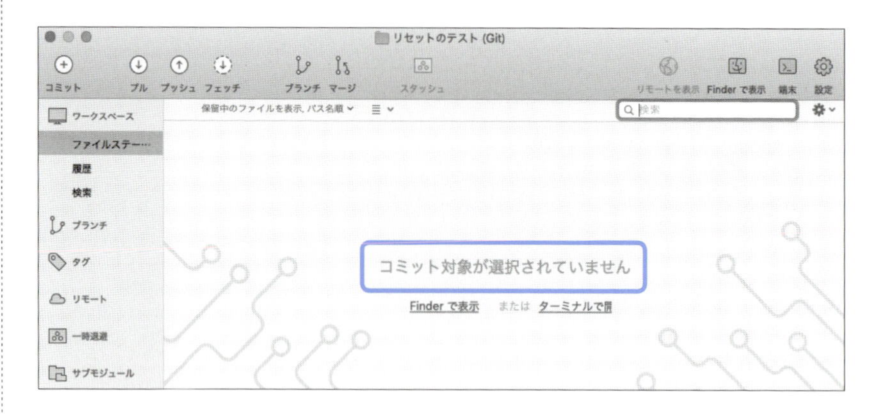


「コミット対象が選択されていません」と表示されます。つまり、ステージと作業ツリーだけにあった4行目と5行目の内容は復元できません。

## 2.11.5 もしもチェックアウトして作業を続けると

過去にコミットした状態まで戻して作業をやり直すには、過去のコミットをチェックアウトして、作業を続ければよいと思うかもしれません。結果としては同じになりますが、内部的には異なります。実際にやってみましょう。

### ステップ1

前の作業結果から続けて操作します。履歴表示へ切り替えて、1回目のコミットをダブルクリックしてください。

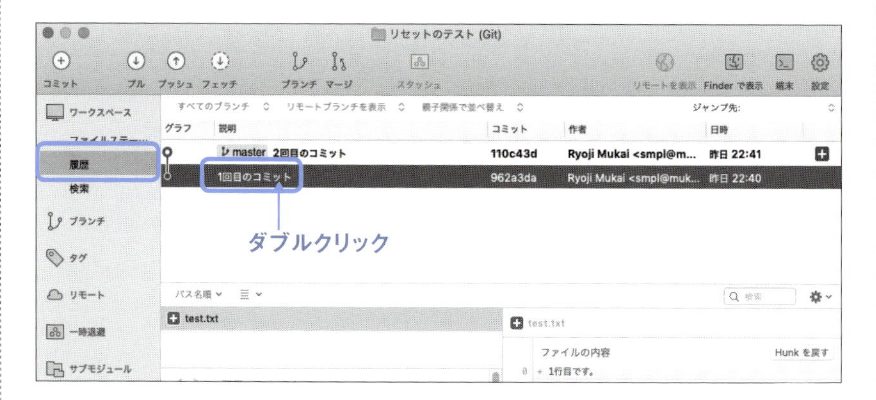

チェックアウトするにはクリーンな状態であることが必要だったことを思い出してください。

### ステップ2

操作した結果、1回目のコミットに「HEAD」と表示されます。

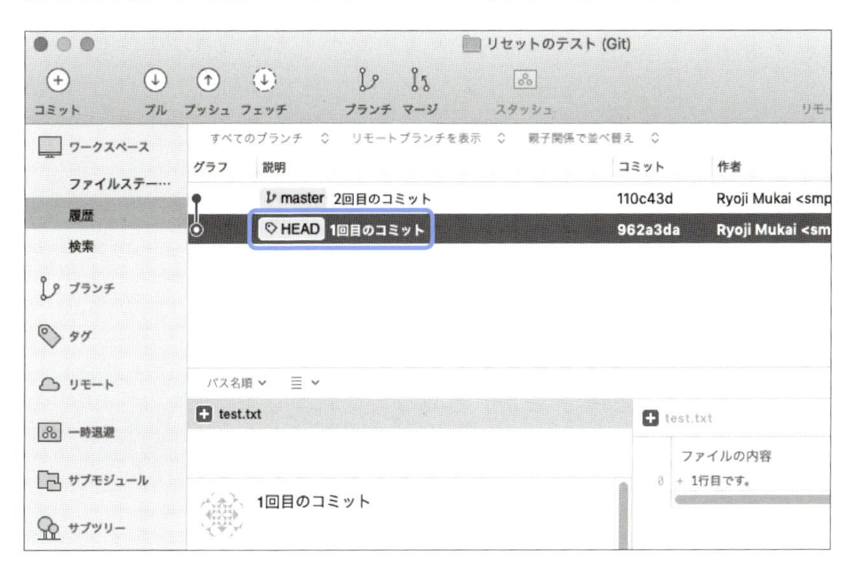


1回目のコミットに「HEAD」と表示されたということは、作業ツリーはそのコミットの状態へ移ったことを示しています。この段階の「test.txt」には、1行目だけが書かれています。

### ステップ3

CotEditorで「test.txt」を開き、以前との違いがわかるように2行目を書いて上書き保存してください。

### ステップ4

Sourcetreeの履歴表示へ切り替えて表示を確かめてください。

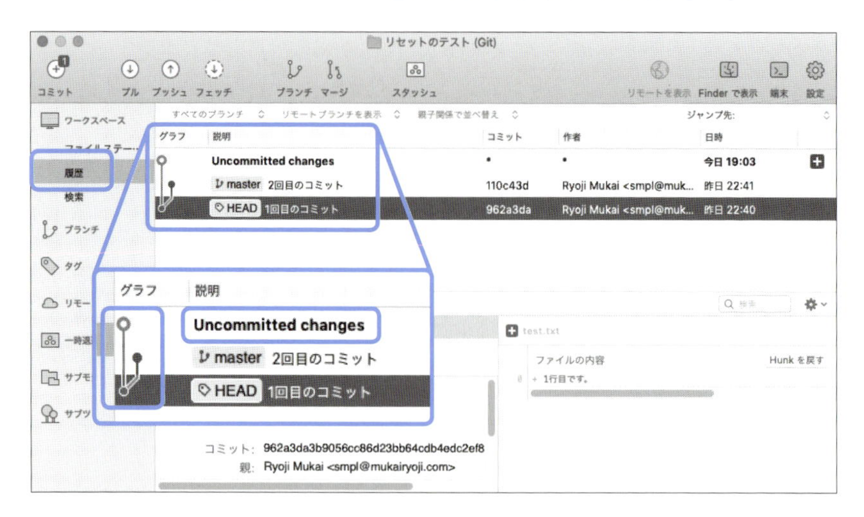


「Uncommitted changes」が表示されますが、1回目のコミットから枝分かれするようにグラフが伸びています。これは「**ブランチ**」と呼ばれるもので、ある1つのコミットを親にして、複数のコミットを派生させる操作です。

● ● ● ● ● ●

リセットを使うと、削除したいコミットを取り消しできるので、グラフは1本道で進みます。しかし過去のコミットをもとにして新しい作業を始めるためにチェックアウトすると、別のバージョンを派生させる操作になります。この違いに注目してください。

# ローカルでのGitの活用

この章では、ローカルリポジトリを使用したGitの活用法について解説します。まず、GitおよびSourcetreeを使いこなす上で不可欠なブランチの操作について説明します。その後で、リベース、リバート、タグ、スタッシュといった便利機能について説明します。

# 3-1 ブランチの基本操作

**処理を分岐させるブランチの基本操作について説明しましょう。必要に応じてブランチを用意することで、プロジェクト本体に影響を与えずに別の作業を行えます。**

## 3.1.1 ブランチとマージについて

「**ブランチ**（branch）」とは日本語では木の枝ですが、コミット履歴を枝分かれさせて別の処理を行う機能です。リポジトリには少なくとも一つのブランチがあります。最初にコミットを行うと、自動的に「**master**」という名前のブランチが作成されます。masterブランチは本番用のブランチと考えるとよいでしょう。master以外のブランチは自由に名前を設定できます。

本書のこれまでのサンプルでは、すべてmasterブランチに対してコミットを行ってきました。

■masterブランチにコミット

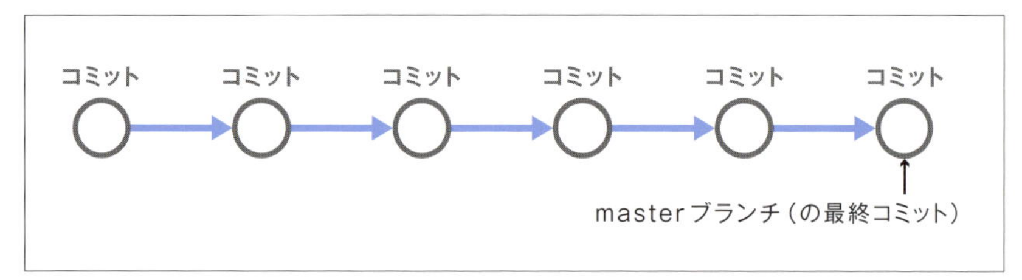


ここで、プロジェクト内のファイルに何らかの修正を加えたいとしましょう。たとえば、ある会社のWebページを管理するプロジェクトがあり、新製品情報のページを追加したいといったケースを考えてください。

そのまま、masterブランチに対して修正を加えてコミットしていくと、新製品情報ページを完成させる前の途中段階も公開されてしまいます。

■作業途中の内容も公開される

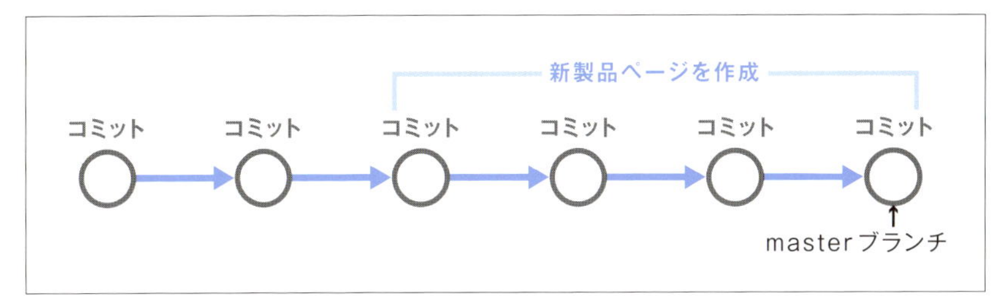


新製品情報ページの作成を、**master**ブランチから**newproduct**といった名前の別のブランチで行うことにより、メインのWebページ編集には影響を与えずに、作業を進めることができるわけです

■ブランチを分けて別の作業をする

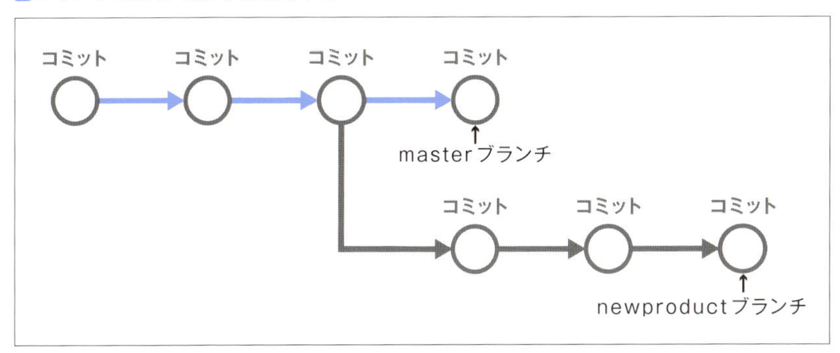


## ブランチでの作業が完了したらマージする

あるブランチでの作業が完了したら、これを別のブランチに組み込むことができます。この操作を「**マージ**(merge)」と言います。前述の例では、**newproduct**ブランチでの新製品情報のページが完成したら、それをマージして**master**ブランチに組み込むことができます。

作業が終わったらmasterブランチにマージ

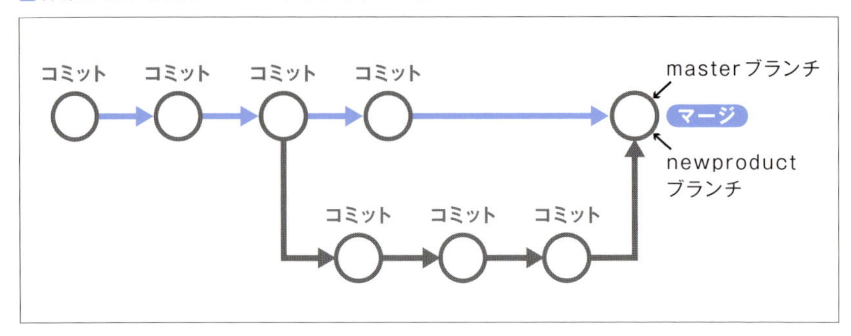


### ブランチは複数作成できる

ブランチは複数作成することができます。たとえばチームで作業を行う場合には、それぞれのメンバーは自分用のブランチを作成し、作業を行うことができます。また、ソフトウエア開発用のプロジェクトであれば、バグ修正用のブランチや、新機能のテスト用のブランチを作って必要に応じてブランチを切り替えて作業を行えます。

作業別に複数のブランチに分ける

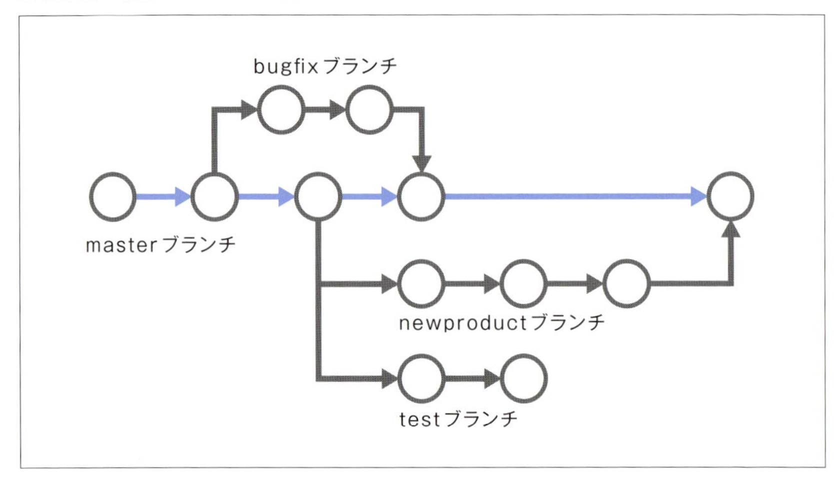

## 3.1.2 masterブランチを確認する

**リポジトリ**を作成し最初にコミットを行うと、**master**ブランチが作成されます。その後のコミットは、ブランチを切り替えるまでmasterブランチに追加されていきます。そのことを確認してみましょう。

### ステップ1

適当なディレクトリに「**ブランチテスト1**」という名前のリポジトリを作成します。

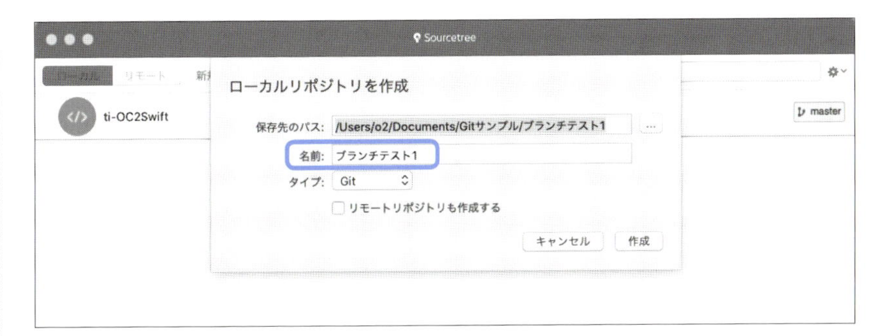


### ステップ2

テキストファイル「**書類1.txt**」を作業ツリーに用意し、1行目を入力します。

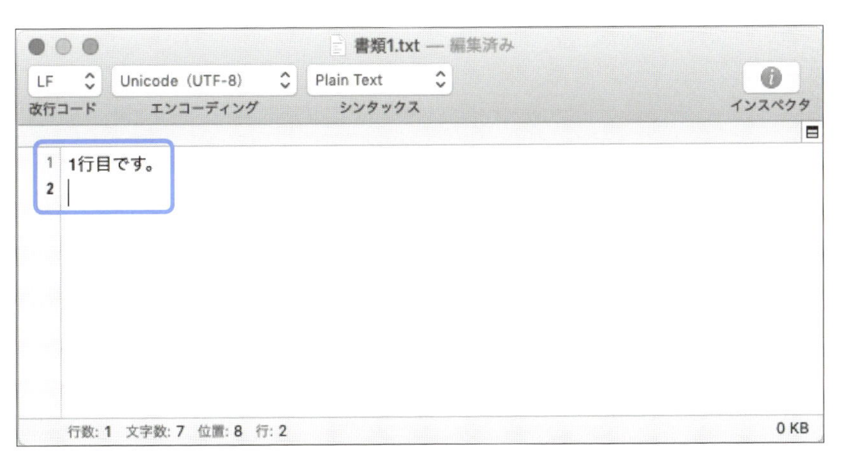

## ステップ3

コミットを行います。

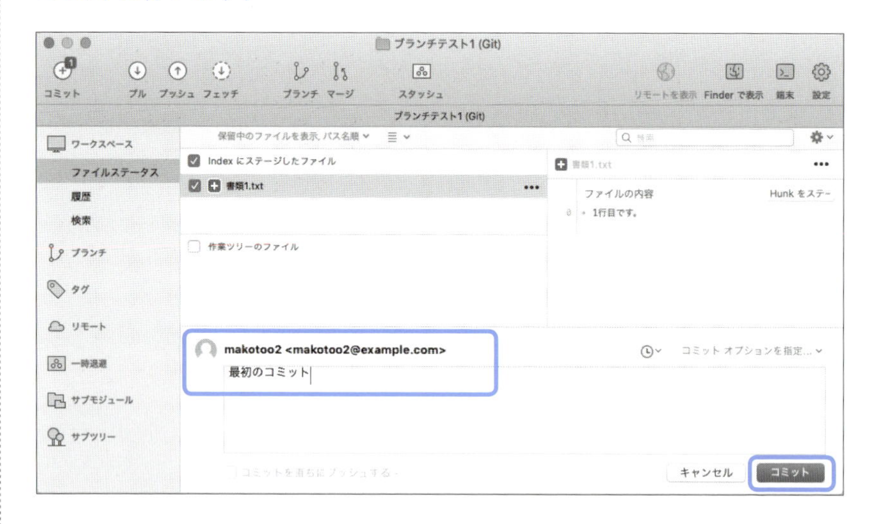


## ステップ4

サイドバーの「ブランチ」に「master」が表示されます。クリックするとmasterブランチの履歴が表示されます。

サイドバーの「**ブランチ**」にはブランチの一覧が表示されます。最初にコミットを行った状態では「**master**」という名前のブランチだけが存在することがわかるでしょう。「master」が太字になっていますが、これは現在masterブランチがアクティブであることを示しています。

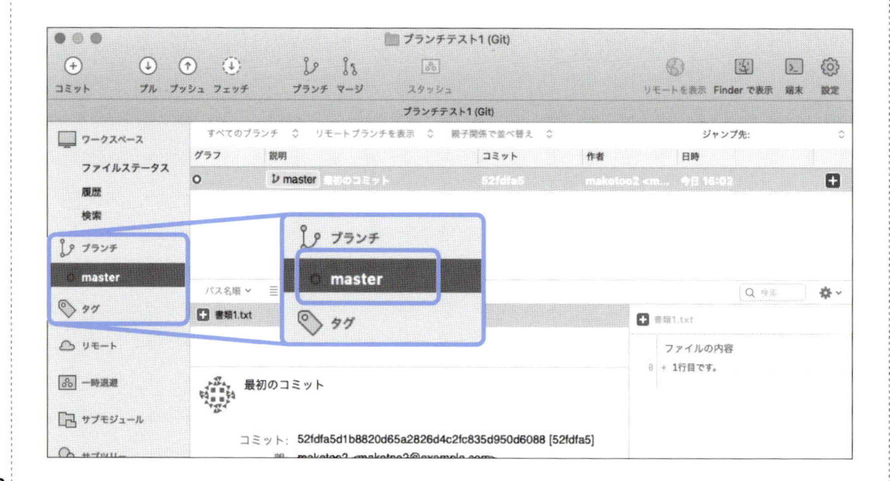

サイドバーの「**ブランチ**」に表示されるブランチ一覧の表示／非表示は切り替えられます。非表示にするには、サイドバーの「**ブランチ**」にマウスカーソルを移動し「**非表示**」ボタンをクリックします。

**A** 「ブランチ」にマウスカーソルを合わせると、「非表示」ボタンが表示されます。

一覧が非表示の状態では、サイドバーの「ブランチ」にマウスカーソルを移動し「**表示**」ボタンをクリックすると表示されます。

● NOTE　同様に「ワークスペース」や「タグ」など、「サイドバー」のアイテムはマウスカーソルを合わせると表示される「表示」「非表示」ボタンで表示／非表示を切り替えられます。

## ステップ5

同じように「書類1.txt」に2行目を入力してコミットを行います。

### ステップ6

履歴を確認するとmasterブランチに新たなコミットが作成されたことがわかります。

履歴表示を見てみましょう。最終コミットの「**説明**」の欄には[master]が表示されていますが、これは現在masterブランチが最終コミットを指し示していることを表しています。

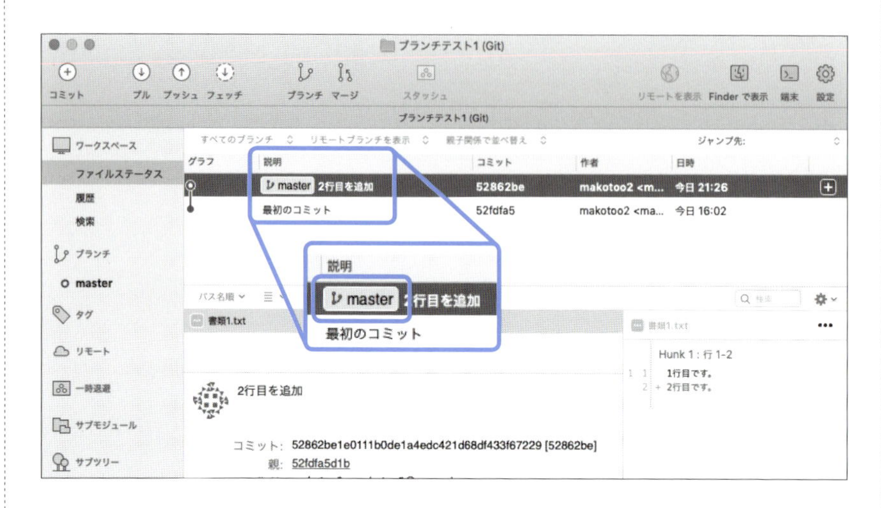


## 3.1.3 ブランチを作成する

続いて、「**sub1**」という名前で新規ブランチを作成してみましょう。なお、ブランチを作成することを「**ブランチを切る**」とも言います。

### ステップ1

ツールバーの「**ブランチ**」ボタンをクリックします。すると、ブランチの作成と削除を行うダイアログボックスが表示されます。

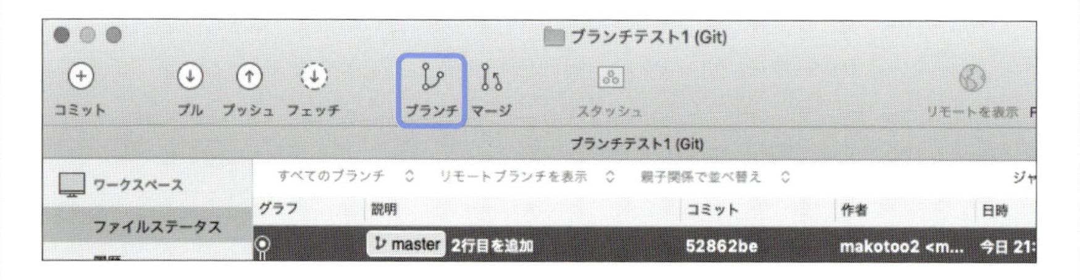

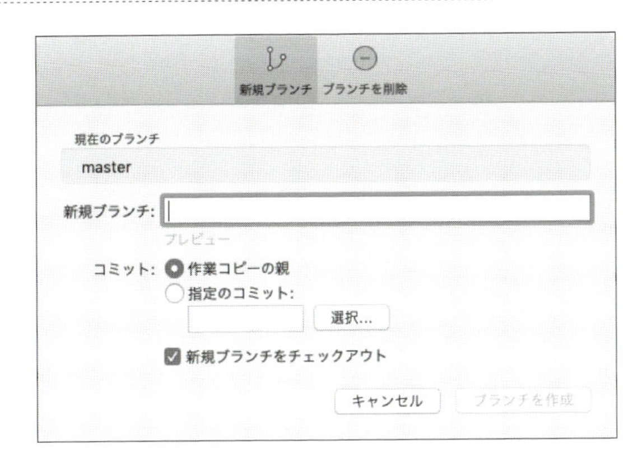


### ステップ2

上部の「**新規ブランチ**」が選択されていることを確認し、「**新規ブランチ**」にブランチ名として「**sub1**」を入力します。「**ブランチを作成**」ボタンをクリックします。

「**コミット**」では「**作業コピーの親**」が選択されていること、「**新規ブランチをチェックアウト**」がチェックされていることを確認してください。

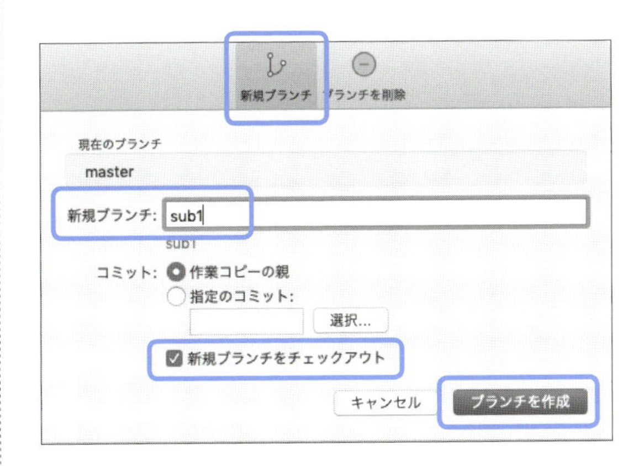


### ステップ3

「sub1」ブランチが作成されます。

サイドバーの「ブランチ」に「**sub1**」が表示されます（次ページ図）。「sub1」が太字になり、アイコン ◉ が表示されていますが、これは現在の作業対象が、masterブランチからsub1ブランチに切り替わったことを表しています。

また、コミット履歴一覧を見ると、最新コミットの「**説明**」の欄には sub1 と master が表示されています。これは現在**sub1**ブランチと**master**ブランチのどちらも最終コミットを指し示していることを表しています。

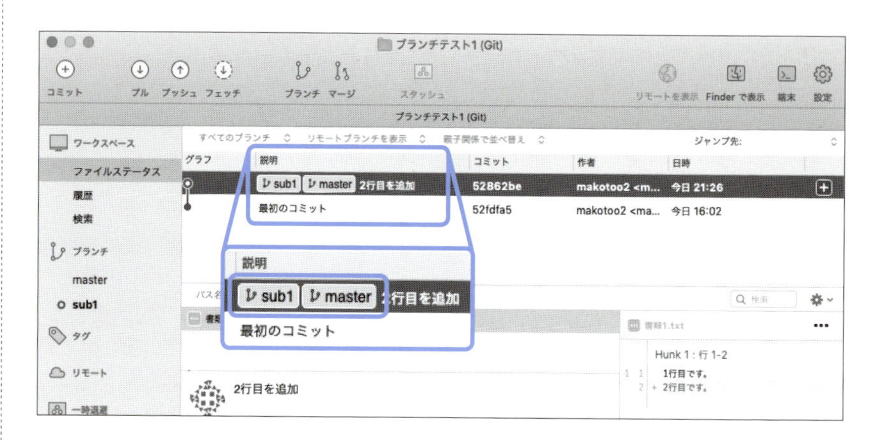


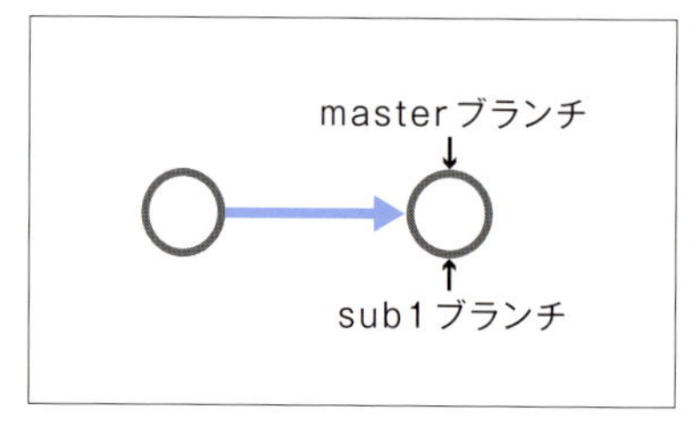

## 3.1.4 新規ブランチでコミットを行う

続いて、作成した**sub1**ブランチでコミットを行ってみましょう。

### ステップ1

サイドバーの「ブランチ」で「**sub1**」が太字で、アイコン○が表示されていることを確認します。

### ステップ2

エディタでファイル「**書類1.txt**」を編集し3行目を追加します。

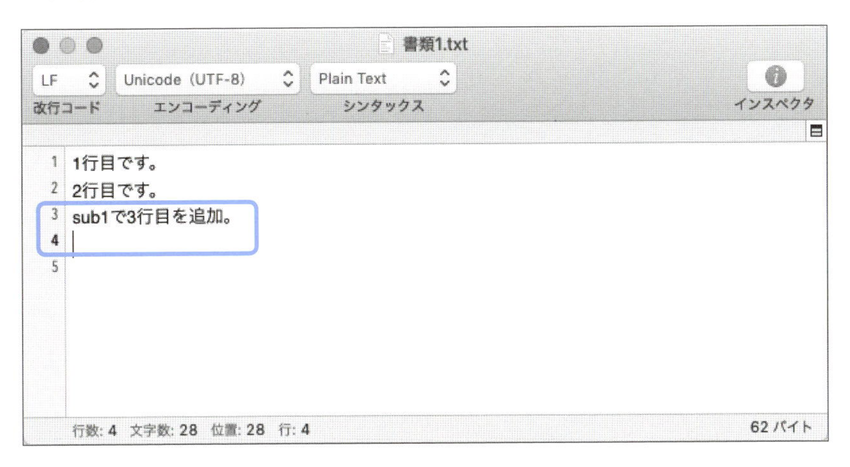

## ステップ3

コミットを行います。

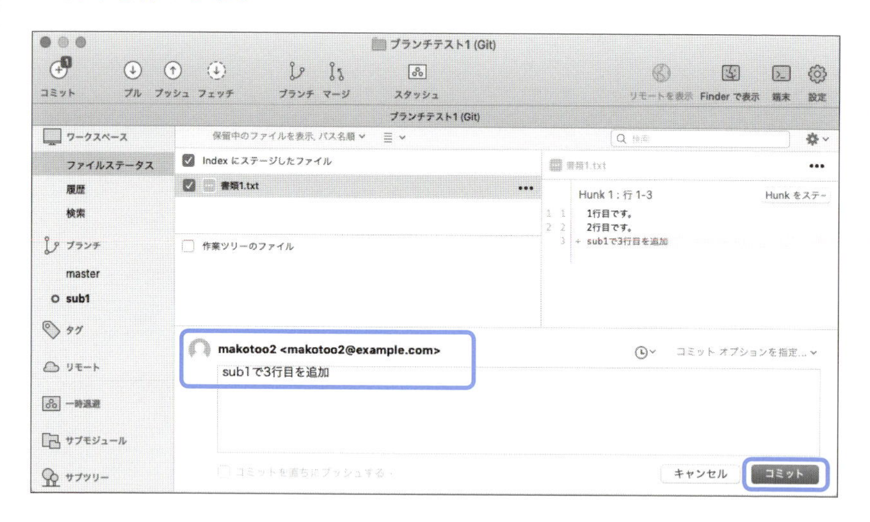


## ステップ4

履歴を確認するとsub1ブランチの最終コミットが、masterの最終コミットより一つ先に進んでいることがわかります。

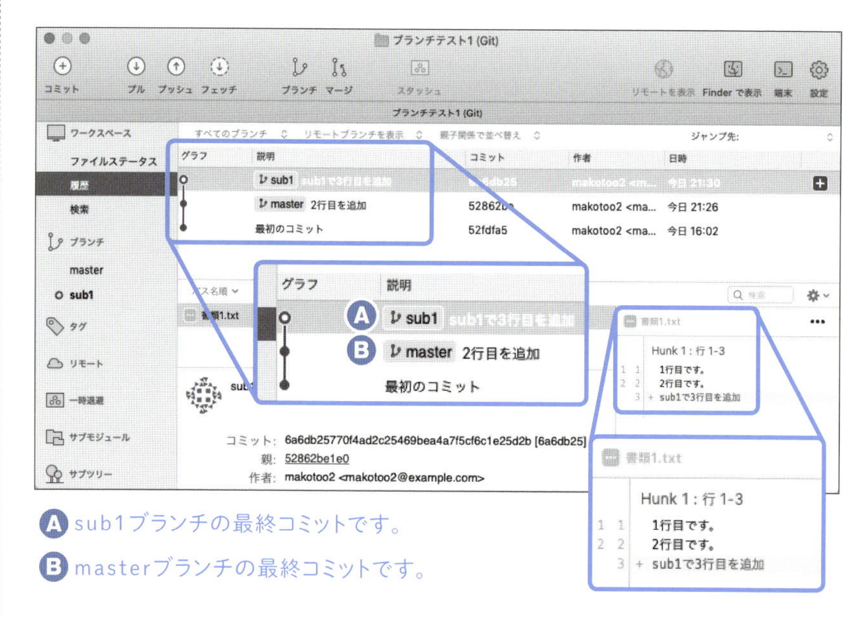


Ⓐ sub1ブランチの最終コミットです。

Ⓑ masterブランチの最終コミットです。

### ステップ5

サイドバーの「ブランチ」の「**master**」をクリックすると、masterブランチの最終コミットがハイライト表示されます。

これでmasterブランチの最終コミットの状態を確認できます。

右下の「**書類1.txt**」のリストを見ると、「ステップ2」のsub1ブランチでの変更前の状態であることがわかります。

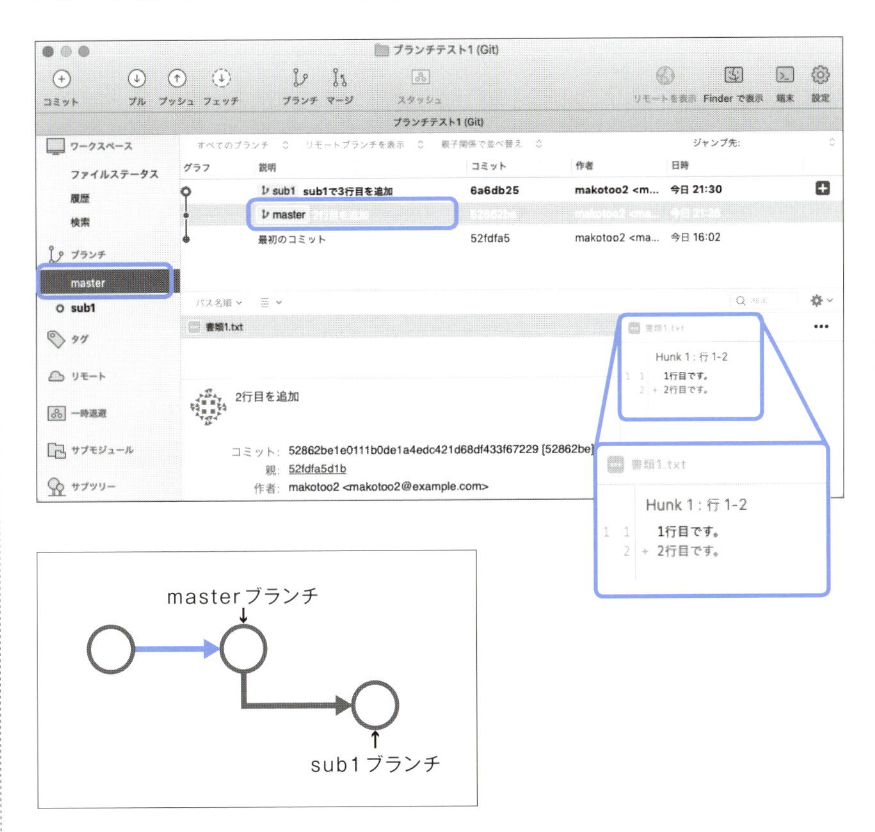


● NOTE　ここでの操作は、ブランチ名をダブルクリックではなくクリックする点に注意してください。ダブルクリックすると次に説明するチェックアウトになります。

## 3.1.5 チェックアウトでブランチを切り替える

作業対象のブランチを切り替えることを、「**チェックアウト**」(checkout)と呼びます。P.108「2.6.1 履歴を取り出す」で説明した、過去のコミット状態を呼び出すことをチェックアウトと呼びましたがそれと同じ用語です。つまり、チェックアウトにはブランチの切り替えと過去のコミット状態の呼び出しの2つの役割があるわけです。

デフォルトでは、ブランチを作成するダイアログボックス(P.201)で、「**新規ブランチをチェックアウト**」がチェックされているため、ブランチを作成した時点で作成したブランチが自動的にチェックアウトされます。つまり、サンプルでは現在**sub1**ブランチがチェックアウトされている状態です。

**sub1**ブランチから、**master**ブランチにチェックアウトしてみましょう。

### ステップ1

サイドバーの「**ブランチ**」の「**master**」を[control]キーを押しながらクリックし、表示されるメニューから[**masterをチェックアウト**]を選択します。

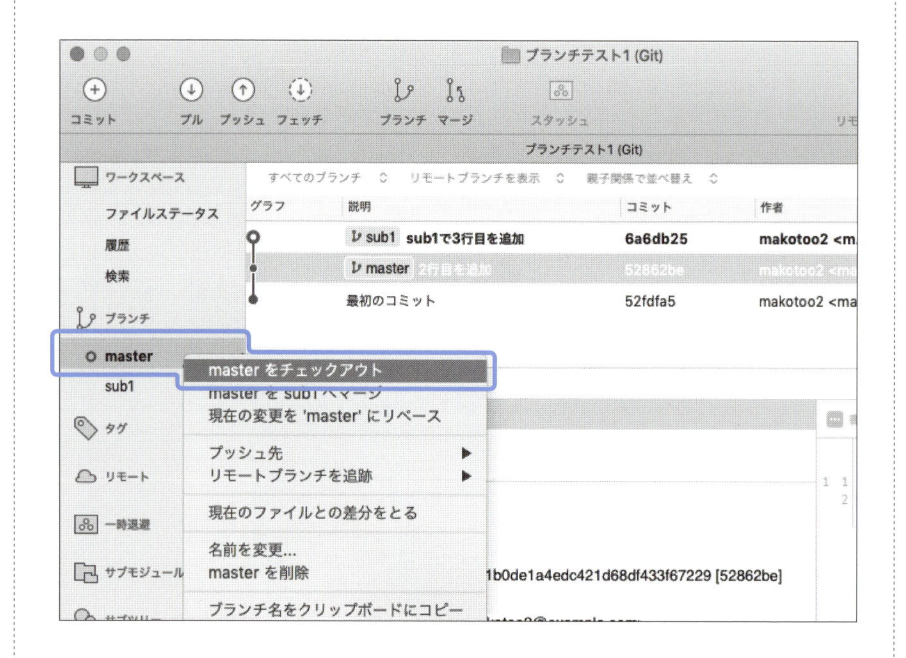

### ステップ2

masterブランチがチェックアウトされます。

「**ブランチ**」の「**master**」が太字になり、アイコン**○**が表示されます。

履歴表示では「**グラフ**」のmasterブランチの最終コミットにアイコン**○**が表示されます。

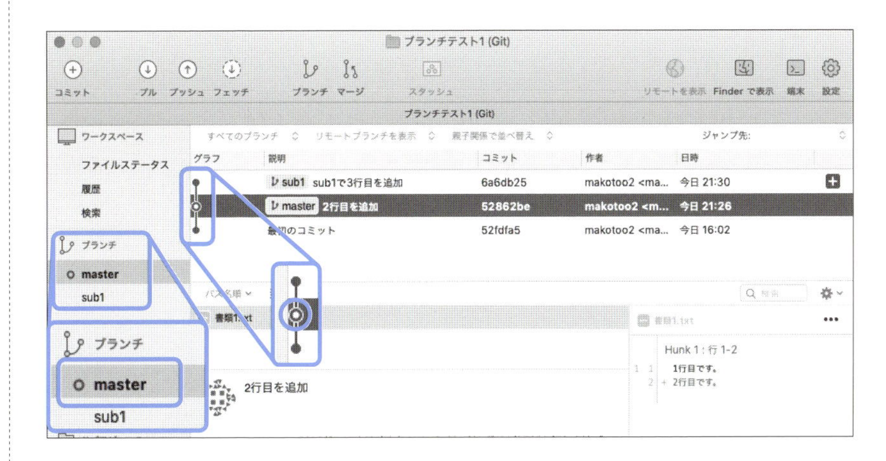

### ステップ3

サイドバーの「**ブランチ**」のブランチ名をダブルクリックすることでもチェックアウトできます。「**sub1**」をダブルクリックしてsub1ブランチをチェックアウトしてみましょう。

Ⓐ ダブルクリックしてsub1ブランチをチェックアウトします。

### ステップ4

次の節からは、ブランチのマージをいろいろ試すので、ここまでのリポジトリを圧縮してバックアップしておくとよいでしょう。Finder上でフォルダを[control]キーを押しながらクリックし、メニューから[**〜を圧縮**]を選択するとzip形式の圧縮ファイル「**ブランチテスト1.zip**」が作成されます。

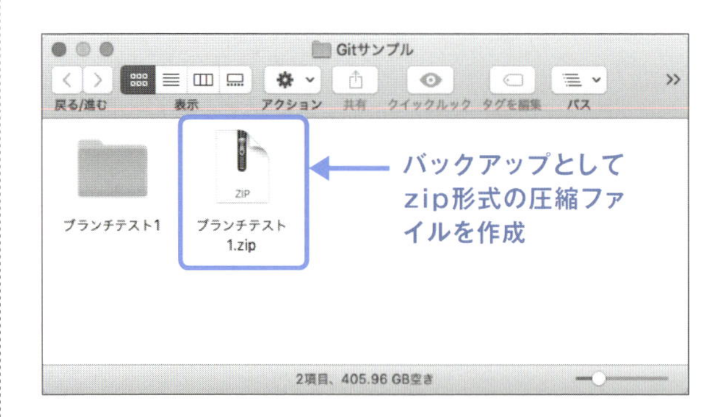


以上で、Sourcetreeで「**ブランチテスト1**」リポジトリを削除してから、圧縮ファイル「ブランチテスト1.zip」を展開してSourcetreeのリポジトリブラウザへドラッグ&ドロップで再登録すれば、この状態から作業を開始できます。

## 過去のコミットからブランチを作成する

最新のコミットではなく、過去の任意のコミットからブランチを作成することもできます。それには、新規のブランチを作成するダイアログボックス(P.201)の「**コミット**」で「**指定のコミット**」を選択します。

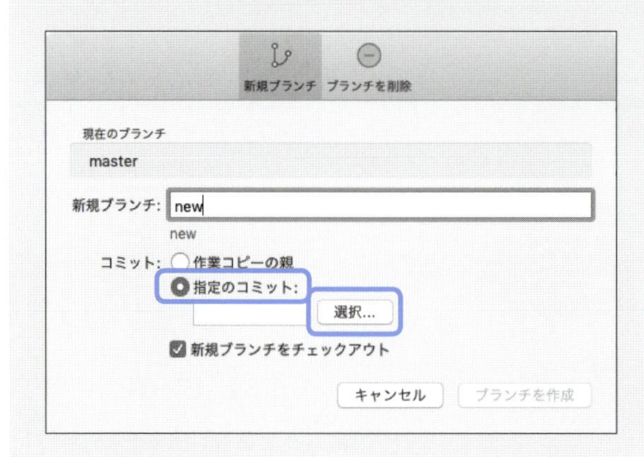

「**選択**」ボタンをクリックし、表示されるダイアログボックスで親となる「コミット」を選択して「OK」ボタンをクリックします。

# 3-2 ブランチをマージする

**ブランチの変更点を別のブランチに取り込むことをマージといいます。ブランチでの作業が完了したら、それを本流のブランチであるmasterブランチにマージしてみましょう。**

## 3.2.1 マージしてみよう

P.200「3.1.3 ブランチを作成する」では、**master**ブランチに加えて**sub1**ブランチを作成しました。ここでは、sub1ブランチでの変更作業が終わったものとして、これをmasterブランチに**マージ**してみましょう。現在の状態は次のようになっています。

■masterブランチとsub1ブランチ

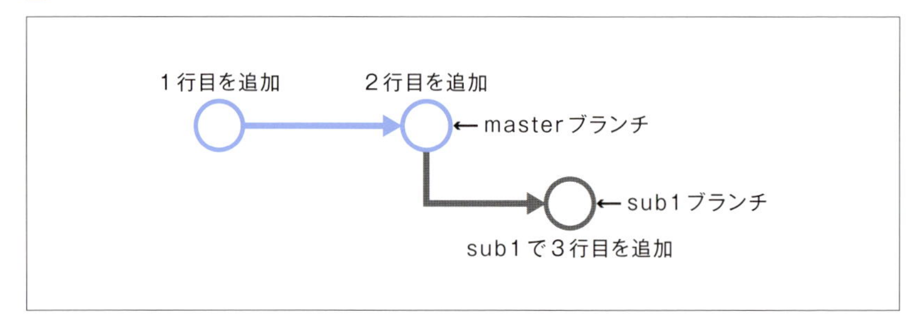


sub1ブランチをマージすると、masterブランチには、sub1ブランチで追加した3行目が取り込まれるはずです。実際に操作してみましょう。

### ステップ1

あらかじめmasterブランチにチェックアウトしておきます。

マージを行うには、前もってマージ先のブランチ（この例ではmasterブランチ）をチェックアウトしておきます。このとき、後ほど比較するためにsub1の最終コミットのコミットID（次図では「**6a6db25**」）を覚えておきましょう。

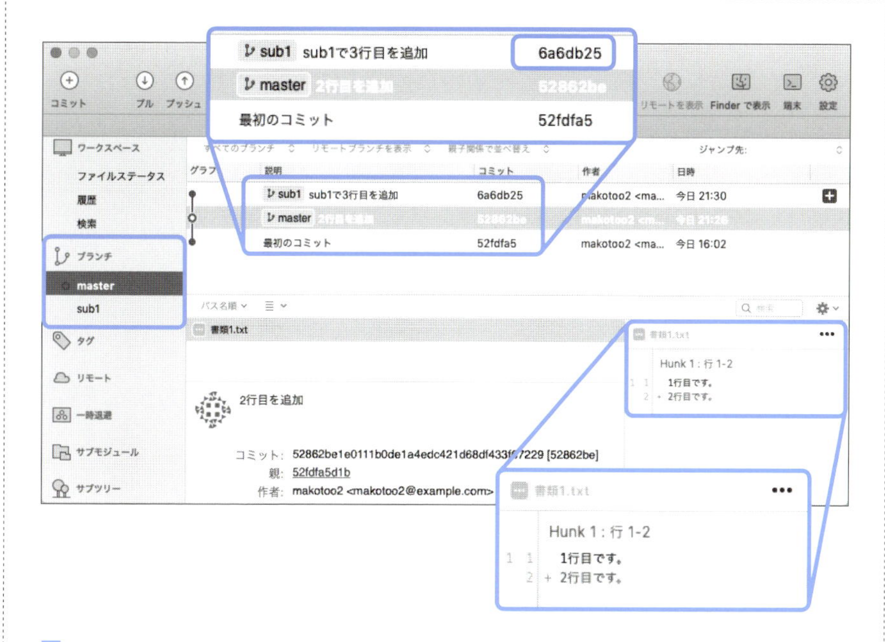


## ステップ2

ツールバーの「**マージ**」ボタンをクリックし、表示されるダイアログボックスでマージするコミットを選択します。

「**ログからマージ**」が選択されていることを確認し、「**現在のツリーにマージするコミットを選択して下さい**」のリストから、一番上のsub1ブランチでの修正が反映されたコミットを選択します。

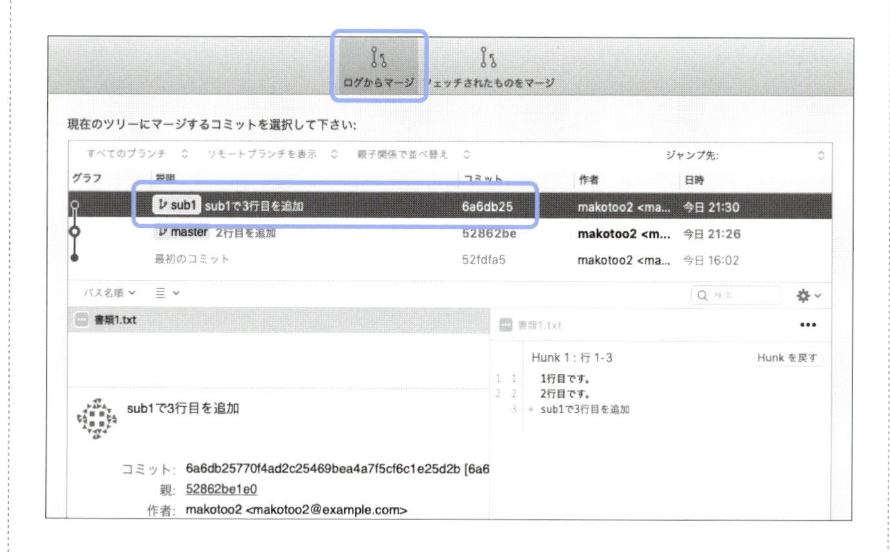

「**オプション**」は、「**マージコミットでマージされるコミットからメッセージを読み込む**」のみがチェックされた状態であることを確認してください。

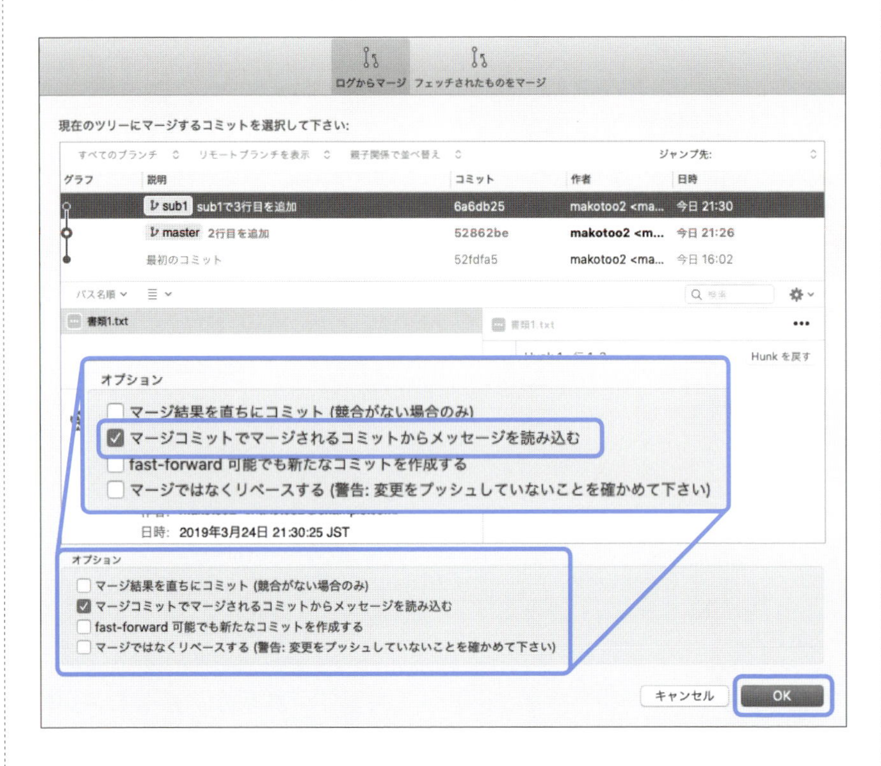


## ステップ3

「OK」ボタンをクリックします。

以上でsub1ブランチでの修正がmasterブランチに取り込まれます。

コミットの履歴表示をみると、「**master**」と「**sub1**」のどちらも最終コミットを指し示していることがわかります。sub1ブランチで最後に行ったコミットからコミットIDは変化していません。最終コミットのIDは「**6a6db25**」のままです。つまり、このマージでは新たなコミットは作成されていない点に注目してください。

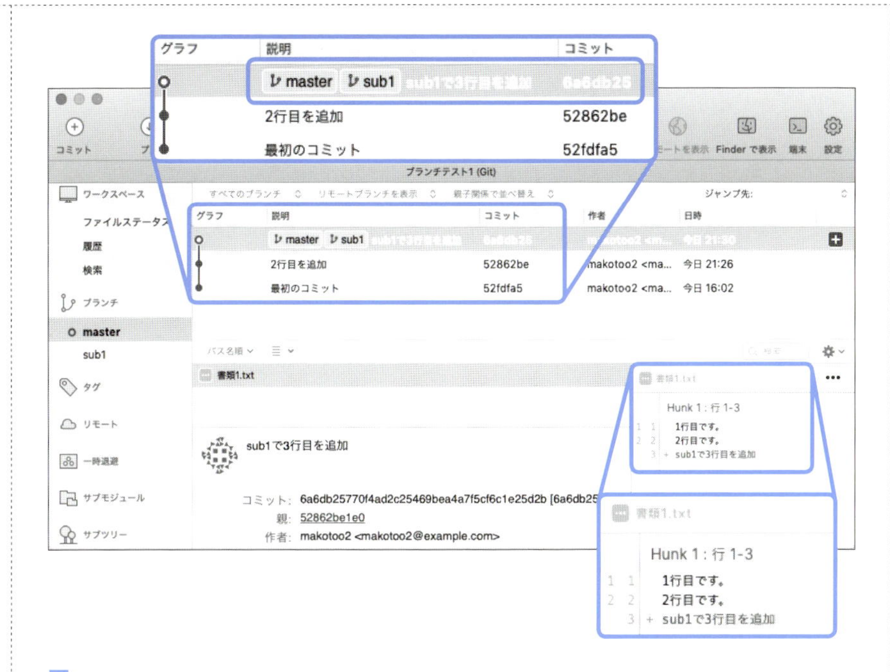


## ステップ4

念のため、エディタで「書類1.txt」を開いて、sub1ブランチで追加した3行目がmasterブランチでも追加されていることを確認してください。

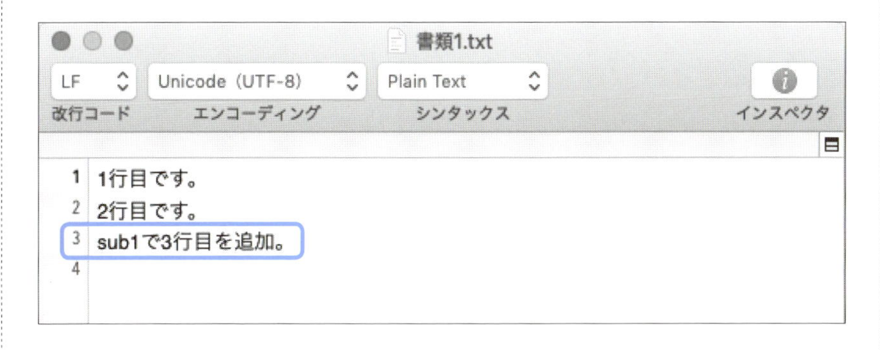


## fast-forwardマージ

ここまでのサンプルは、sub1ブランチを作成して「書類1.txt」を変更してコミットした後に、masterブランチに対してコミットを行っていません。この場合には、masterブランチの先頭をsub1ブランチの最終コミットに移動するだけで、sub1ブランチの修正を取り込むことができます。このようなマージを「**fast-forwardマージ**」と呼びます。「fast-forward」とはビデオなどの「早送り」の意味ですが、その名が示すように、masterブランチの先頭を、sub1ブランチの先頭に早送りするようなイメージです。

■fast-forwardマージ

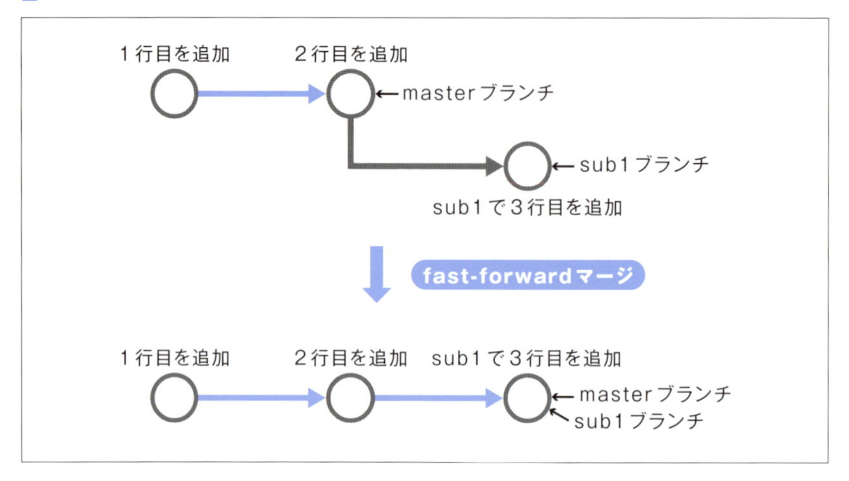


上図のようにfast-forwardマージでは、マージ後に新たなコミットは作成されずに、コミットが一直線上に並びます。

## 3.2.2 fast-forwardではないマージを試す

sub1ブランチを作成後にmasterブランチを修正している場合には、fast-forwardマージにはなりません。2つのブランチの変更を取り込んで、「**マージコミット**」と呼ばれる新たなコミットを作成する必要があります。

■sub1ブランチを作成後にmasterブランチを修正

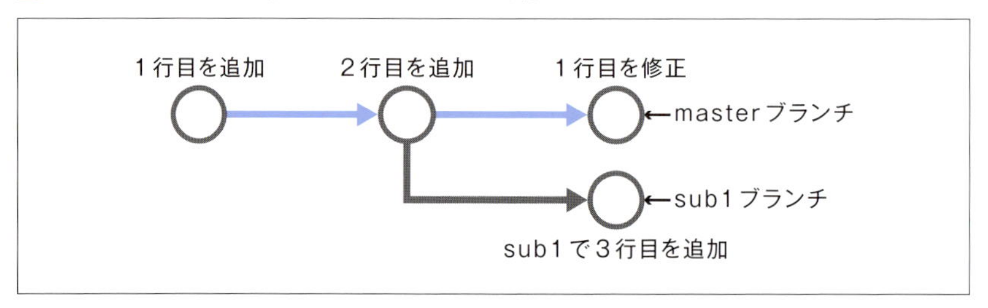


実際に試してみましょう。いったん「ブランチテスト1」リポジトリを削除して、前節の最後に作成した圧縮ファイル「ブランチテスト1.zip」（→P.208）を解

凍し、Sourcetreeのリポジトリブラウザにドラッグ&ドロップしてリポジトリを登録してから、作業を開始するとよいでしょう。

## ステップ1

masterブランチをチェックアウトし、「書類1.txt」の1行目を修正します。

## ステップ2

履歴表示を確認すると、masterブランチとsub1ブランチが枝分かれし、masterブランチの先頭に「Uncommitted changes」が表示されています。

右下のリストで、作業ツリーの「書類1.txt」の1行目が修正された状態であることを確認してください。

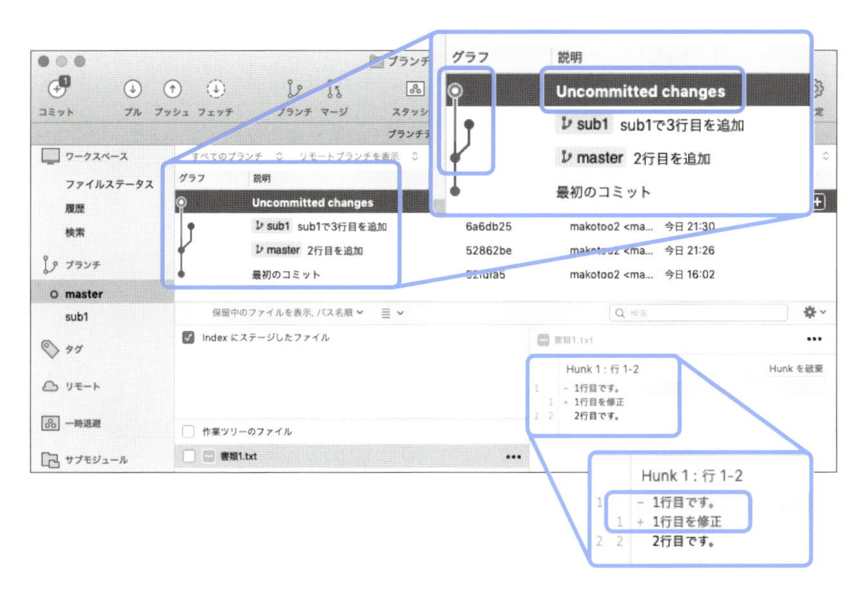

## ステップ3

コミットを行います。

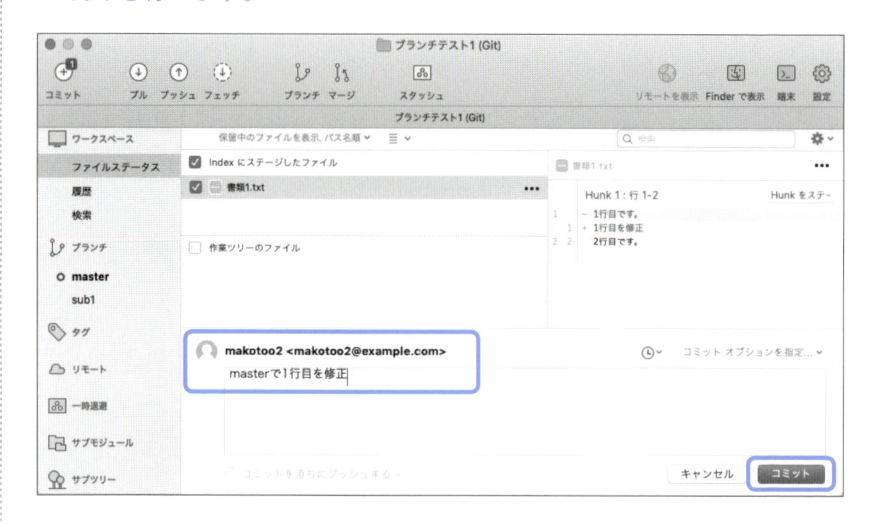


## ステップ4

履歴表示でmasterでのコミットが反映されていることを確認してください。

この状態では、sub1ブランチの最終コミットの後にmasterブランチでのコミットが行われています。履歴表示の「**グラフ**」を見るとブランチが枝分かれしていることが確認できます。

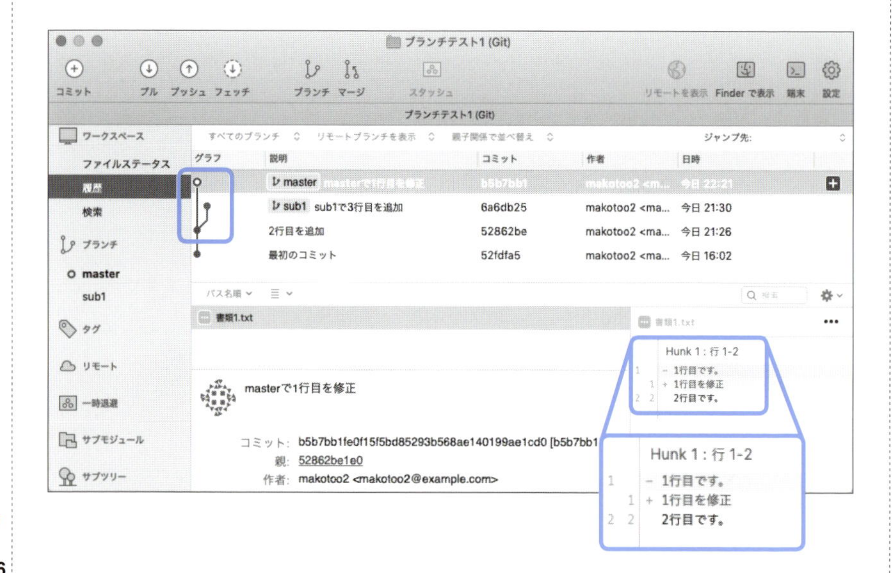

## ステップ5

「マージ」ボタンをクリックし、表示されるダイアログボックスでsub1ブランチの最後のコミットを選択します。

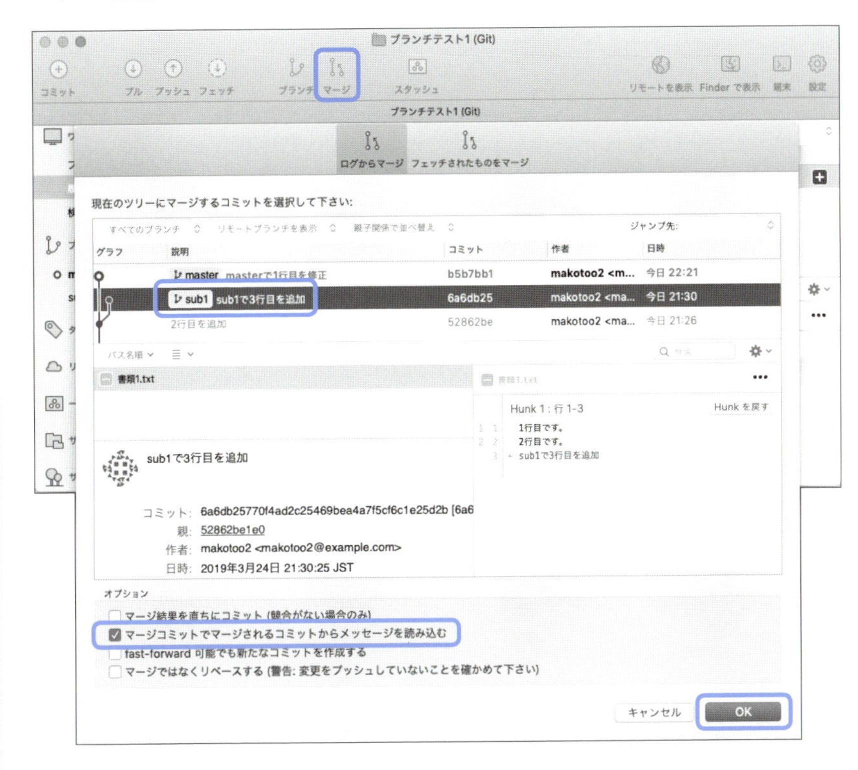


## ステップ6

「OK」ボタンをクリックすると、sub1ブランチでの変更が反映された「Uncommitted changes」が作成されます。

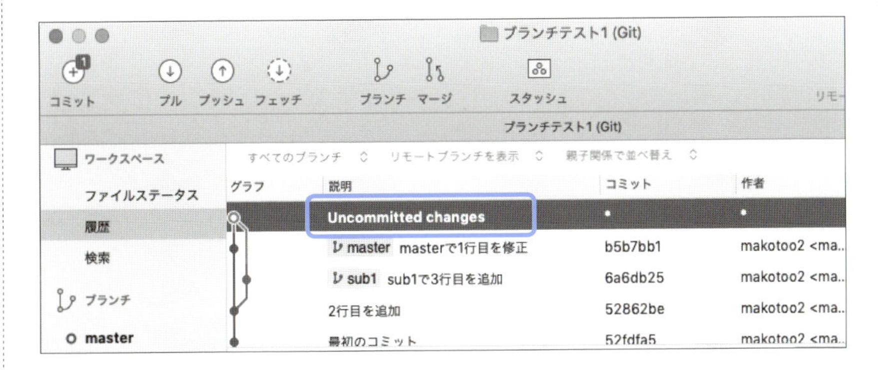

右下のリストで「**書類1.txt**」を確認すると、確かに3行目に「**+ sub1で3行目を追加**」となっていることがわかります。

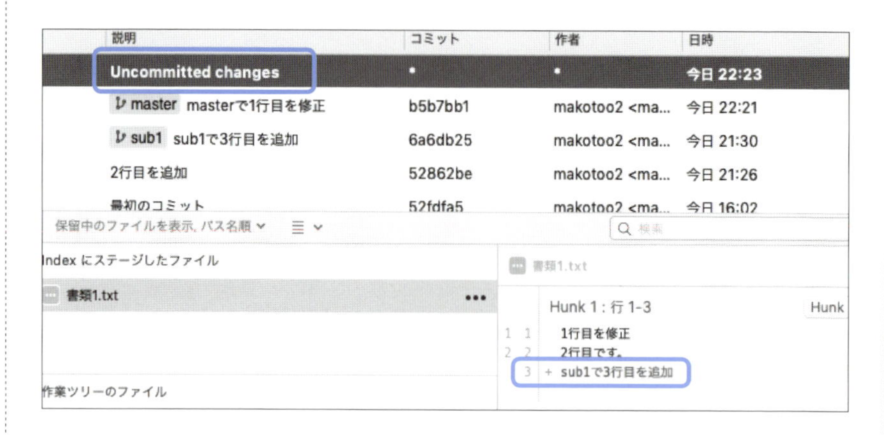


## ステップ7

コミットを行います。

コミットメッセージには自動的に「**Merge branch 'sub1' ～**」が入力されています。必要に応じて修正してもかまいません。

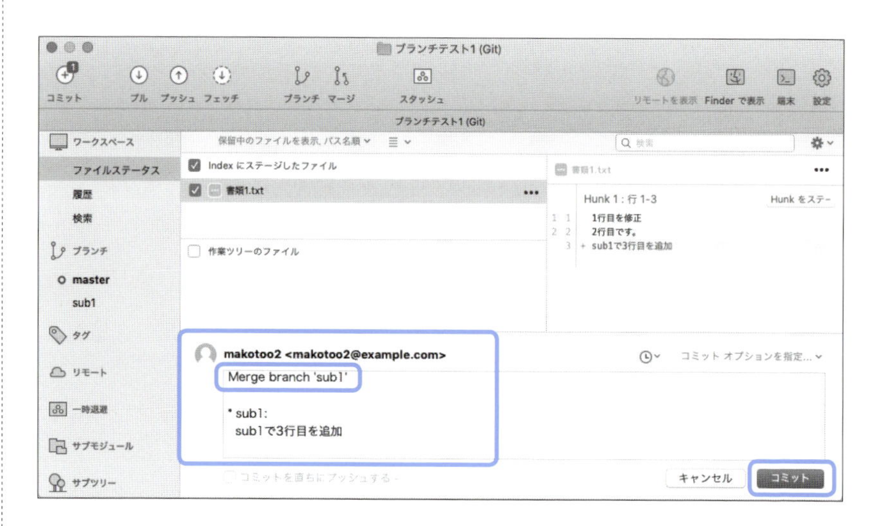

### ステップ8

以上で、sub1ブランチの修正がmasterブランチに統合されます。

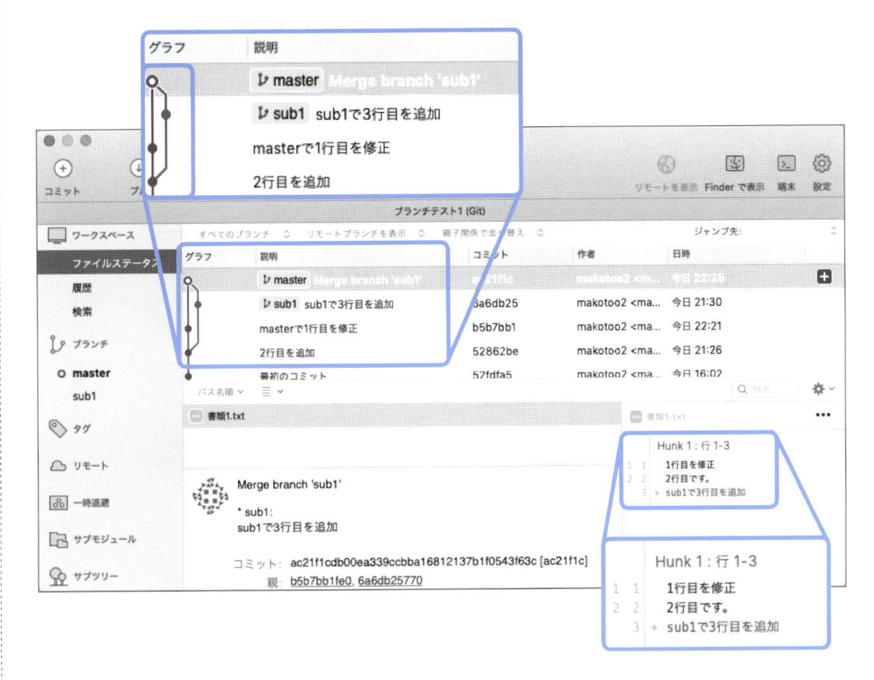


### ステップ9

エディタで「書類1.txt」を開いて、sub1ブランチでの3行目の追加と、masterブランチでの1行目の修正が反映されていることを確認してください。

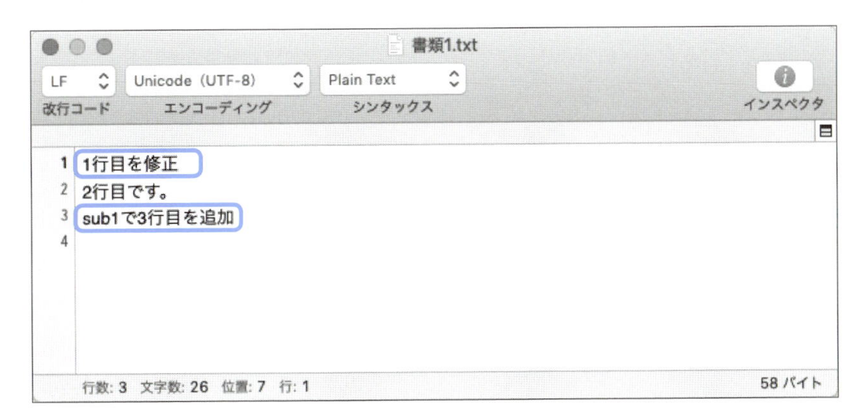


● ● ● ● ● ●

### マージコミットが作成される

ここまでの例からわかるように、fast-forwardでないマージの場合には、コミット履歴が枝分かれし、その結合点に新たに**マージコミット**が作成されます。

■マージコミット

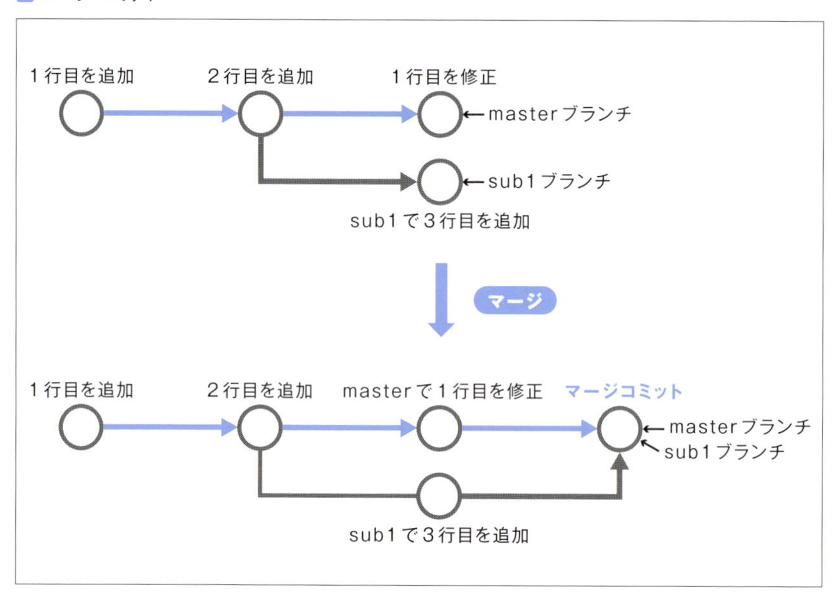


## 3.2.3 不要なブランチを削除する

ここまでの作業で、sub1ブランチの修正をmasterブランチに取り込んだため、これ以降sub1ブランチは不要です。不要になったブランチは削除しておくとよいでしょう。ブランチが削除されても、コミットは残るので修正履歴は確認できます。

次に**sub1**ブランチを削除する例を示します。

## ステップ1

master ブランチをチェックアウトし、ツールバーの「**ブランチ**」ボタンをクリックします。

現在チェックアウトしているブランチを削除することはできないので注意してください。

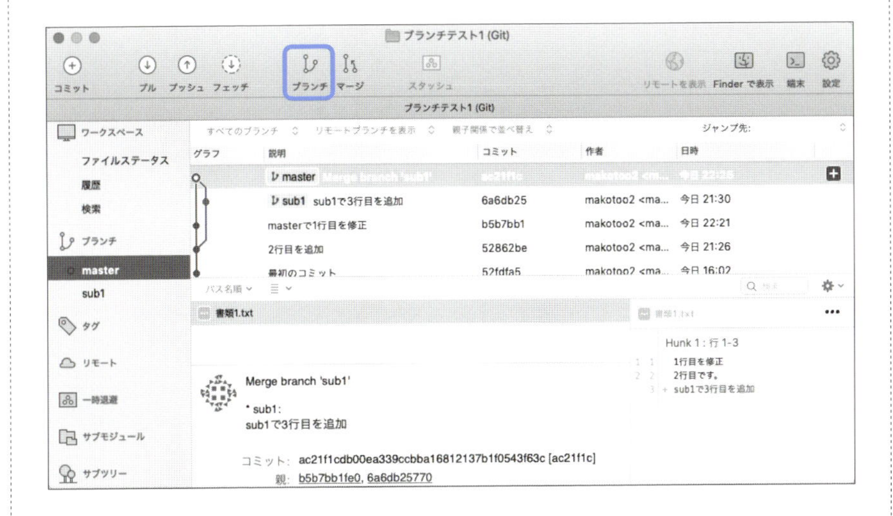


## ステップ2

表示されるダイアログボックスで「**ブランチを削除**」を選択します。「**削除するブランチを選択**」で削除したいブランチにチェックを付けます。

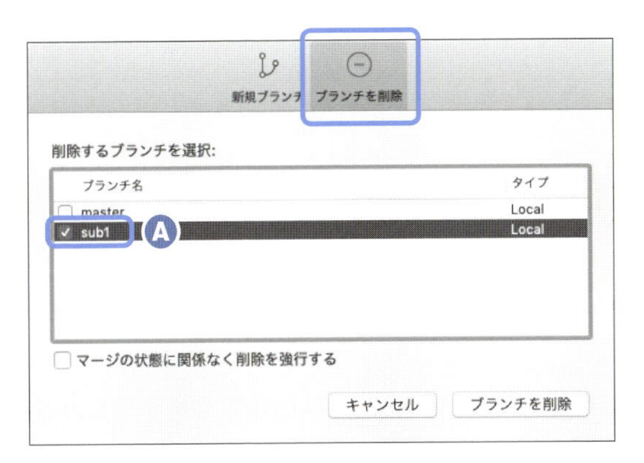


**A**「sub1」をチェックします。

### ステップ3

「**ブランチを削除**」ボタンをクリックします。確認のダイアログボックスが表示されるので、「OK」ボタンをクリックします。

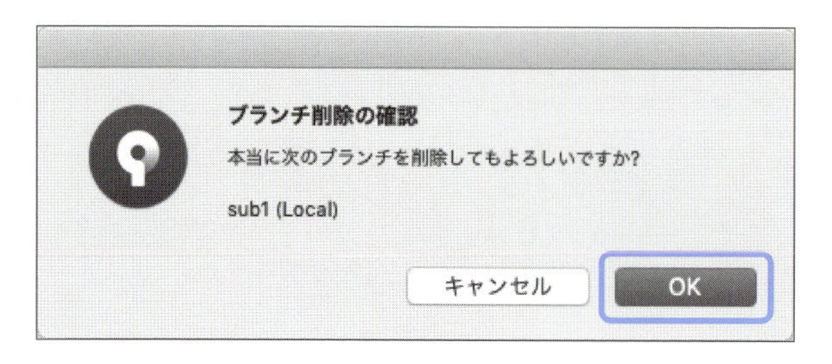


### ステップ4

ブランチが削除されます。

以上でブランチが削除されました。履歴表示のグラフは枝分かれしたままで、コミット自体は残っていることがわかると思います。

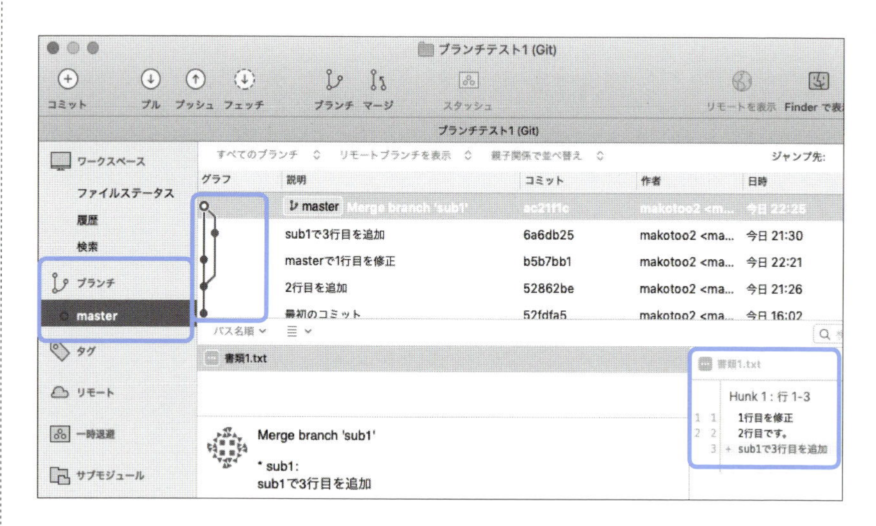

## fast-forwardマージでマージコミットを作成するには？

fast-forwardマージの場合も、マージコミットを作成することも可能です。そうすることで、マージしたことが明確になるため、常にコミットを残すように習慣づけているユーザもいます。

それには、「マージ」ボタンをクリックすると表示されるダイアログボックスで**「fast-forward可能でも新たにコミットを作成する」**をチェックします。

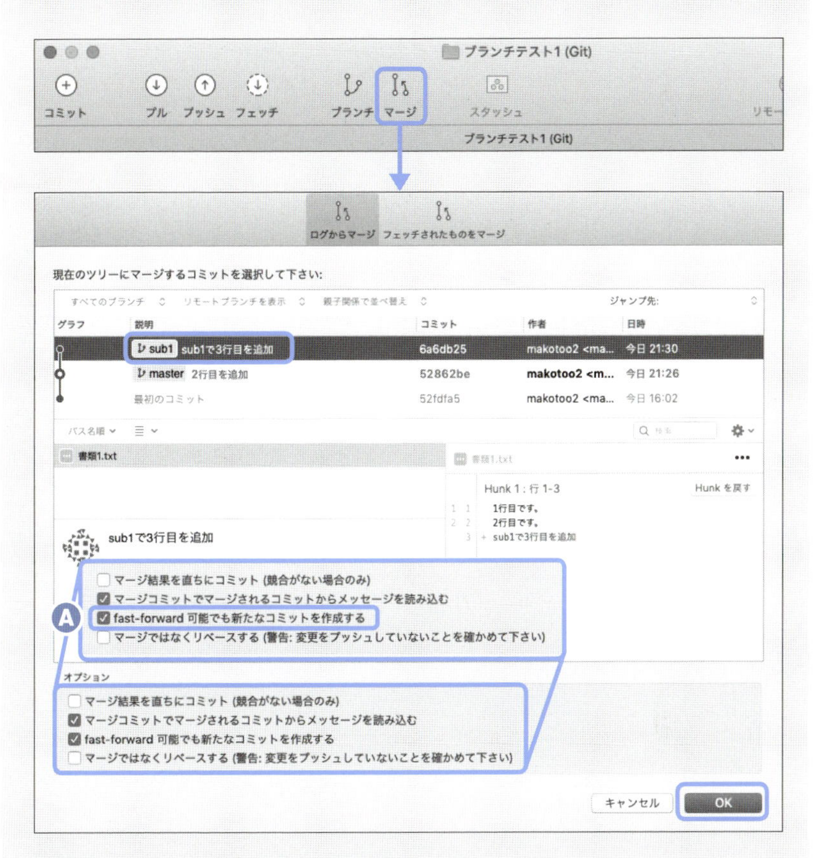


**A** 「fast-forward可能でも新たにコミットを作成する」をチェックします。

これで「OK」ボタンをクリックすると「**Uncommitted changes**」が作成されるので、コミットを行います。

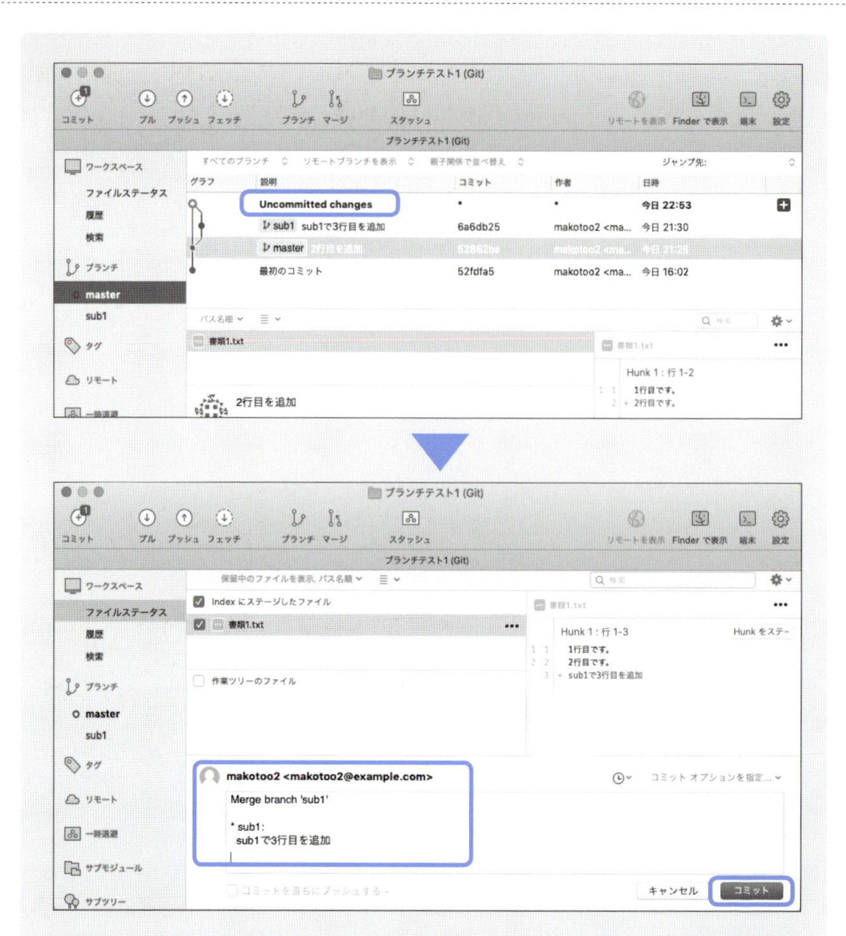


以上で、fast-forwardマージの場合でもマージコミットが作成されます。

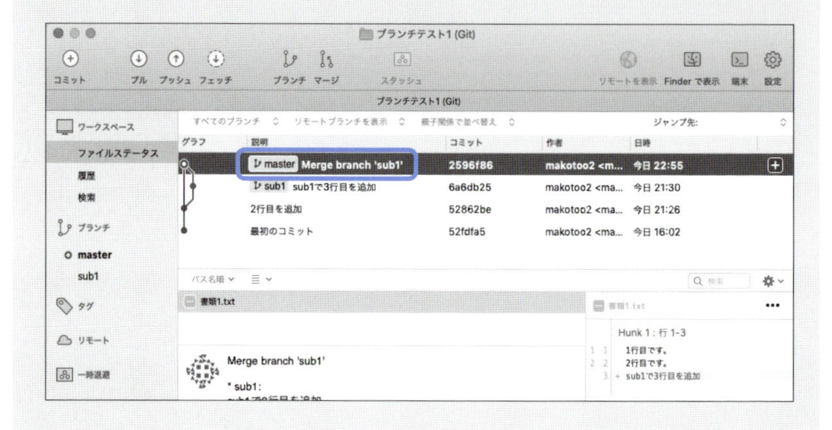

# 3-3 コンフリクトに対処する

**マージを行う上で、避けて通れないのが、ブランチごとに修正点が被ってしまうコンフリクト（競合）です。この節ではその解決方法について説明しましょう。**

## 3.3.1 コンフリクトが起こるのはどんなとき?

P.104「2.5.3 変化は行単位で表示する」で説明したように、Gitは行単位で修正情報を管理しています。そのため、別のブランチで同じファイルの異なる行を修正した場合には、Gitがうまくマージしてくれます。

P.210「3-2 ブランチをマージする」の例では、**sub1**ブランチで3行目を追加し**master**ブランチで1行目を修正しています。異なる行を修正しているため、マージしても**コンフリクト**は起こりません。

■別のブランチで異なる行を修正してもコンフリクトは起きない

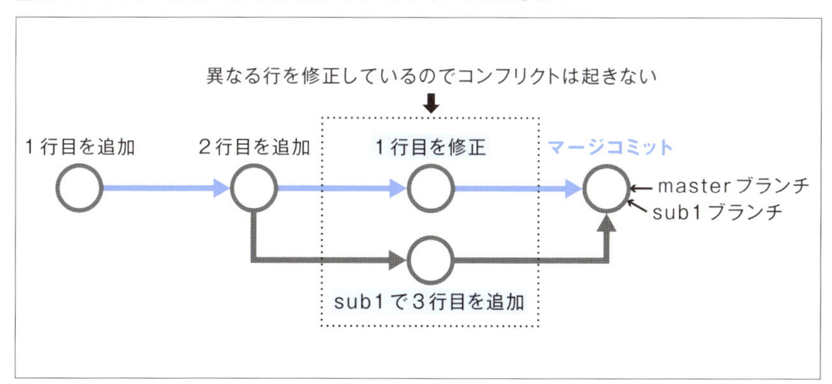


マージ時にコンフリクトが発生するのは、2つのブランチで同じファイルの同じ行を変更してしまった場合です。たとえばsub1ブランチで新たに1行目を修正した場合には、masterブランチとsub1ブランチで同じ行を修正してしまうためコンフリクトが発生します。

■別のブランチで同じ行を修正するとコンフリクトが起きる

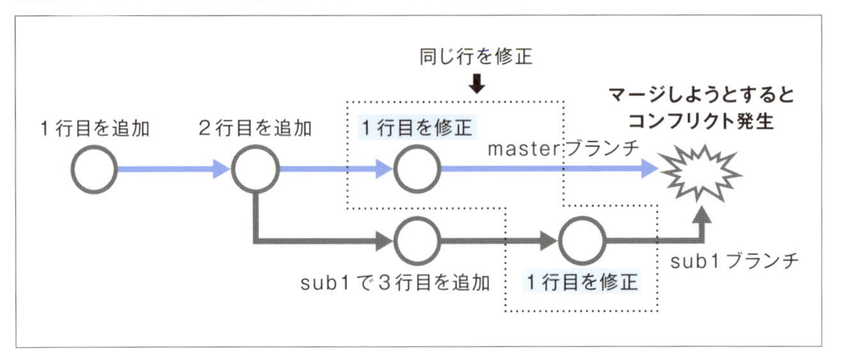


マージ時にコンフリクトが発生した場合、Sourcetree(Git)がメッセージを表示するので、ユーザがどちらの修正を採用するかを判断する必要があります。チームで同じリポジトリを使用して作業する場合にはそのリーダーがどのようにコンフリクトを解決するかを決定するといったケースもあるでしょう。

## 3.3.2 コンフリクトを発生させてみよう

「**ブランチテスト1**」リポジトリ(「3-1 ブランチの基本操作」の最後の状態→P.208)に戻してから作業を始めましょう。Sourcetreeで「**ブランチテスト1**」リポジトリを削除してから、圧縮ファイル「**ブランチテスト1.zip**」を展開してリポジトリブラウザへドラッグ&ドロップで再登録します。

現在の状態は次のようになっています。

■現在の状態

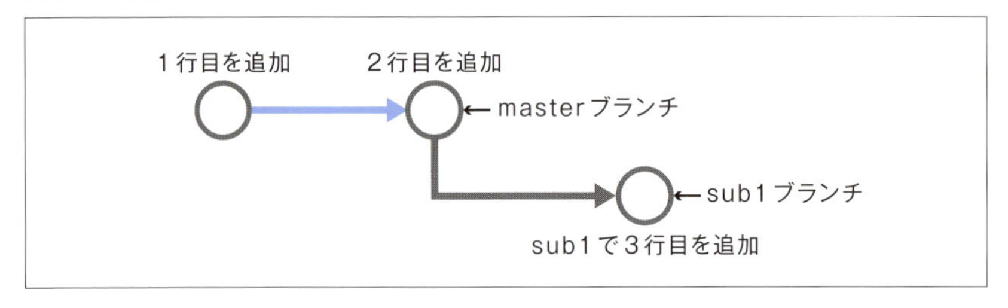

## ステップ1

masterブランチをチェックアウトして、エディタで「**書類1.txt**」の1行目を「**masterで1行目を修正**」のように変更してコミットします。

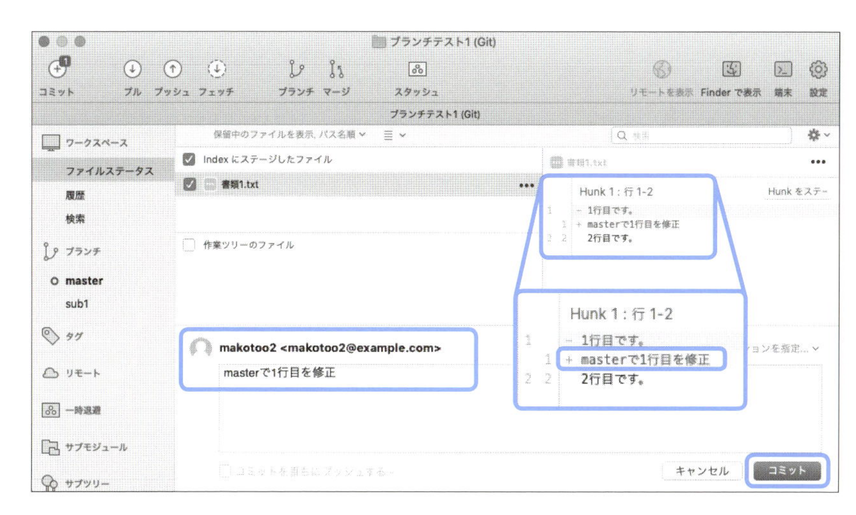


## ステップ2

sub1ブランチをチェックアウトして、「書類1.txt」を編集し1行目を「**subで1行目を修正**」のように編集してコミットします。

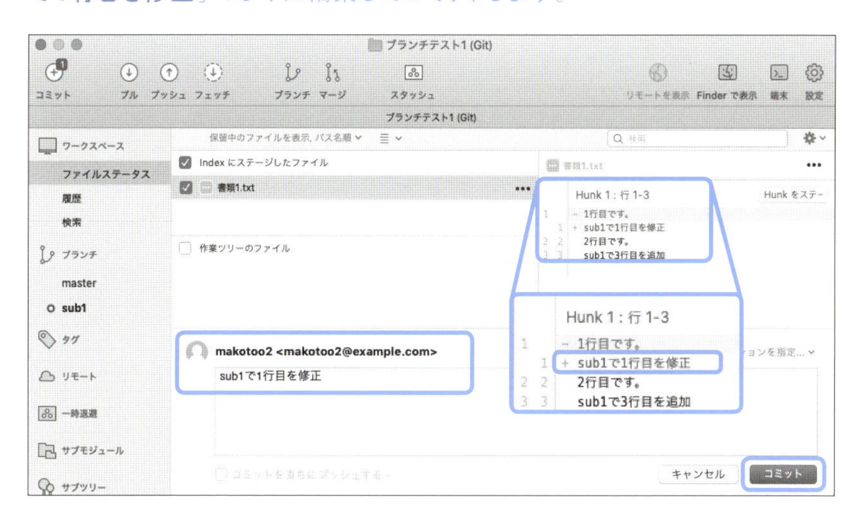

### ステップ3

履歴表示でコミット履歴を確認します。

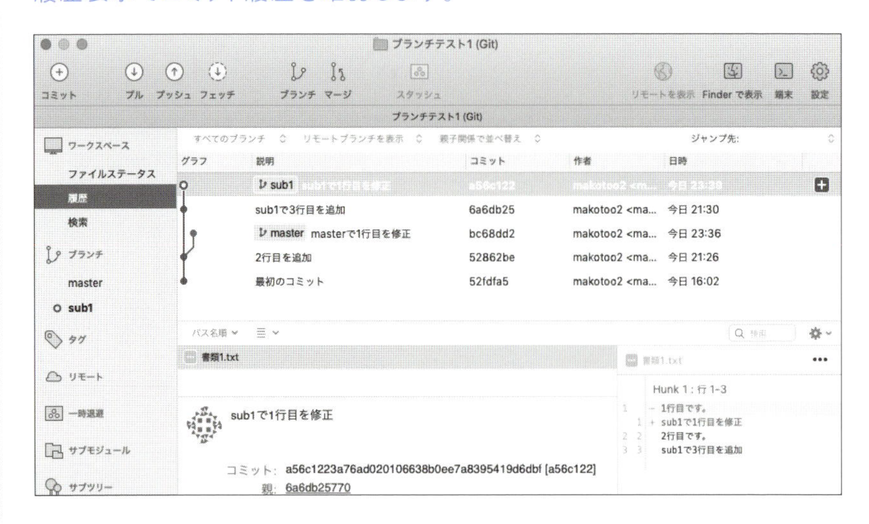


この状態では、masterブランチとsub1ブランチどちらも「書類1.txt」の1行目を修正していますので、マージするとコンフリクトが発生します。それに対して、sub1ブランチで追加した3行目は、masterブランチでは編集していないのでコンフリクトは起こりません。

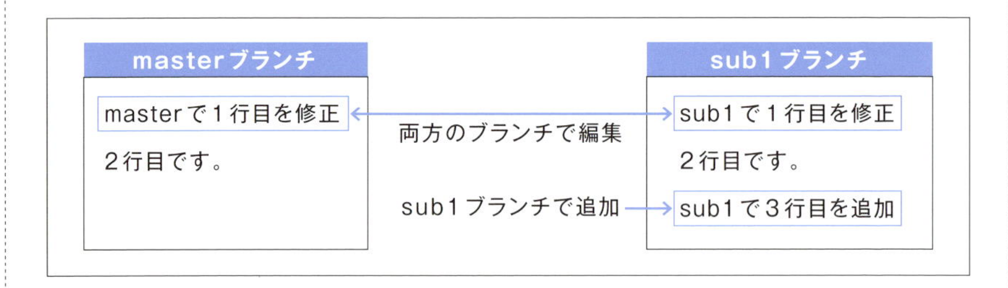


### ステップ4

なお、コンフリクトの解決方法をいくつか試すために、この状態を圧縮してバックアップしておくとよいでしょう。

圧縮ファイルがある状態で、圧縮を行うと、自動的に「**～2.zip**」という名前の圧縮ファイル（次の例では「**ブランチテスト1 2.zip**」）が作成されます。

Ⓐ 新しい圧縮ファイルです。

Ⓑ 古い圧縮ファイルです。

### マージしてコンフリクトを発生させる

　それでは、この状態でsub1ブランチをmasterブランチにマージしてみましょう。コンフリクトが発生するはずです。

#### ステップ1

masterブランチをチェックアウトした状態でツールバーの「**マージ**」ボタンをクリックします。

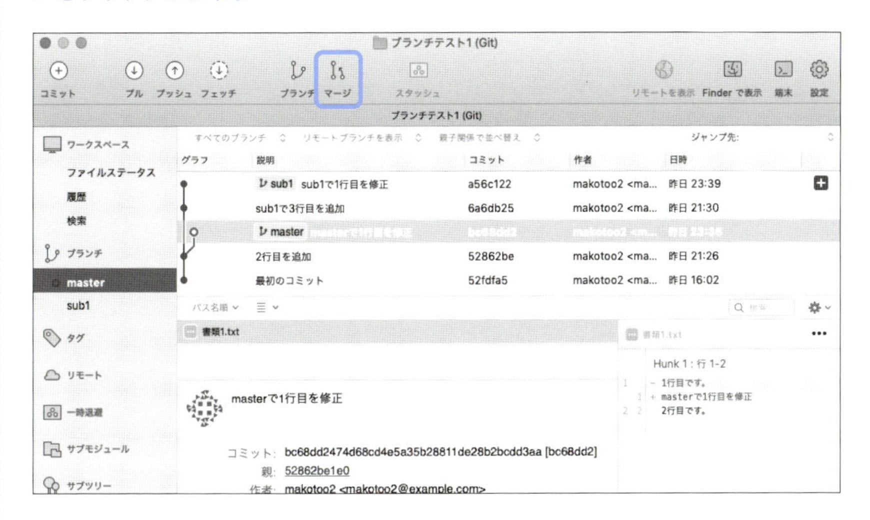

## ステップ2

マージするコミットを選択するダイアログボックスで、sub1ブランチの最新コミットを選択し、「OK」ボタンをクリックします。

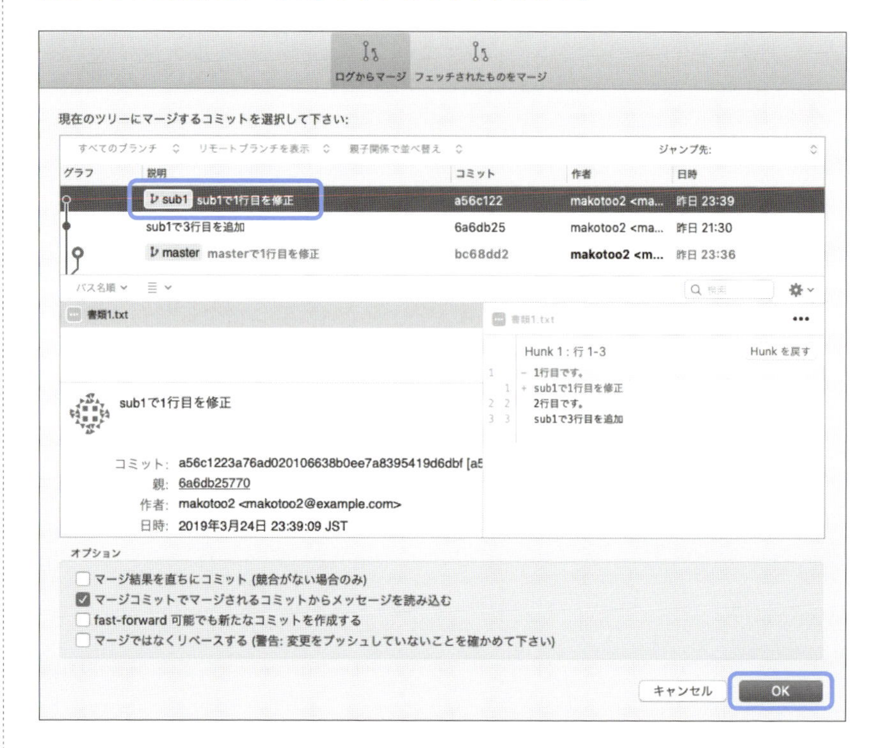


## ステップ3

「マージで競合」ダイアログボックスに警告が表示されるので「OK」ボタンをクリックします。

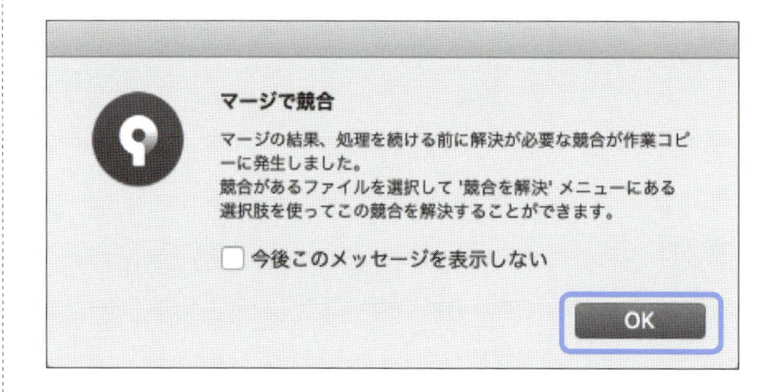

● NOTE　「今後このメッセージを表示しない」をチェックしておくと、今後コンフリクトが発生してもダイアログボックスが表示されなくなります。

## ステップ4

作業ツリーの「**書類1.txt**」にメッセージが追加され、履歴表示の「説明」に「**Uncommitted changes**」が表示されます。

「**indexにステージしたファイル**」と「**作業ツリーのファイル**」のファイル名「書類1.txt」にはアイコン⚠が表示されていますが、これはファイルがコンフリクトした状態であることを表しています。

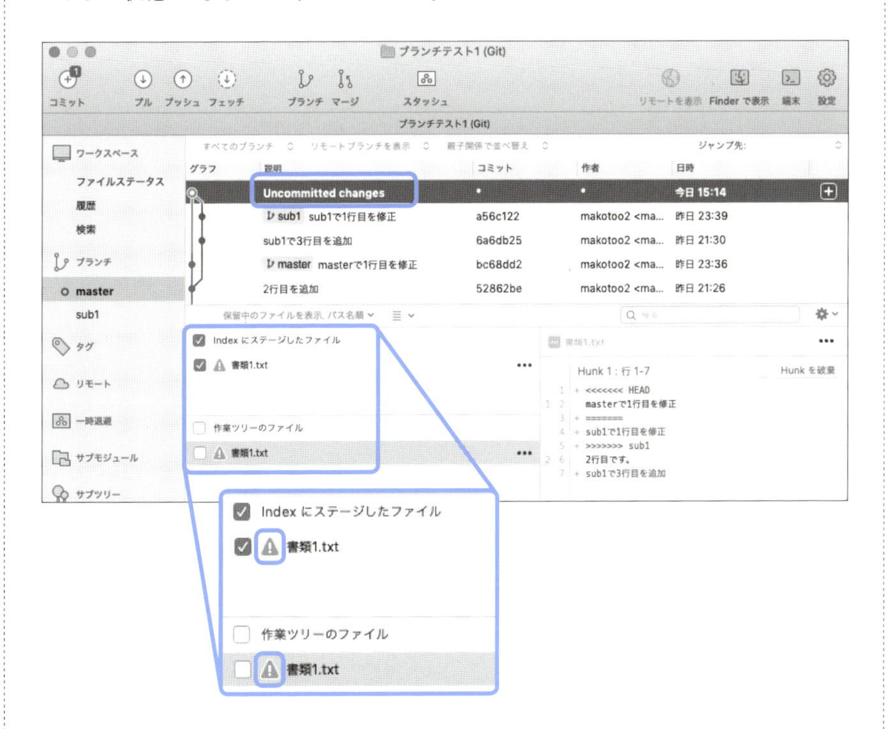

### ステップ5

エディタでコンフリクトしたファイル「**書類1.txt**」を開いて確認します。

コンフリクトが発生したファイルにはSourcetree（Git）がメッセージを挿入し、どの行がコンフリクトしているかをわかるようにしてくれます。

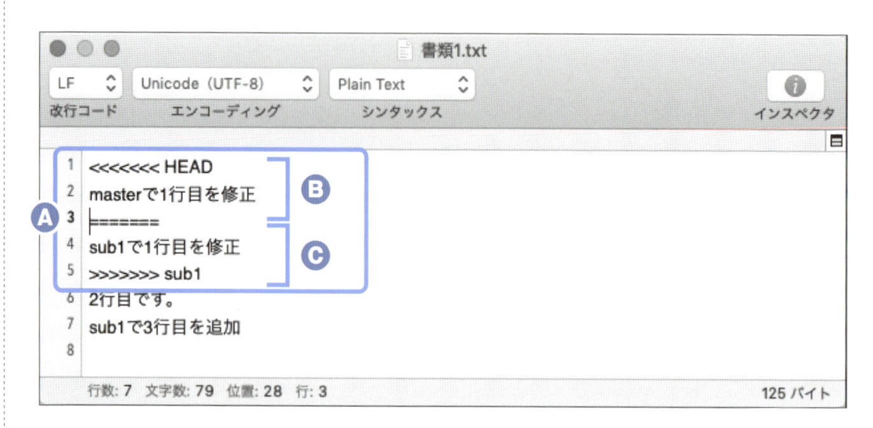


**A** 「**<<<<<<< HEAD**」から「**>>>>>>> sub1**」までがSouretree（Git）が挿入した目印です。

**B** 「**<<<<<<< HEAD**」から「**=======**」の間がmasterブランチの修正内容です。

**C** 「**=======**」から「**>>>>>>> sub1**」の間がsub1ブランチの修正内容です。

これを実際にどのように修正するかは人間が判断する必要があります。

## コンフリクトを解決する

続いて、コンフリクトが発生した場合に、Gitがファイルに挿入したメッセージを頼りに自分でファイルを修正する方法について説明しましょう。

### ステップ1

エディタで「**書類1.txt**」を開きコンフリクトが発生した部分を修正します。

ここでは、1行目を「**masterとsub1で1行目を修正**」に修正してみましょう。

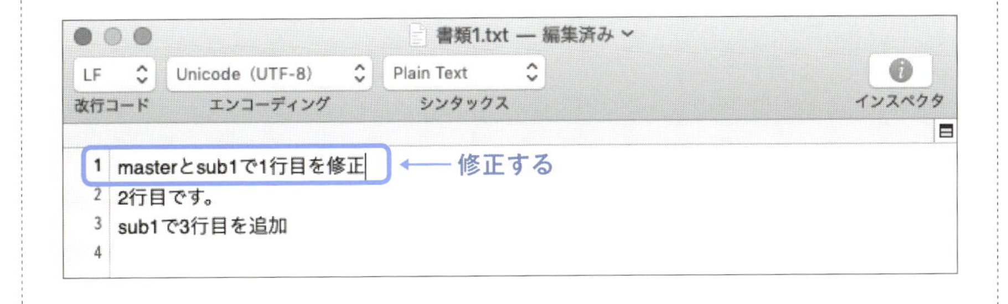


## ステップ2

Sourcetreeに戻り、「作業ツリーのファイル」の「書類1.txt」をチェックします。

Ⓐ クリックしてチェックします。

## ステップ3

「書類1.txt」がステージに登録されます。

書類1.txtのアイコンが⚠から…に変化し、コンフリクトが解決された状態であることを示します。

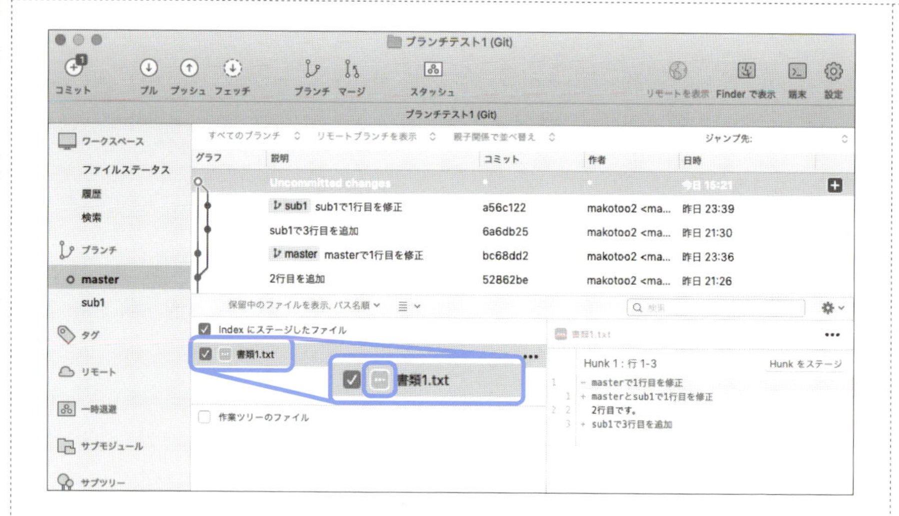


## ステップ4

ツールバーの「コミット」ボタンをクリックします。

　コミットメッセージは自動で「**Merge branch 'sub1' 〜**」と入力されます。必要に応じて修正してもかまいません。

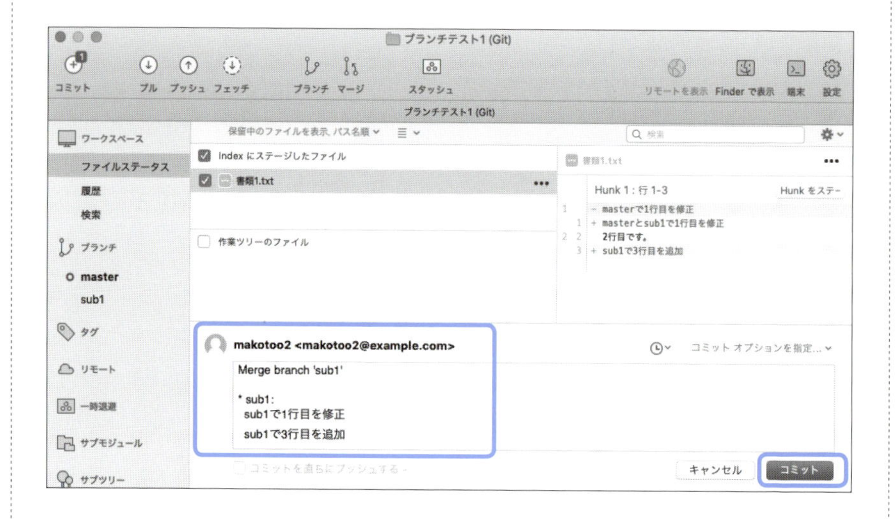


## ステップ5

「コミット」ボタンをクリックしてコミットを完了します。

## 3.3.3 P4Mergeを使用したコンフリクトの解決

コンフリクトが発生した場合に、**外部マージツール**を使用してビジュアルに修正することもできます。ここでは**P4Merge**（P.152「2.9.3 別のアプリを使って差分を調べる」参照）を使う方法を簡単に紹介しましょう。

### ステップ1

[Sourcetree]メニューから[**環境設定...**]を選択します。「**Diff**」パネルの「**外部Diff/Merge**」→「**マージツール**」で「**P4Merge**」を選択します。

これで外部マージツールが「P4Merge」に設定されます。

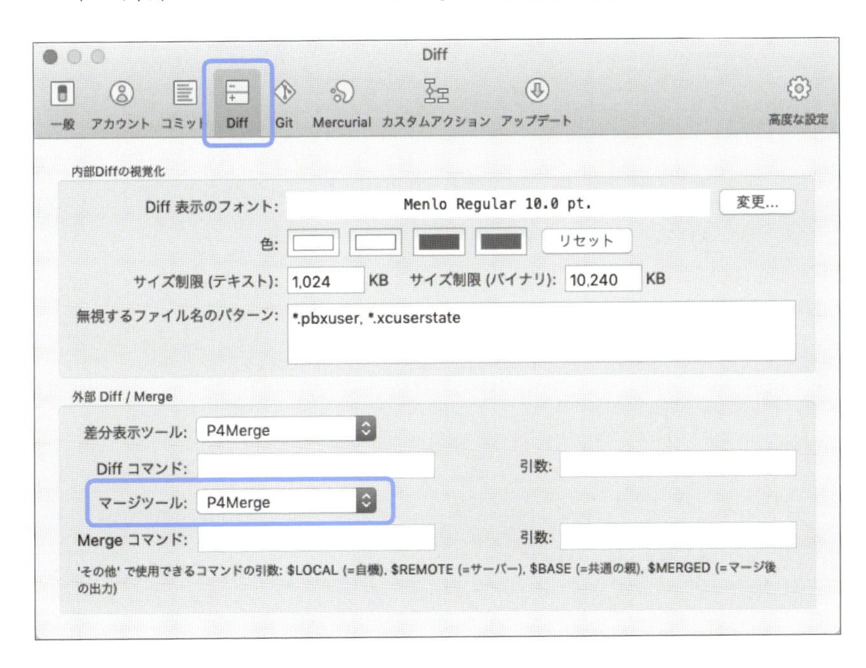

### ステップ2

コンフリクトが発生したら、「Uncommitted changes」を選択して、[**操作**]メニューから[**競合を解決**]→[**外部マージツールを起動**]を選択します。

これで、P4Mergeが起動します。

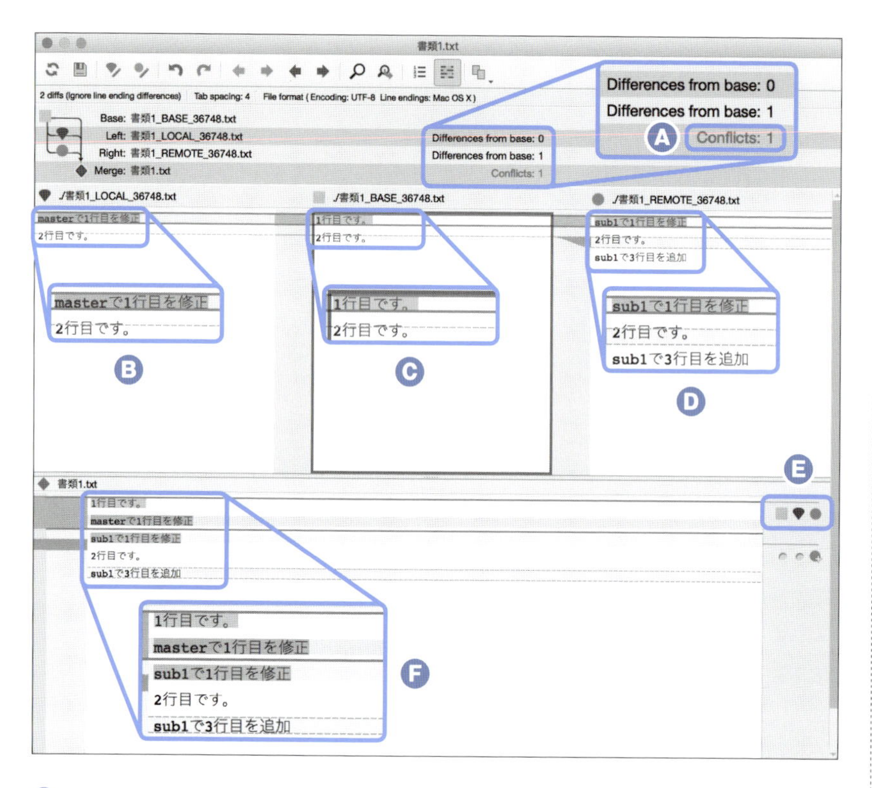


**A** コンフリクトの数です。

**B** masterブランチの内容です。

**C** 分岐する前の内容です。

**D** sub1ブランチの内容です。

**E** どの内容を有効にするかを選択します。

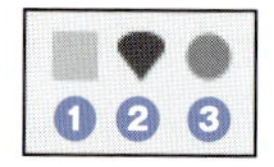


❶元の内容
❷masterブランチの内容
❸sub1ブランチの内容
※ shiftキーを押しながらクリックすることで複数選択できる

**F** エディタ領域です。

### ステップ3

コンフリクトを解決します。

前ページⒻのエディタ領域で直接内容を編集することも、Ⓔのボタンで内容を選択することも可能です。たとえば、Ⓔの右側のボタン❸をクリックするとsub1ブランチでの変更点が取り入れられます。

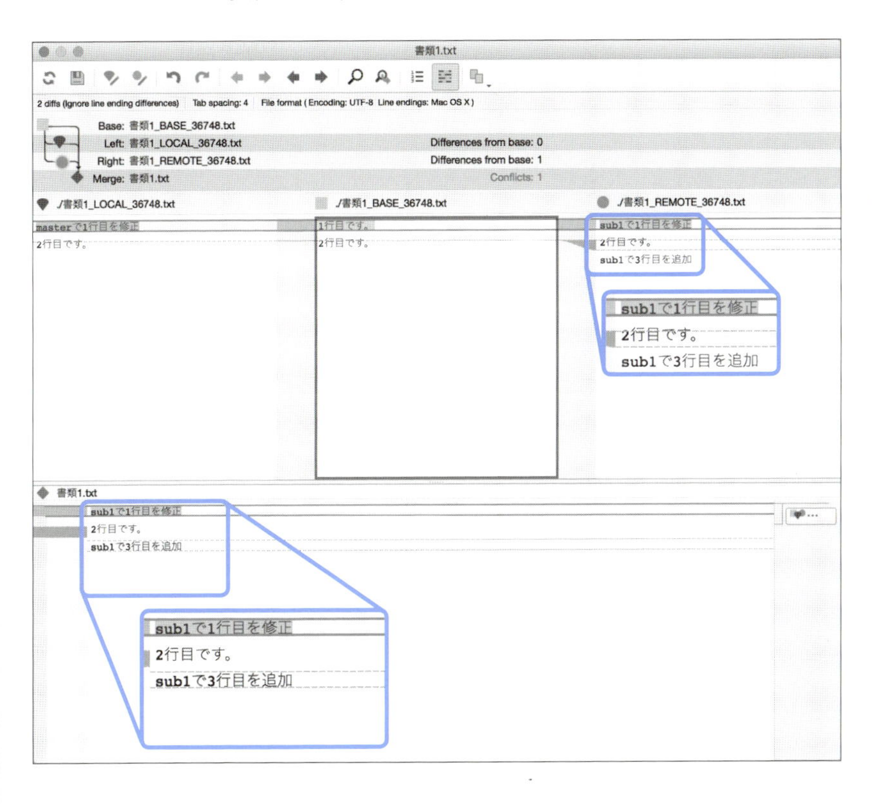


### ステップ4

P4Merge上部の「Save」ボタンをクリックすると変更が保存されます。続いてP4mergeを終了します。

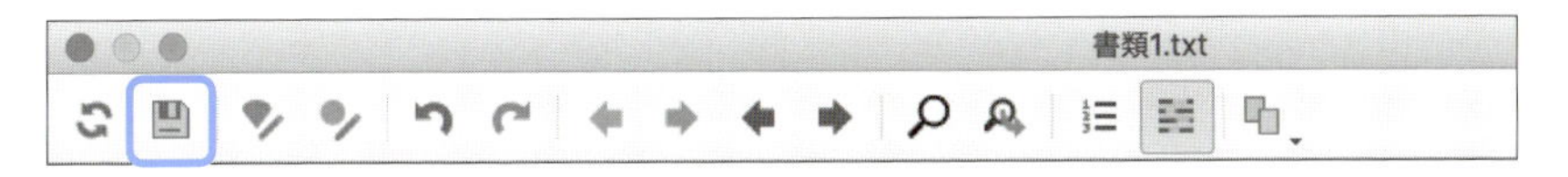

## ステップ5

Sourcetreeに戻ると、P4Mergeの修正が反映された「**書類1.txt**」がステージに登録されます。

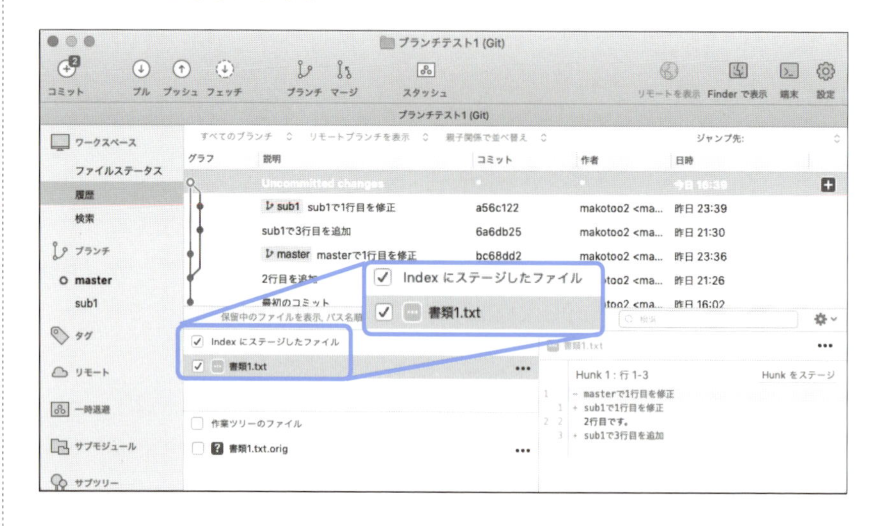


## ステップ6

修正前の「書類1.txt」が「**書類1.txt.org**」という名前で作業ツリーに残りますが、これは削除してかまいません。

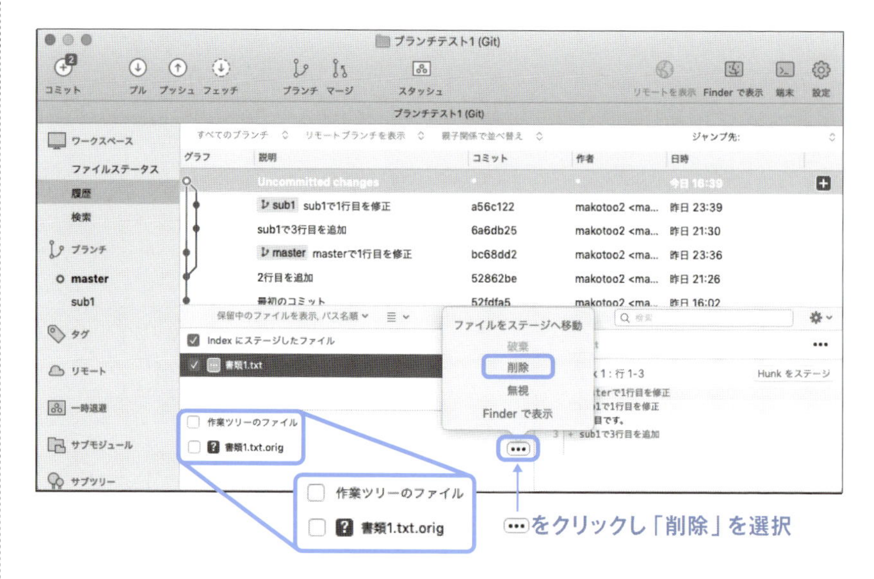

### ステップ7

以上で、コミットを行えばマージが完了です。

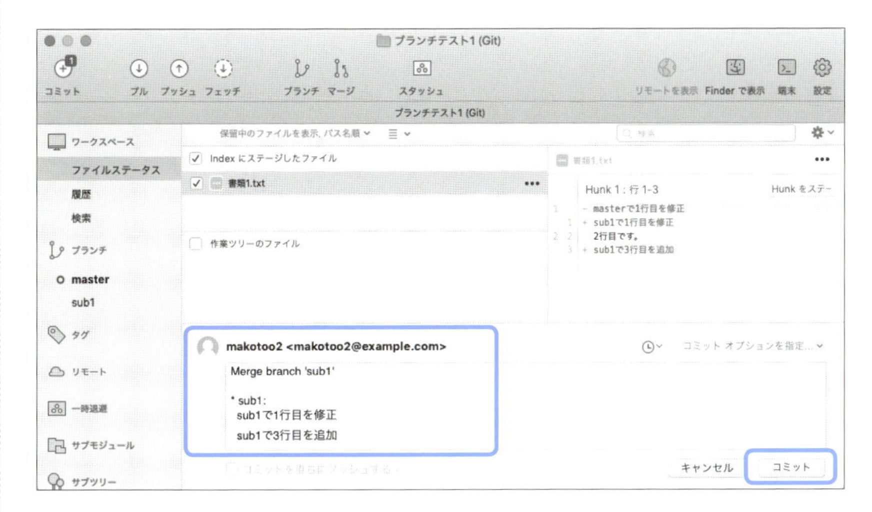


## 3.3.4 コンフリクトの前の状態に戻すには

マージを行って、意図せずコンフリクトが発生した場合に、コンフリクトを解決せずに、いったんマージ前の前の状態に戻して作業を行いたいといったケースもあるでしょう。

次に、「マージしてコンフリクトを発生させる」のステップ4(→P.231)の状態から、コミット前の状態に戻す手順を示します。

### ステップ1

マージしてコンフリクトが発生すると「Uncommitted changes」が作成されます。

## ステップ2

「Indexにステージしたファイル」の「**書類1.txt**」を選択し、[**操作**]メニューから[**リセット...**]を選択します。

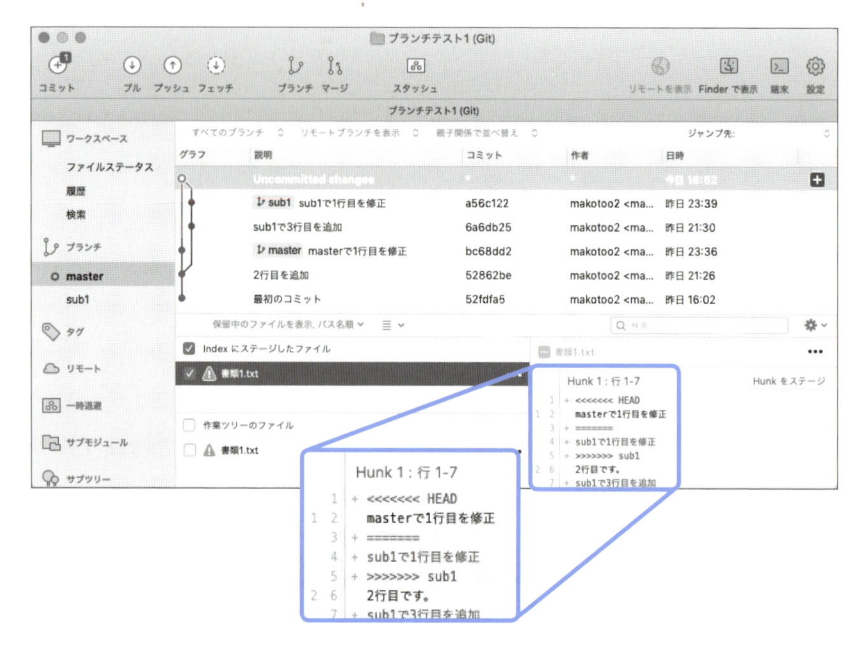


## ステップ3

警告のダイアログボックスが表示されるので「OK」ボタンをクリックします。

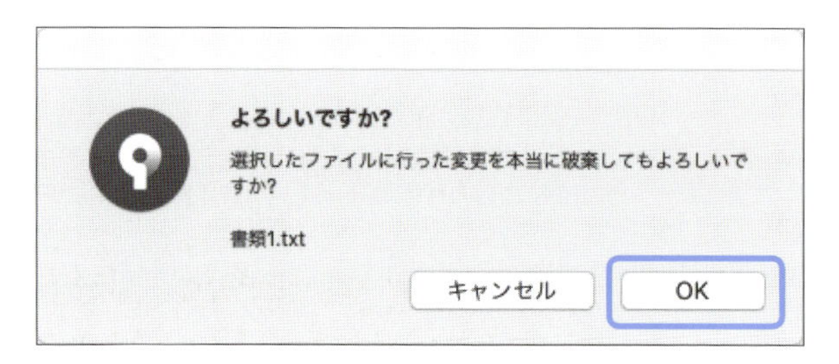

## ステップ4

以上で、マージがキャンセルされ、最後に行ったコミットまで戻ります。

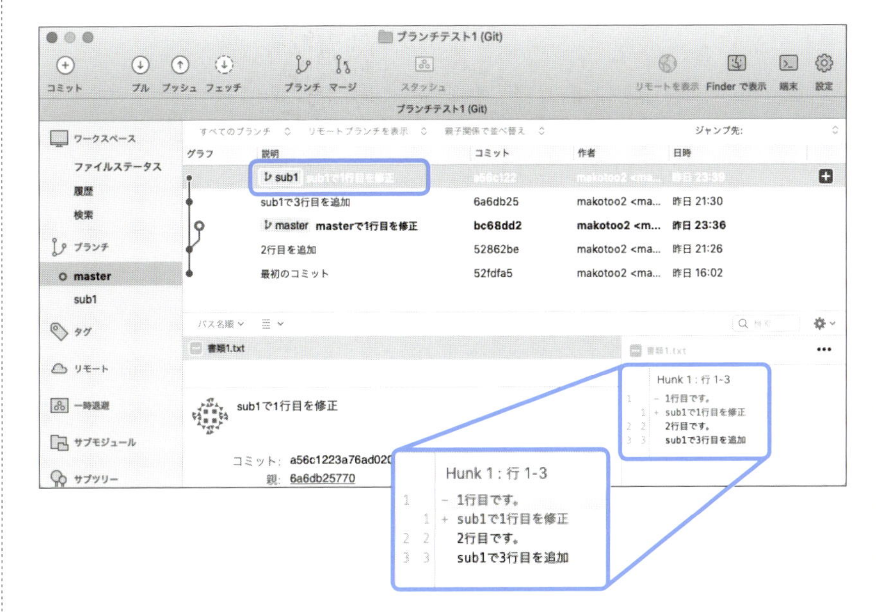

# 3-4 リベースでブランチを統合する

**ここまで、別のブランチの変更点を取り込む方法としてマージを説明してきました。2つのブランチの統合には「リベース」という方法もあります。**

## 3.4.1 リベースを行ってみよう

「**リベース(rebase)**」とは、あるブランチのコミット履歴を、別のブランチに繋げ直す機能です。木の枝を別の枝に繋げるイメージです。fast-forwardでないマージの場合、枝分かれしたブランチが結合されますが、リベースは統合後にコミット履歴が直線上になります。

■マージとリベースの違い

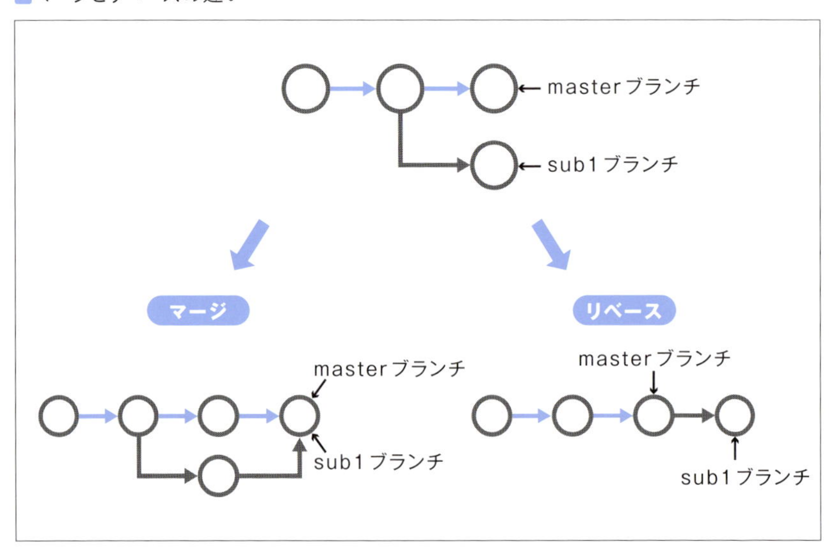


実際に操作して確かめてみましょう。「3-1ブランチテスト1リポジトリ」の最後に作成した圧縮ファイル「**ブランチテスト1.zip**」(→P.208)を解凍してSourcetreeの「リポジトリブラウザ」にドラッグ&ドロップしてリポジトリを登録してから作業を開始するとよいでしょう。

## ステップ1

masterブランチをチェックアウトし、「書類1.txt」の1行目を修正してコミットします。

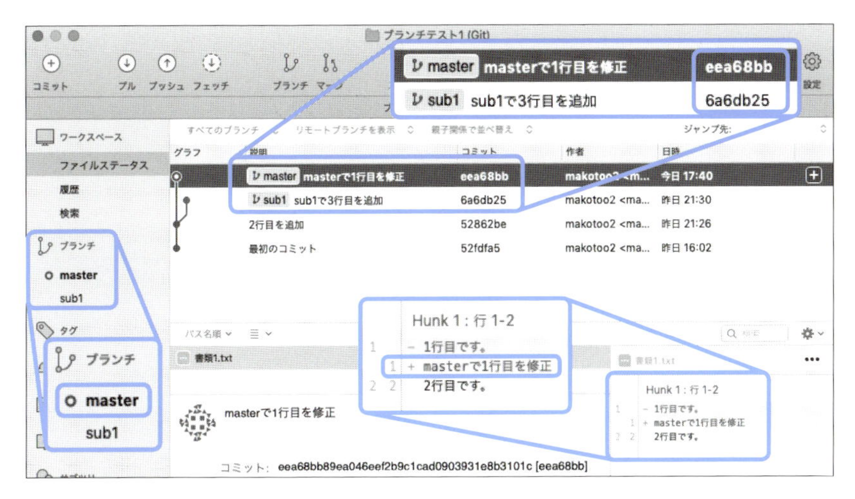


この状態では、masterブランチとsub1ブランチのそれぞれでコミットしていますが、異なる行を編集しているため、もしマージしたとしてもコンフリクトは起こりません。次の例では、masterブランチの最終コミットのコミットIDは「**eea68bb**」、sub1ブランチの最終コミットのコミットIDは「**6a6db25**」です。

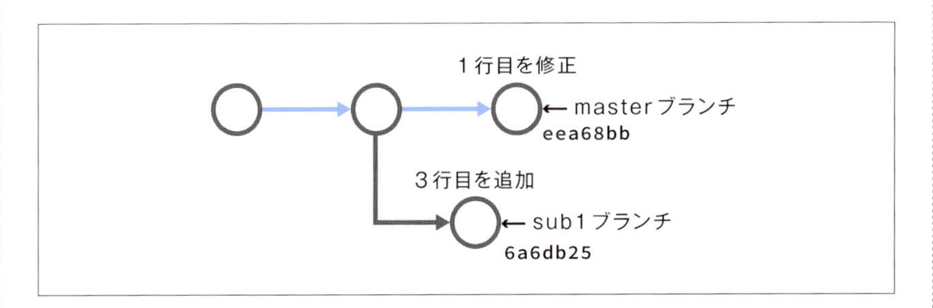

### ステップ2

リベースによりsub1ブランチにmasterブランチを統合します。まず、リベースしたいブランチであるsub1ブランチをチェックアウトしておきます。

想定としては、sub1ブランチで作業を行っている間に、masterブランチが変更されたので、それをsub1ブランチに取り込んでおきたいといったイメージです。

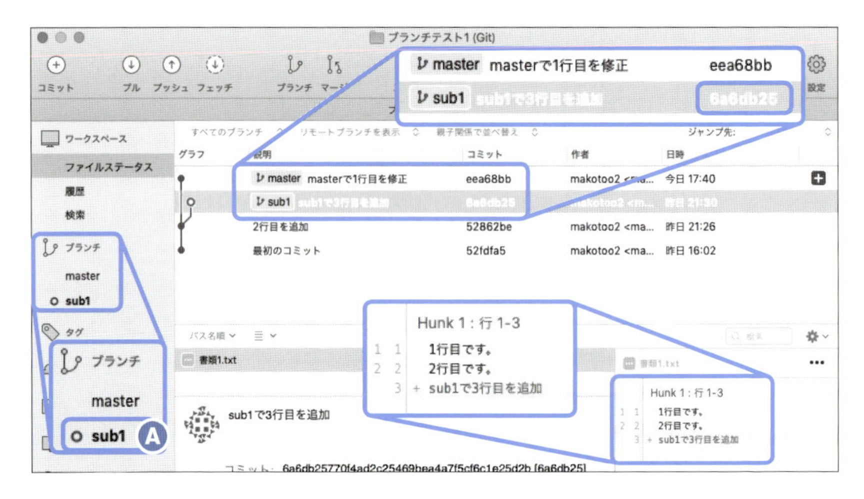


Ⓐ「sub1」をダブルクリックしてチェックアウトします。

### ステップ3

サイドバーの「**ブランチ**」で「**master**」を［control］キーを押しながらクリックし、表示されるメニューから［**現在の変更を'master'にリベース**］を選択します。

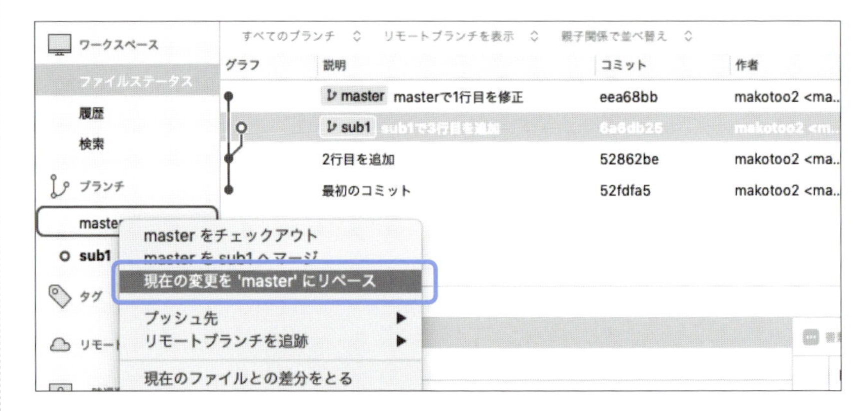

## ステップ4

確認のダイアログボックスが表示されるので「OK」ボタンをクリックします。

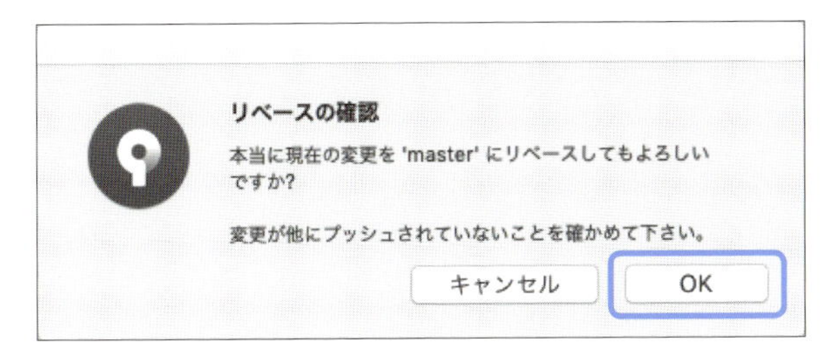


## ステップ5

以上でリベースが実行されます。

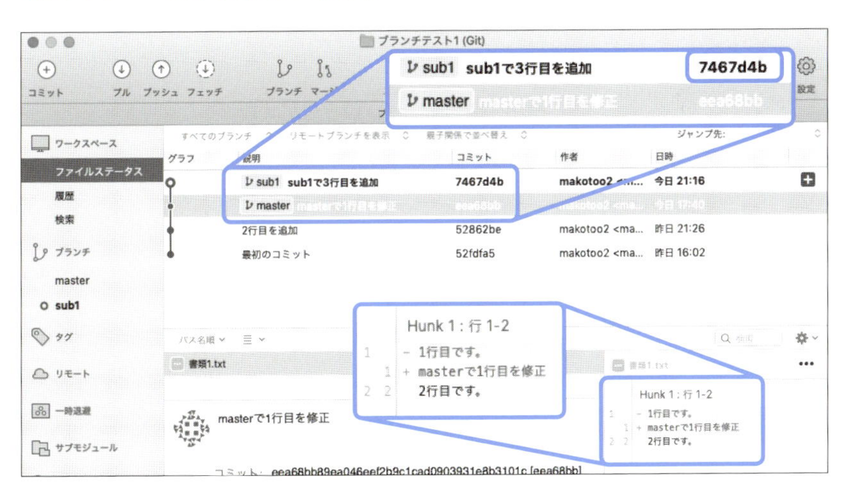


sub1ブランチでのコミットが、masterブランチのコミット履歴に上に積み上がったのがわかると思います。sub1ブランチの最後のコミットIDが「**7467d4b**」に変化しています。つまり、コミットが変更されているわけです。

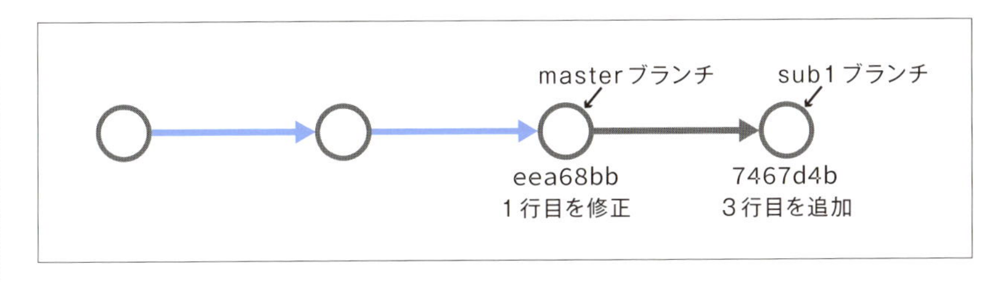

● NOTE　ここで、さらにmasterブランチにsub1ブランチの変更を取り込みたければ、マージを実行します。この場合にはfast-forwardなマージとなるため新たなコミットは発生しません。

## 3.4.2 リベースの注意点

このように、リベースではコミット履歴が書き換わってしまいます。したがって、複数のメンバーでGitHubなどのリモートのGitサービスと連携している場合には特に注意が必要です。ローカルリポジトリのコミットをリモートリポジトリに反映させることを「**プッシュ**」(P.293「4-2 ローカルリポジトリをプッシュする」)といいますが、すでにリモートリポジトリにプッシュしているコミットにリベースを行うと、他のメンバーからすると存在すべきコミットがなくなるという不具合が生じてしまいます。

したがって、リベースはリモートリポジトリにプッシュする前に行う必要があります。

## 3.4.3 リベースでコンフリクトが発生したら

マージと同様にリベースでもコンフリクトが起こる場合があります。P.225「3-3 コンフリクトに対処する」では、別のブランチをマージしてコンフリクトが発生するケースについて説明しました。

■コンフリクト(P.226の図を再掲)

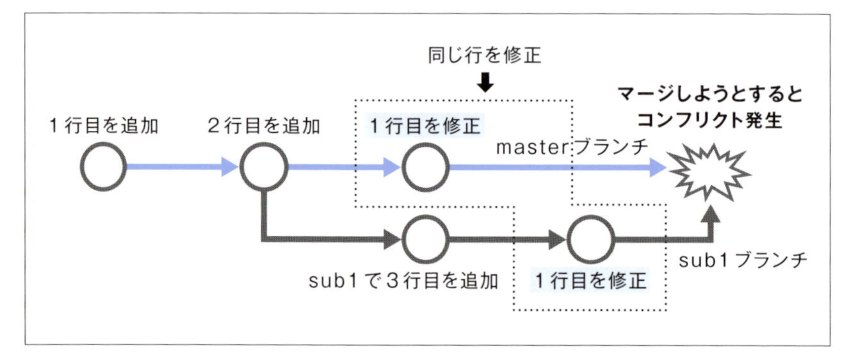

これをリベースした場合にどうなるかを試してみましょう。「**ブランチテスト12.zip**」(→P.228)を解凍して、リポジトリブラウザに登録してから作業を行ってみましょう。

### ステップ1

sub1ブランチをチェックアウトして、サイドバーの「**ブランチ**」の「**master**」を[control]キーを押しながらクリックし、表示されるメニューから[**現在の変更を'master'にリベース**]を選択します。

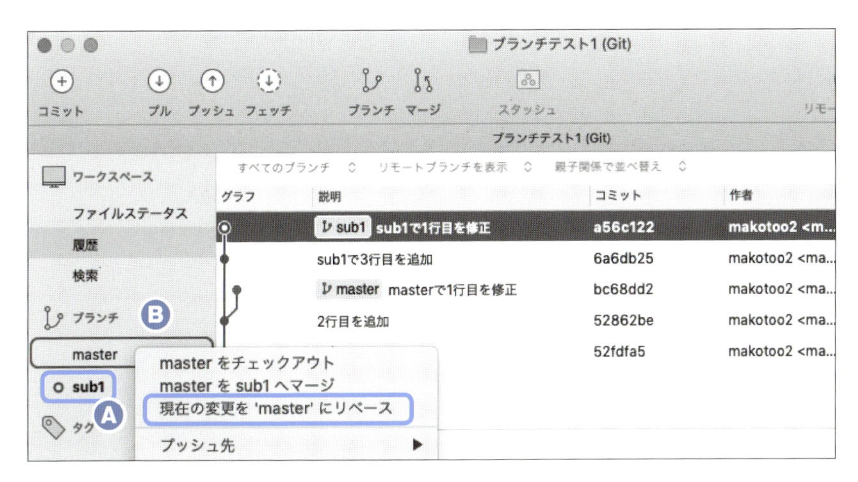


Ⓐ「sub1」ブランチをチェックアウトします。

Ⓑ「master」を[control]キーを押しながらクリックして[現在の変更を'master'にリベース]を選択します。

### ステップ2

リベースの確認ダイアログボックスが表示されるので「OK」ボタンをクリックすると、警告のダイアログボックスが表示されます。

リベースの場合にも「マージで競合」ダイアログボックスが表示されます。

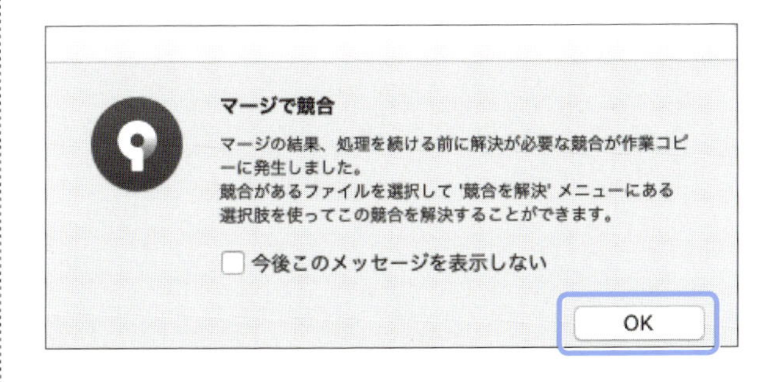

## ステップ3

「OK」ボタンをクリックすると「Uncommitted changes」が表示されます。

## ステップ4

エディタもしくは外部マージツールで競合を解決します。

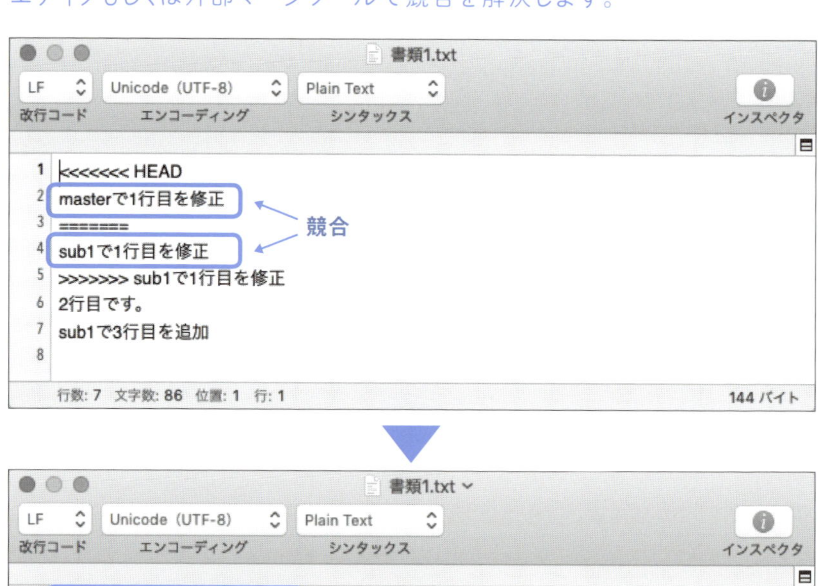

## ステップ5

「作業ツリーのファイル」の「書類1.txt」をチェックしてステージします。

## ステップ6

「**コミット**」ボタンをクリックします。「リベースを実行中」ダイアログボックスが表示されるので、「**リベースを続ける**」ボタンをクリックします。

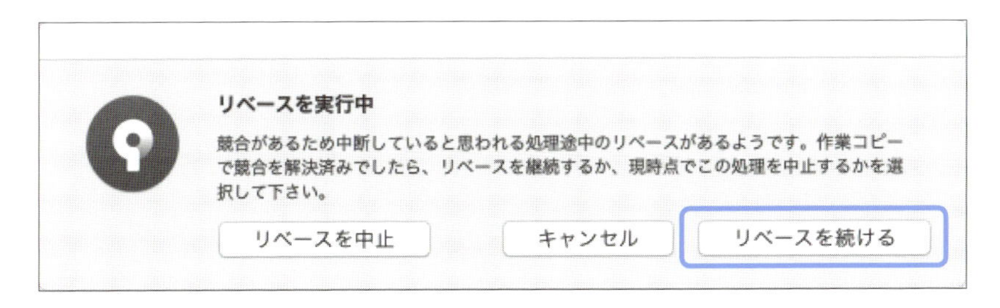


● NOTE　「リベースを中止」ボタンをクリックするとリベース実行前の状態に戻ります。「キャンセル」ボタンをクリックするとコミット実行前の状態に戻ります。

● NOTE　リベースで競合が発生すると、履歴表示に「HEAD」というタグ HEAD が表示されます。これはブランチのない状態を表すタグです。競合を解決しリベースを実行すると消えます。なお、最新でないコミットをチェックアウトしてもHEADが表示されます。その状態でコミットを行うこともできますがブランチがないため、その後、masterブランチなどにチェックアウトすると変更内容が破棄されてしまいます。HEADでのコミットを新たなブランチとして設定したい場合には、「ブランチ」ボタンをクリックして新規ブランチを作成してください。そうすることによりHEADタグが新たなブランチに変更されます。

## ステップ7

リベースが実行されます。

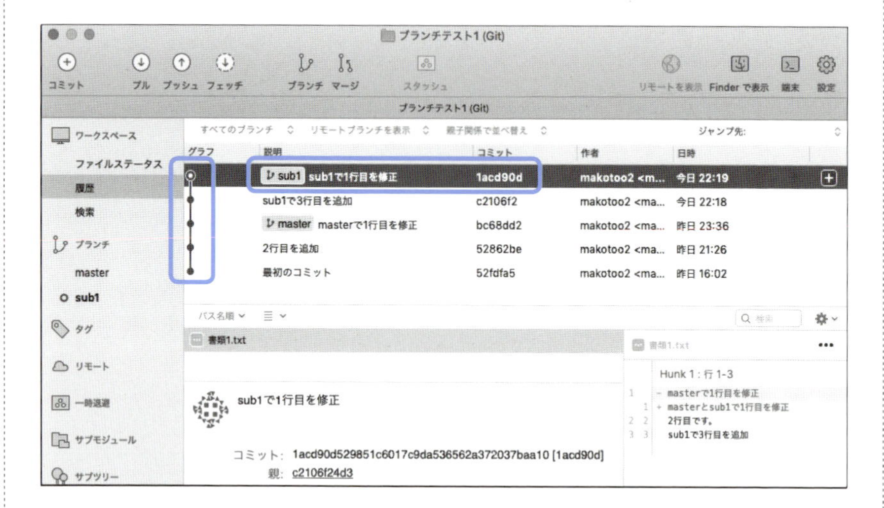

# 3-5 リバートで指定したコミットを打ち消す

**Gitに用意されているリバートという機能を使用すると、コミット履歴の中の特定のコミットだけを打ち消すことができます。**

## 3.5.1 リバートとは

「**リバート(revert)**」とは、コミット履歴の中の指定したコミットと逆のコミットを行うことによりコミットを打ち消す処理です。P.180「2-11 過去のコミットへ戻す」では、過去のコミットまで遡って戻す方法について説明しましたが、リバートでは過去に実行した指定したコミットのみを打ち消すことが可能です。

■リバート

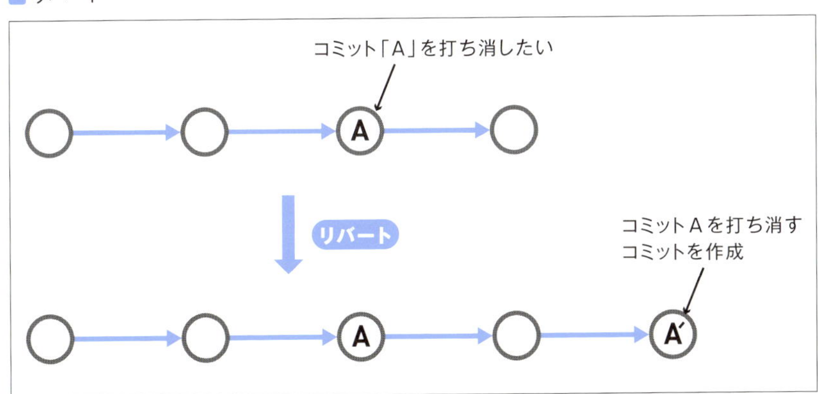


## 3.5.2 リバートを行う

実際にリバートを行って、どのようにコミットが打ち消されるかを確認してみましょう。

## ステップ1

新たに「**リバートテスト1**」という名前でリポジトリを作成します。

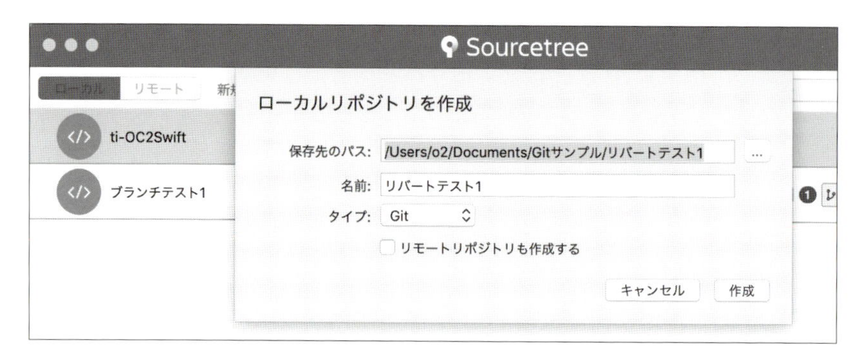


## ステップ2

4行目まで作成した「**書類1.txt**」を作業ツリーに保存し、コミットします。

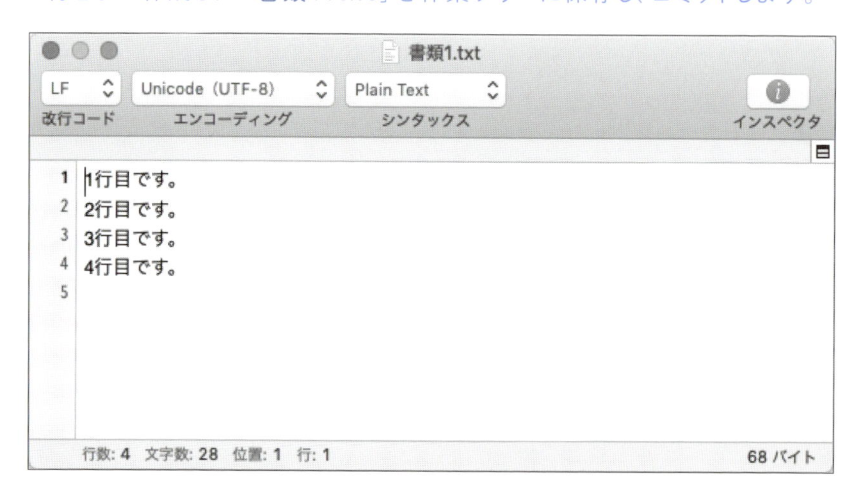

## ステップ3

3行目を修正してコミットします。

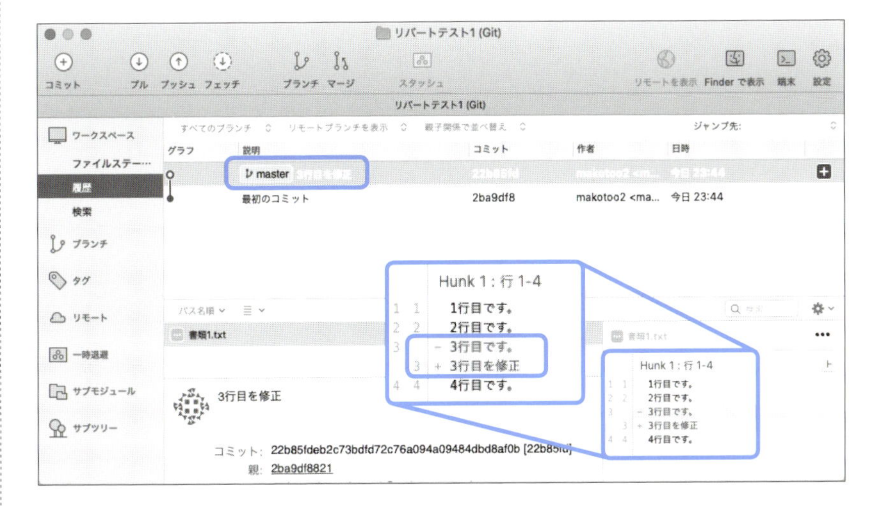


## ステップ4

5行目を追加してコミットします。

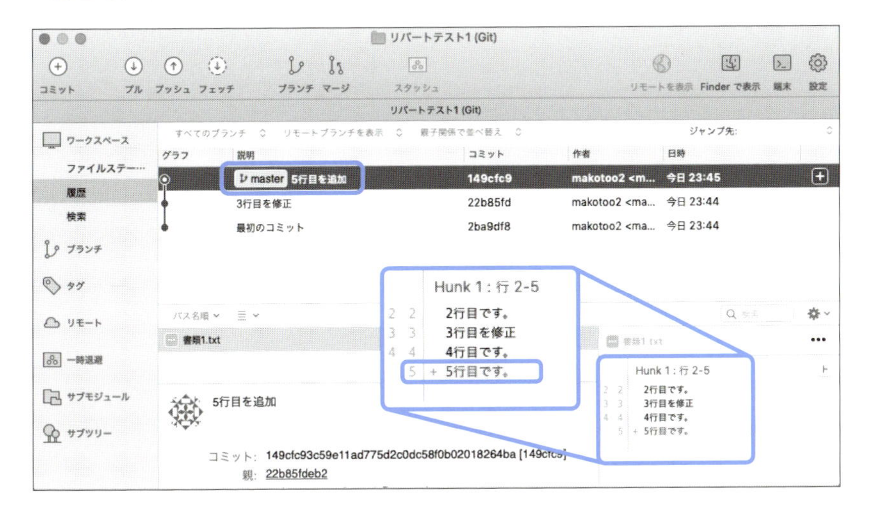

### ステップ5

この状態で「**リバートテスト1**」フォルダを圧縮して保存しておきます。

別の方法でも、リバートを試せるように、この状態でフォルダを圧縮して「**リバートテスト1.zip**」を作成しておきましょう。

### ステップ6

3行目の修正をリバートします。

ここで、3行目の修正を取り消したいとしましょう。それには、コミット履歴の3行目の修正を[control]キーを押しながらクリックして表示されるメニューで[**コミット適用前に戻す...**]を選択します。

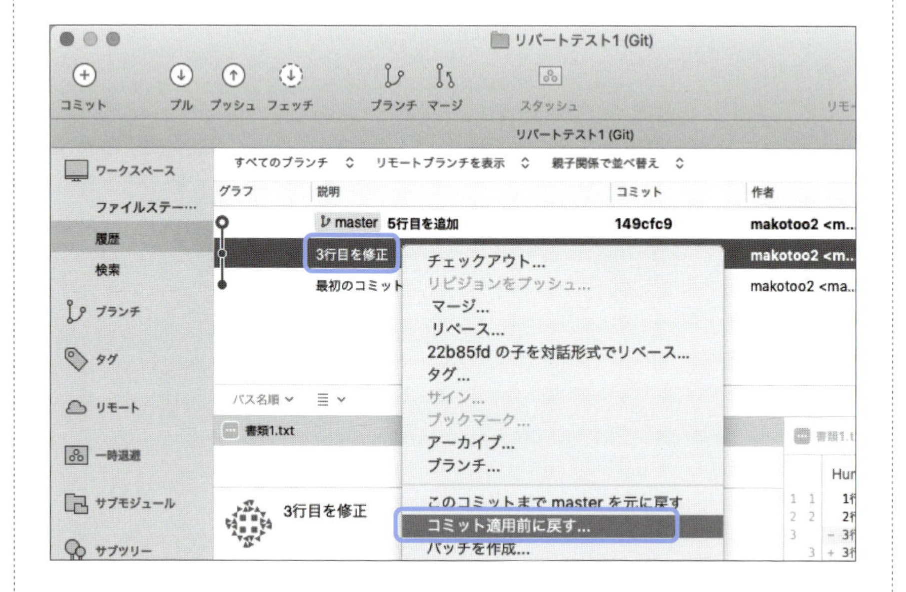


### ステップ7

「取り消しますか?」ダイアログボックスが表示されるので「OK」ボタンをクリックします。

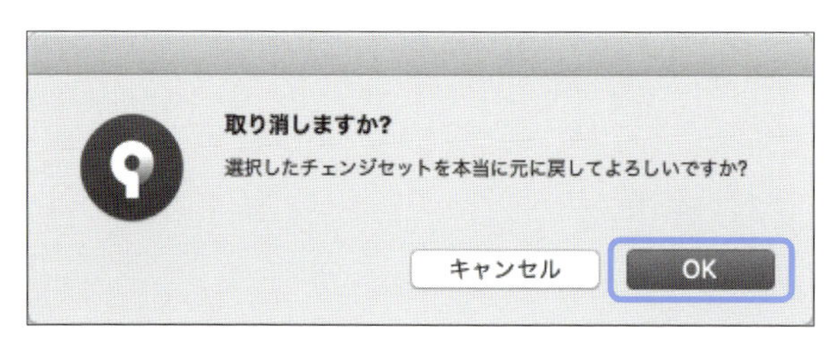

### ステップ8

リバートが実行され「Revert "3行目を修正"」というコミットが作成されます。

右下の「書類1.txt」確認すると、「**– 3行目を修正**」「**+ 3行目です。**」と表示され、確かに3行目の修正が打ち消されていることがわかります。

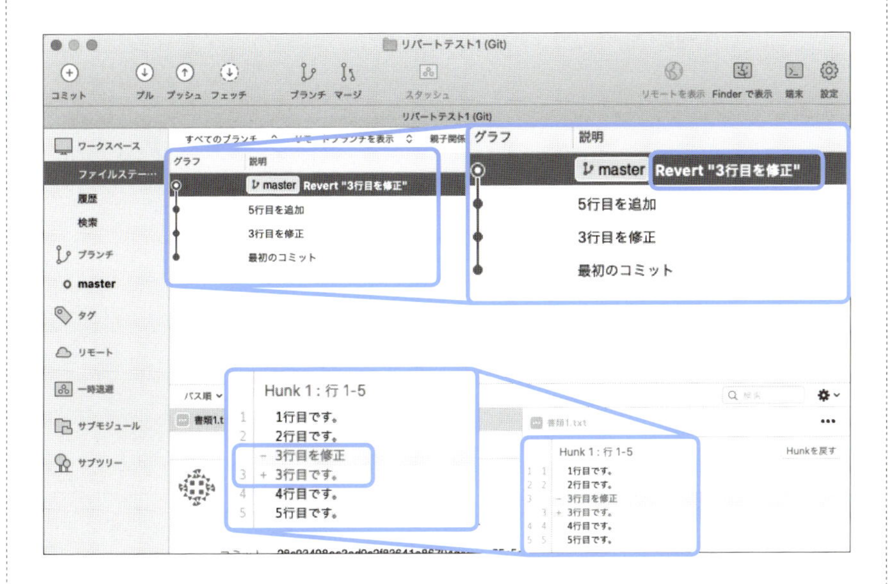


## 3.5.3 コンフリクトが発生したら

ファイルの編集状況に応じて、リバートを実行時に、コンフリクトが発生する場合もあります。その対処方法について説明しましょう。いったん「リバートテスト1」リポジトリを削除して、前ページのステップ5で用意した「**リバートテスト1.zip**」を解凍して、「リポジトリブラウザ」にドラッグ&ドロップで登録してから作業を開始するとよいでしょう。あるいは、P.180「2-11 過去のコミットへ戻す」で解説した方法で、2つ前のコミットに戻してもかまいません。

### ステップ1

5行目を修正してコミットします。

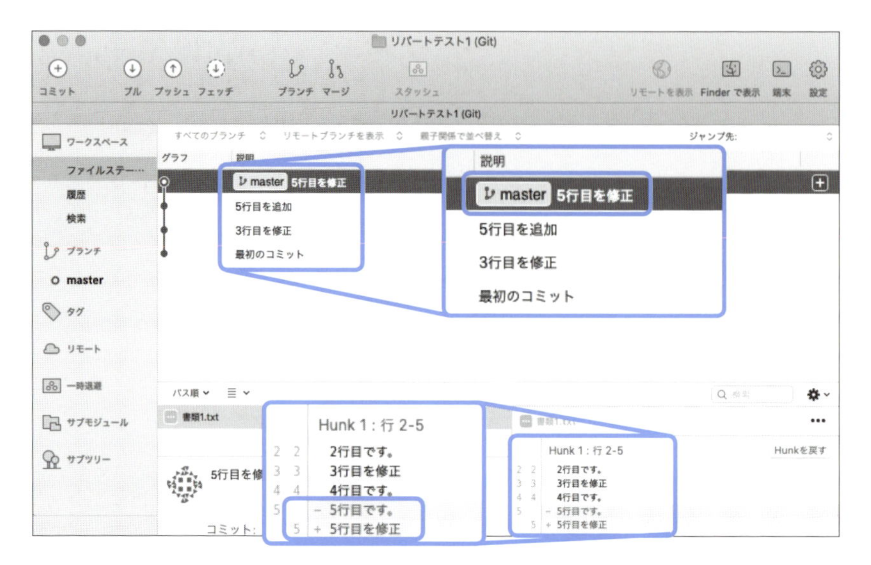


### ステップ2

「5行目の追加」のコミットをリバートします。

最後のコミットでは5行目を編集していますので、「5行目の追加」のコミットをリバートするとコンフリクトが発生するはずです。「5行目の追加」を[control]キーを押しながらクリックして表示されるメニューから[**コミット適用前に戻す...**]を選択します。

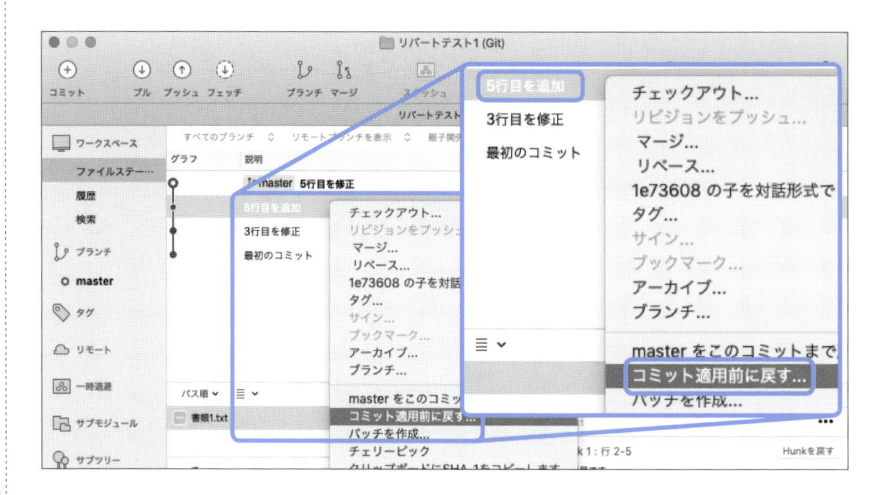

### ステップ3

「取り消しますか？」ダイアログボックスで「OK」ボタンをクリックします。すると次のような、警告のダイアログボックス（コンフリクトが発生したのでリバートできないというメッセージ）が表示されます。

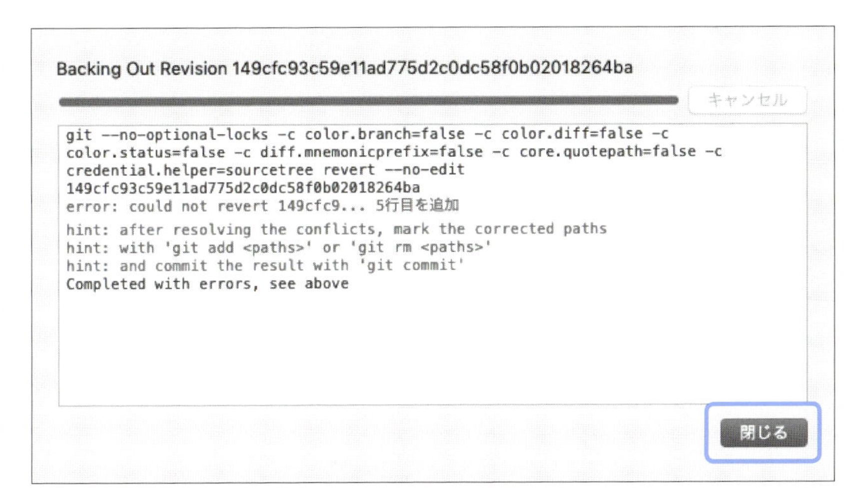


### ステップ4

「閉じる」ボタンをクリックすると「Uncommitted changes」が作成されます。

● NOTE この時点でリバートを取り消したい場合には「Indexにステージしたファイル」の「書類1.txt」を[control]キーを押しながらクリックし、表示されるメニューから[リセット...]を選択します。確認のダイアログボックスが表示されるので「OK」ボタンをクリックします。

### ステップ5

エディタで作業ツリーの「書類1.txt」を編集してコンフリクトを解消します。

## ステップ6

作業ツリーのファイルをステージしてコミットを行います。

Ⓐ チェックしてステージに上げます。　Ⓑ「コミット」ボタンをクリックします。

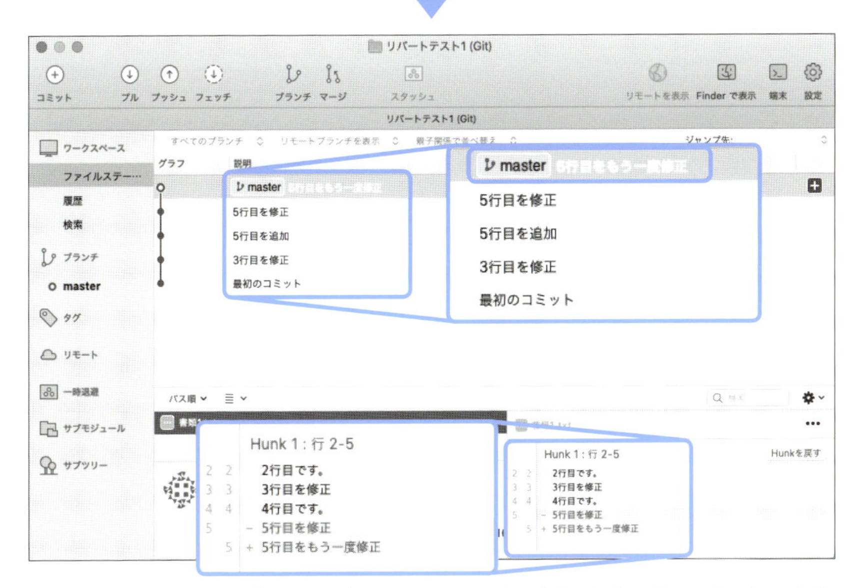


● NOTE　ステップ5でエディタでコンフリクトを解消する際に、「5行目を修正」のコミットだけをそのまま残した場合には、状態は変わらないため新たなコミットは作成されません。

# 3-6 タグで目印を設定する

**タグはコミットにつける目印です。タグを設定することにより目的のコミットにすばやくアクセスしたり、チェックアウトしたりできます。**

## 3.6.1 タグを設定する

新たなリポジトリを作成して、コミットに**タグ**を設定してみましょう。

### ステップ1

あらかじめ、「**タグテスト1**」といった名前でリポジトリを作成しておきます。

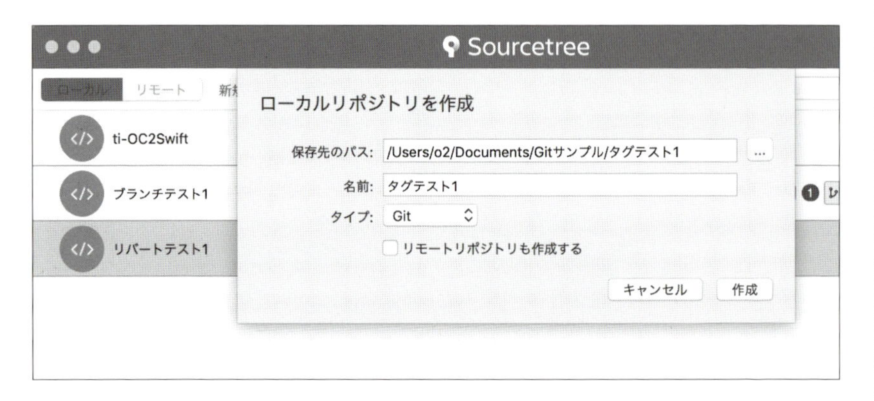


### ステップ2

エディタで「書類1.txt」を作業ツリーに用意し、4回ほどコミットを行います。

このサンプルでは、「1行目です。」～「4行目です。」と各行を追加するごとにコミットしています。

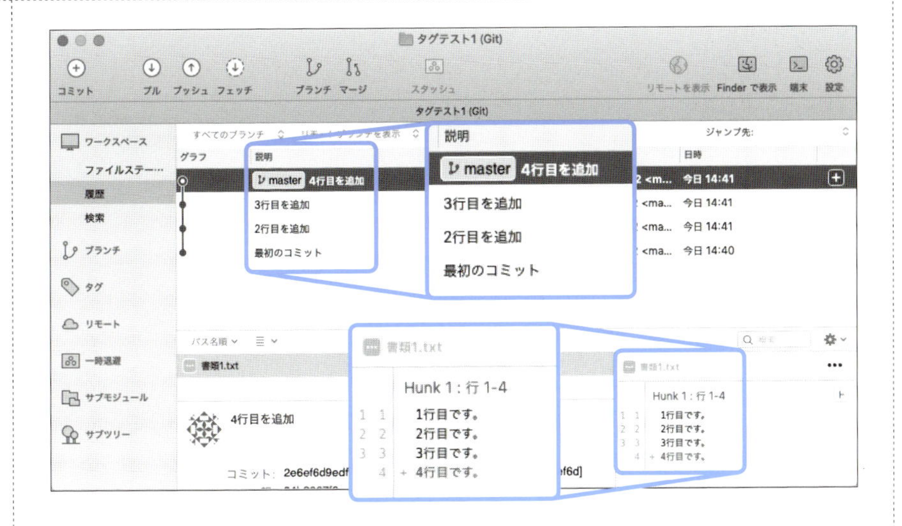

## ステップ3

最初のコミットにタグを設定します。

コミット履歴の最初のコミットを[control]キーを押しながらクリックし、表示されるメニューから[**タグ...**]を選択します。

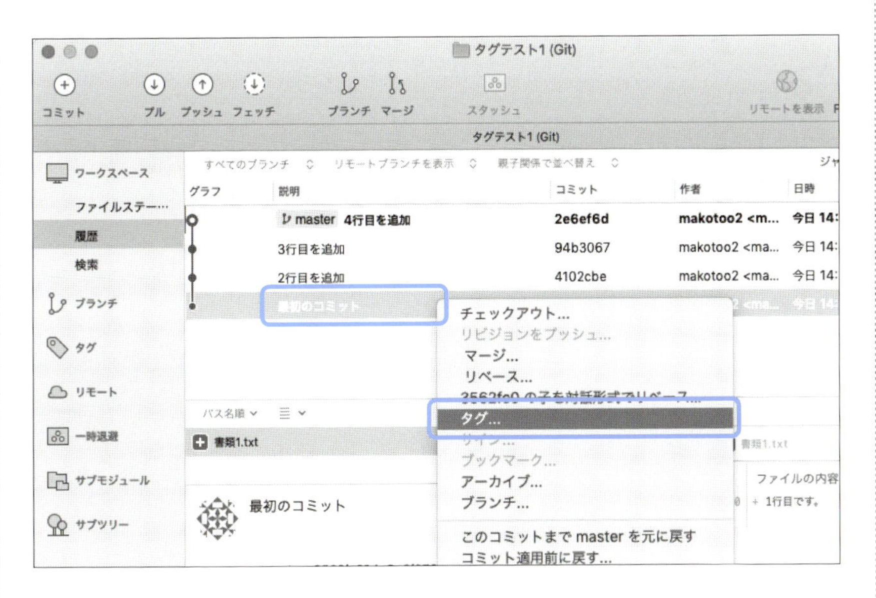

### ステップ4

タグ名を設定します。

上部の「**タグを追加**」が選択されていること、「**コミット**」で「**指定のコミット**」が選択されていることを確認し「**タグ名**」にタグ名を入力します。

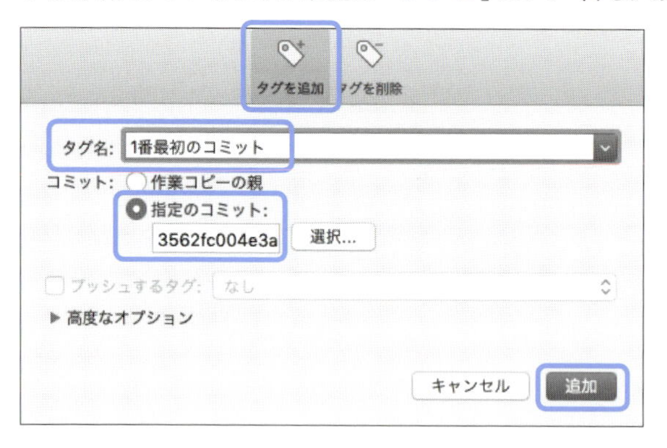


### ステップ5

「**追加**」ボタンをクリックするとタグが追加されます。

コミット履歴の「説明」には、アイコンのうしろに「タグ名」が表示されます。

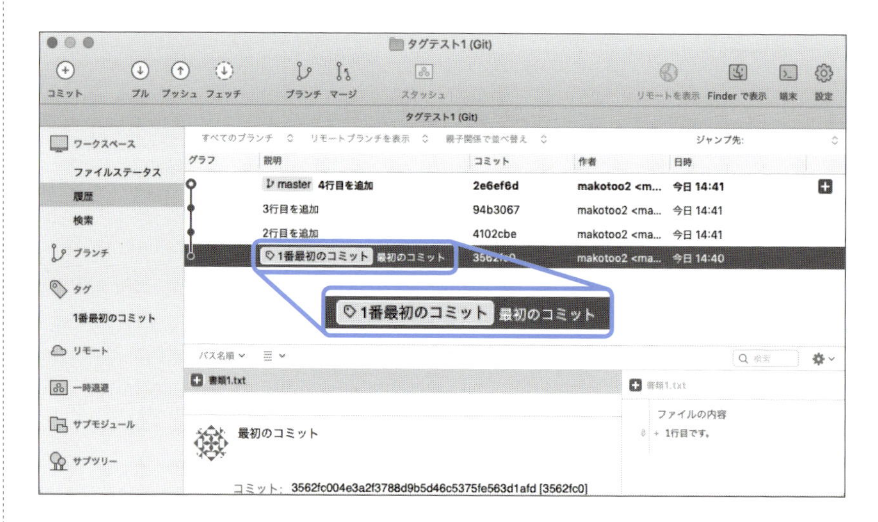

### ステップ6

同様に3番目のコミットと、4番目のコミットにもタグをつけてみましょう。

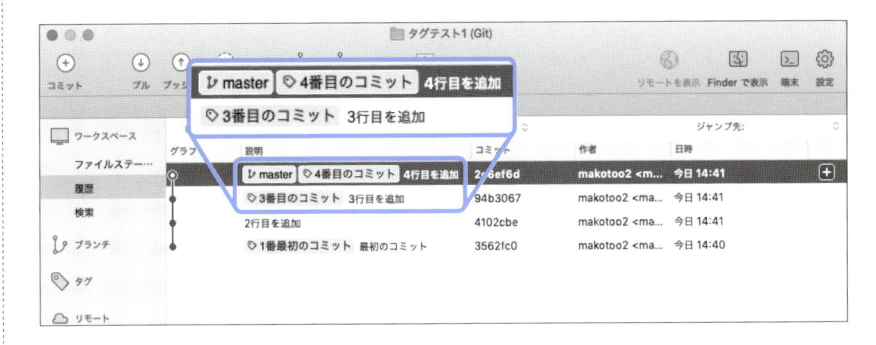


## 3.6.2 タグの一覧を表示する

サイドバーの「**タグ**」にタグの一覧を表示できます。コミット履歴が長い場合でも、タグを設定したコミットに簡単にアクセスできるようになります。

### ステップ1

サイドバーの「タグ」にカーソルを移動します。「表示」ボタンが表示されるのでクリックします。

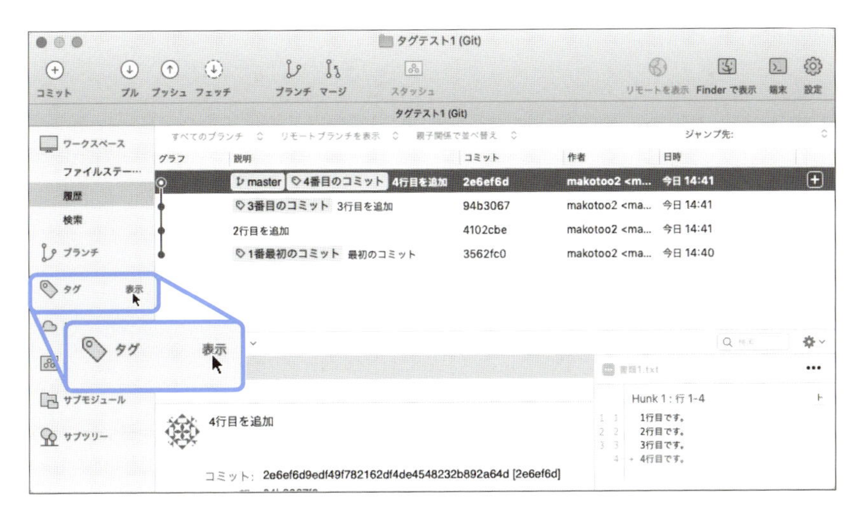

**ステップ2**

タグの一覧が表示されます。

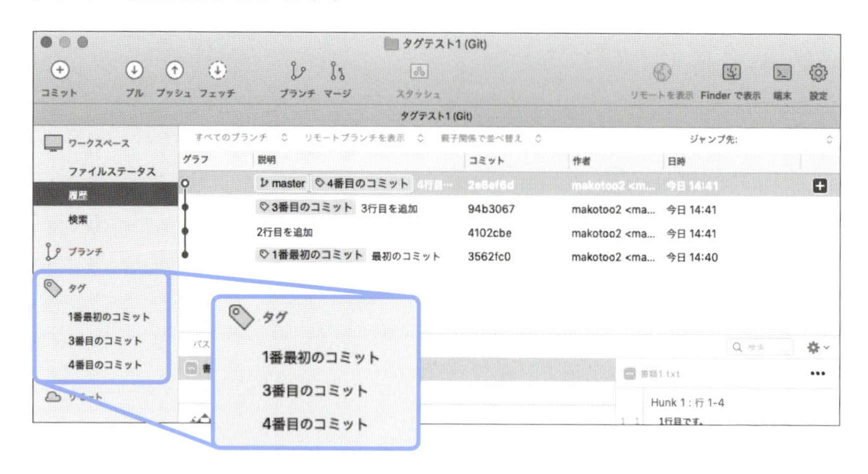


逆に、タグの一覧が表示されている状態で「サイドバー」の「タグ」にカーソルを移動すると「非表示」ボタンが表示され、クリックするとタグ一覧が非表示になります。

## 3.6.3 タグを設定したコミットを参照する

サイドバーの「**タグ**」のタグ名をクリックすると、履歴表示の対応するコミットがハイライト表示されます。

■タグ名をクリックすると対応するコミットがハイライト表示される

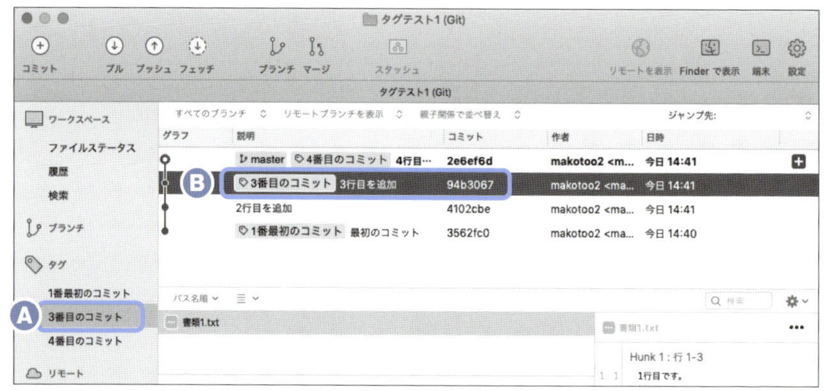


Ⓐ「3番目のコミットを」クリックします。 Ⓑ コミットがハイライト表示されます。

## 3.6.4 タグを設定したコミットをチェックアウトする

タグを設定したコミットは簡単にチェックアウトすることができます。

### ステップ1

タグ名をダブルクリックします。

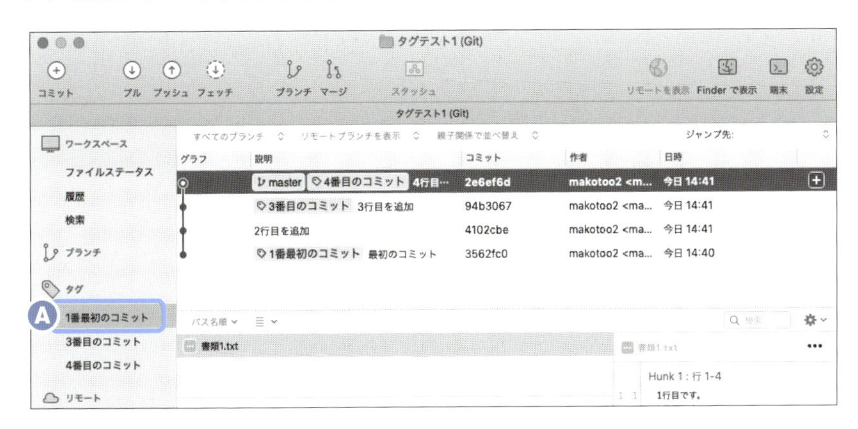

Ⓐ「1番最初のコミット」をダブルクリックします。

### ステップ2

「確認のダイアログボックス」が表示されます。

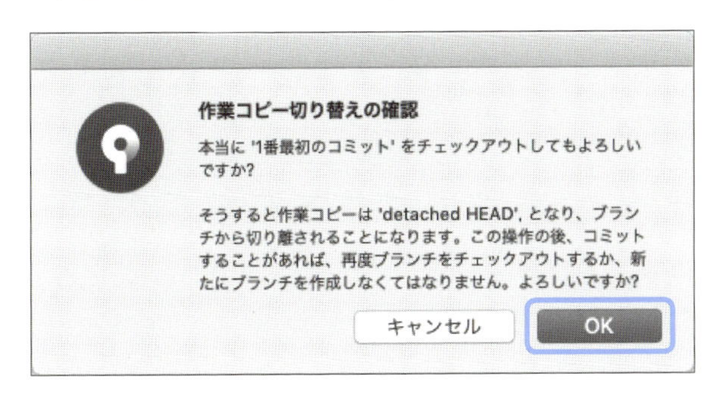

### ステップ3

「OK」ボタンをクリックするとチェックアウトされます。

最初のコミットに「**HEAD**」が表示されチェックアウトしたことがわかります。

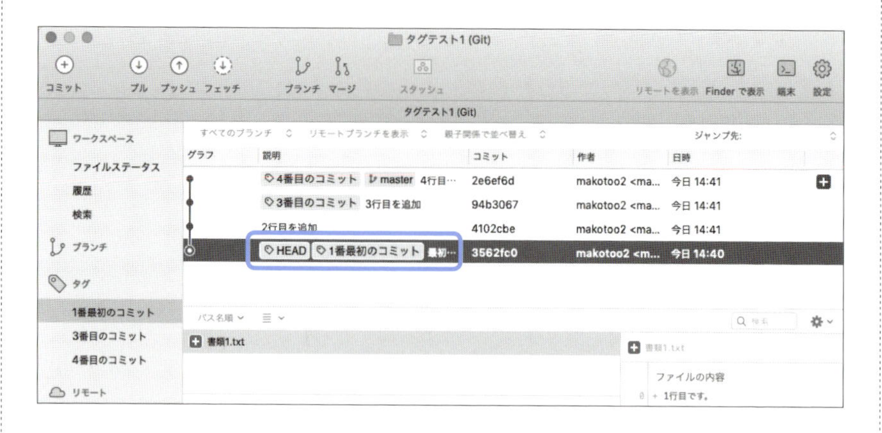


## 3.6.5 タグを削除する

コミットに設定したタグは次のようにして削除できます。

### ステップ1

サイドバーの「**タグ**」から削除したいタグ名を[control]キーを押しながらクリックします。表示されるメニューから[**～を削除**]を選択します。

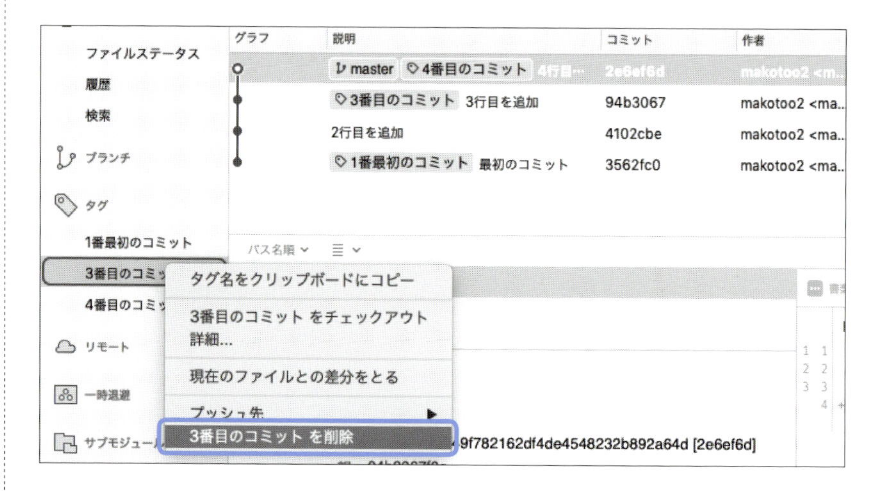

## ステップ2

確認のダイアログボックスが表示されるので「OK」ボタンをクリックします

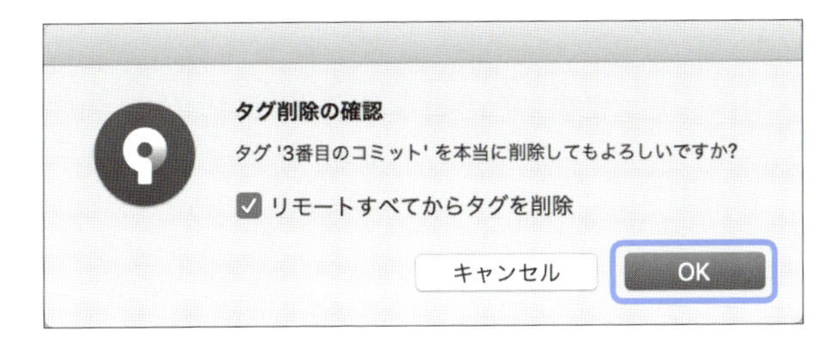


## ステップ3

タグが削除されます。

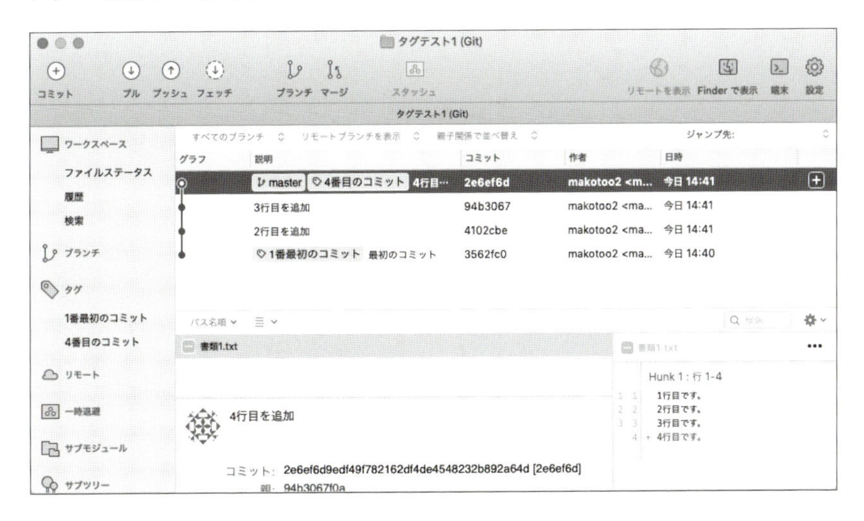

# 3-7 スタッシュで作業内容を退避する

**作業内容をコミットせずに、別のブランチで作業したいといった場合がよくあります。そのような場合には、現在の変更点をスタッシュとして一時退避しておくことが可能です。**

## 3.7.1 スタッシュとは

「**スタッシュ(stash)**」は、コミット前の作業ツリーの修正点を一時的に退避させる機能です。スタッシュ後に別のブランチをチェックアウトして作業を行い、元のブランチに戻って、退避させていたスタッシュを適用すればすぐに作業を再開できます。

たとえばmasterブランチの作業ツリーで作業中に、急遽別のブランチ(下図では**sub1**ブランチ)の修正作業を行いたいといった場合があります。

■masterブランチでの作業を中断してsub1ブランチで作業したい

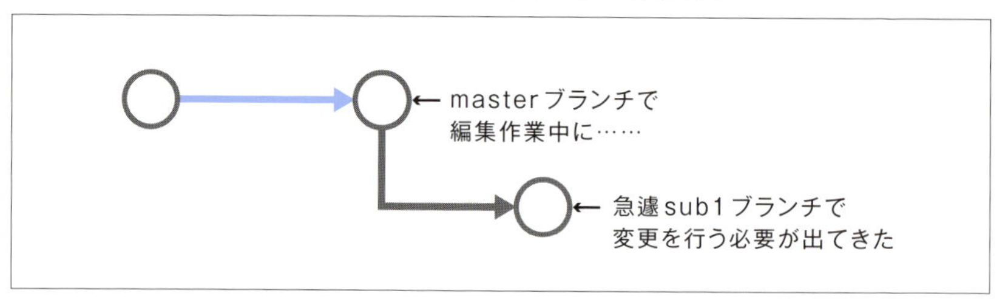


その場合、masterブランチの変更点をコミットせずに、sub1ブランチをチェックアウトしてしまうと変更内容が失われてしまいます。

その代わりに、作業中の変更内容をスタッシュとして保存しておくことで、安全にsub1ブランチをチェックアウトして作業を行えます。

■変更内容をスタッシュに待避

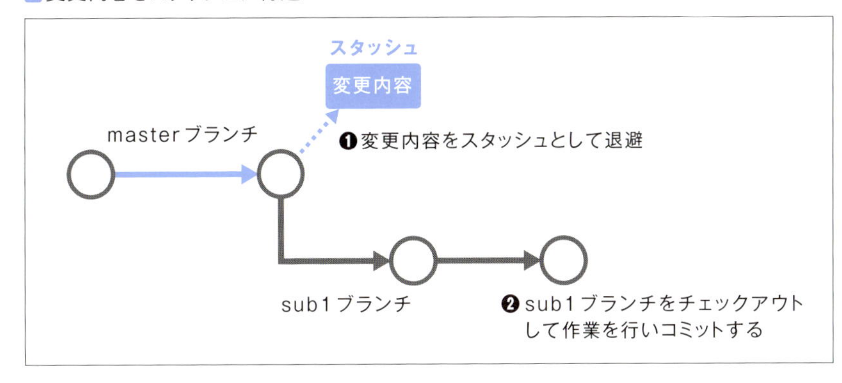


スタッシュに退避した内容は、簡単に元に戻すことが可能です。

■スタッシュに待避した内容を戻す

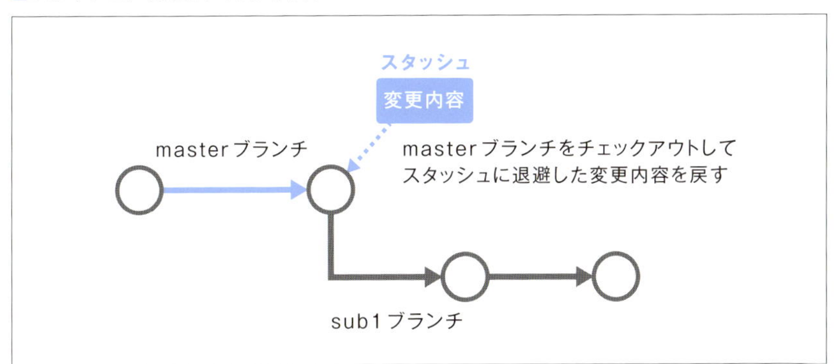


なお、スタッシュは個別に名前をつけて複数保存することが可能です。

## 3.7.2 スタッシュに退避する

それでは、スタッシュの動作を確認してみましょう。3-1の「ブランチテスト1リポジトリ」の最後に作成した圧縮ファイル「**ブランチテスト1.zip**」(→P.208)を解凍してSourcetreeの「リポジトリブラウザ」にドラッグ&ドロップしてリポジトリを登録してから、作業を開始するとよいでしょう。

### ステップ4

masterブランチをチェックアウトし「書類1.txt」の1行目を編集します。

この状態では「**Uncommitted changes**」になります。

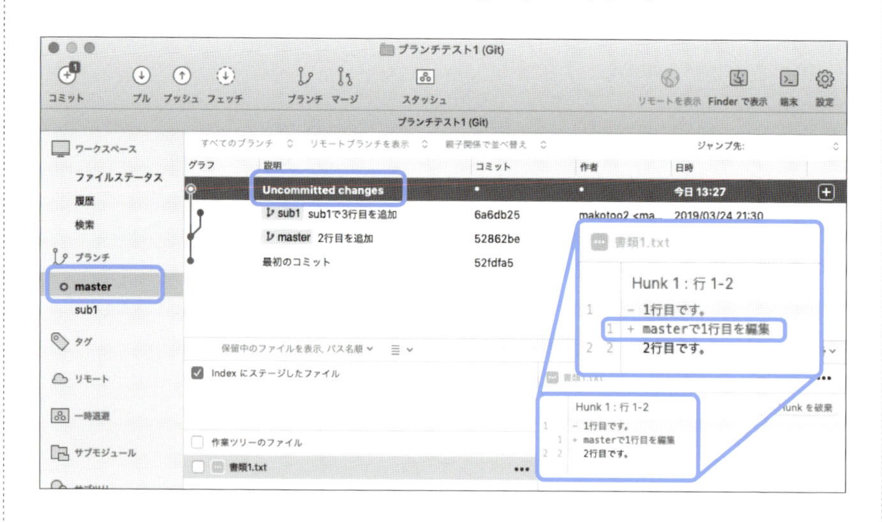


### ステップ5

ツールバーの「**スタッシュ**」ボタンをクリックします。スタッシュの名前を設定するダイアログボックスが表示されるので「**メッセージ**」にわかりやすい文字列を入力します。

「メッセージ」で設定した文字列がスタッシュ名となります。

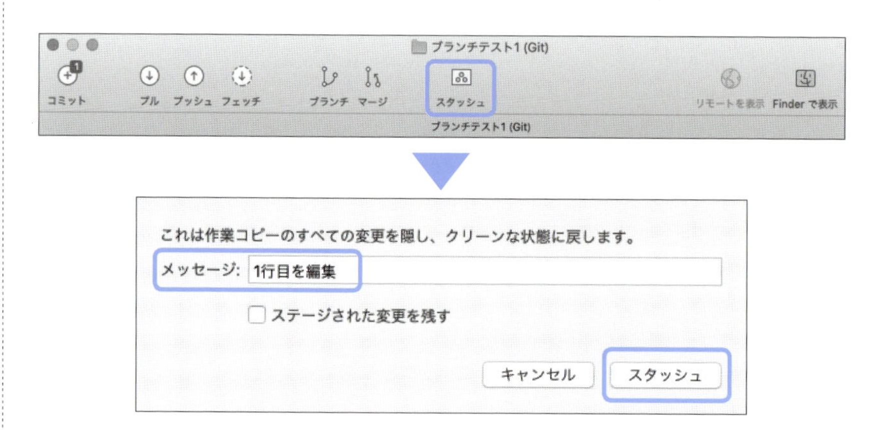


● NOTE　「ステージされた変更を残す」をチェックしていると、ステージしたファイルはスタッシュ後にそのまま残ります。

### ステップ6

「**スタッシュ**」ボタンをクリックすると、編集内容がスタッシュとして保存されます。

作業ツリーの変更点が退避され、作業ツリーはクリーンな状態になります。

## 3.7.3 スタッシュを確認する

現在保存されているスタッシュはサイドバーの「**一時退避**」で確認できます。

### ステップ1

サイドバーの「**一時退避**」にカーソルを移動すると「**表示**」が表示されます。「**表示**」をクリックするとスタッシュの一覧が表示されます。

スタッシュ名は「**on ブランチ名: ～**」となっているため、どのブランチの内容をスタッシュしたのかが一目瞭然です。

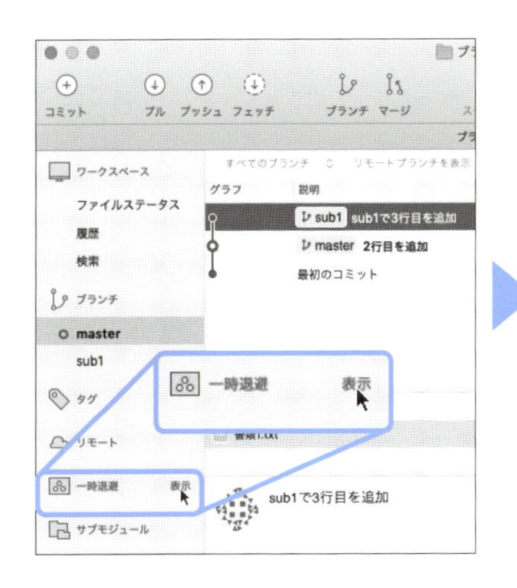


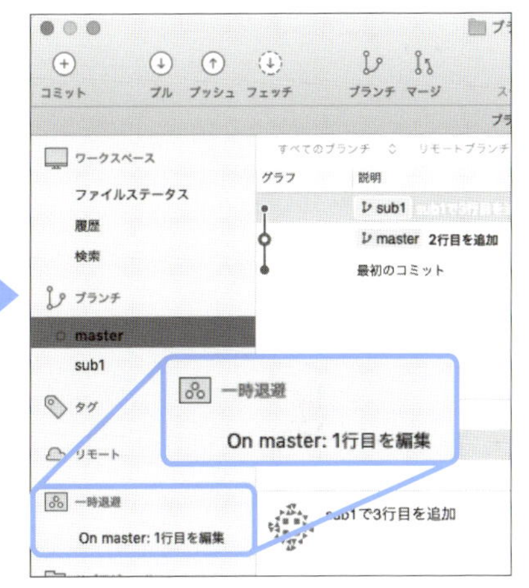

### ステップ2

目的のスタッシュ名をクリックするとその内容が表示されます。

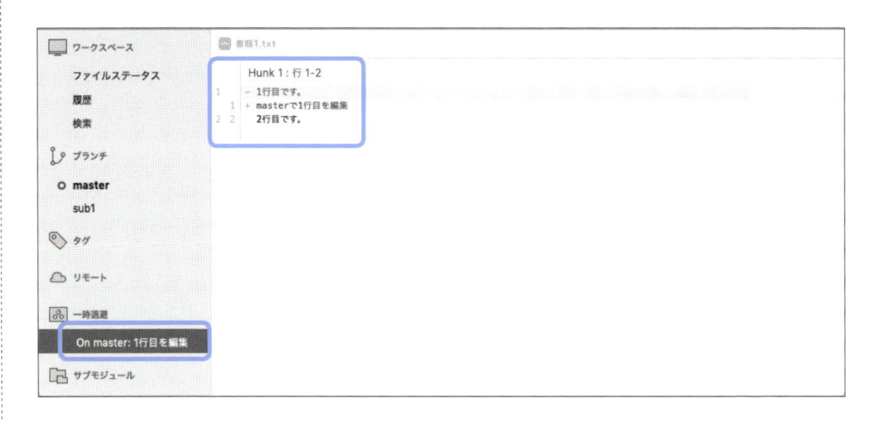


## 3.7.4 保存したスタッシュを復元する

ここでいったん**sub1**ブランチをチェックアウトして、「書類1.txt」を変更します。その後、**master**ブランチに戻って退避したスタッシュを復元してみましょう。

### ステップ1

sub1ブランチをチェックアウトして「書類1.txt」に4行目を追加します。

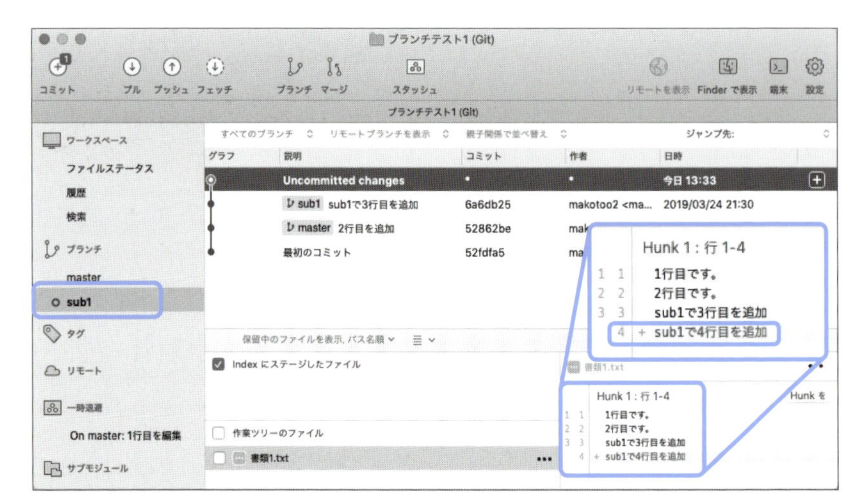

## ステップ2

コミットします。

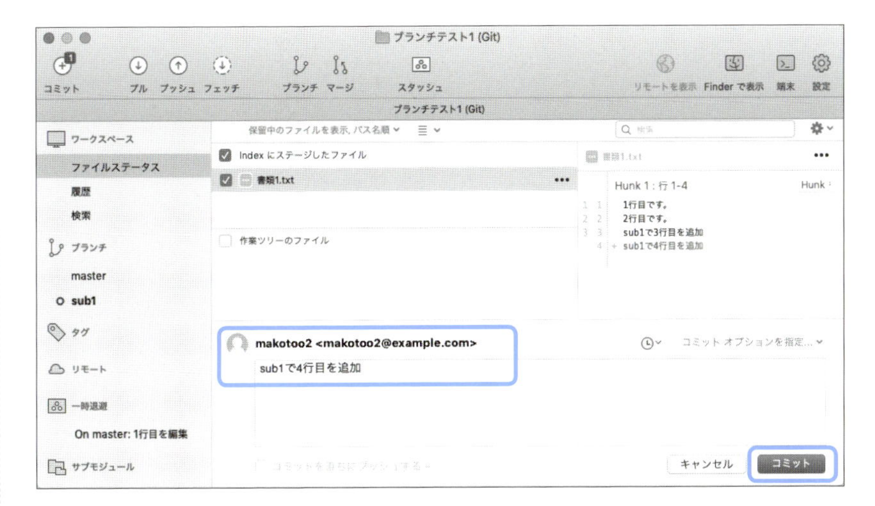


## ステップ3

masterブランチをチェックアウトし、サイドバーの「**一時退避**」から退避したスタッシュを［control］キーを押しながらクリックします。表示されるメニューから［**退避した変更を適用**］を選択します。

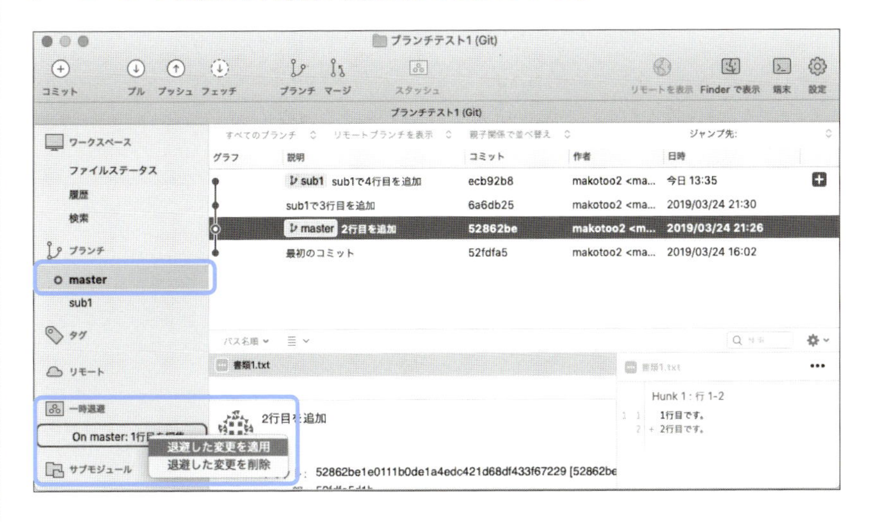

### ステップ4

確認のダイアログボックスが表示されるので「OK」ボタンをクリックします。

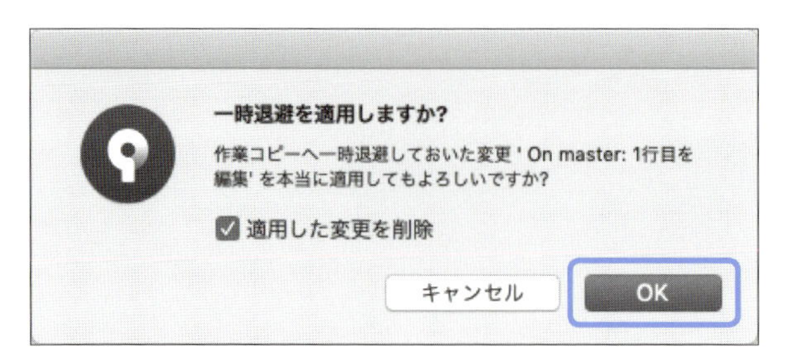


● NOTE　デフォルトでは「適用した変更を削除」がチェックされているため適用後にスタッシュが削除されます。

### ステップ5

スタッシュによりファイルが復元され作業ツリーに保存されます。

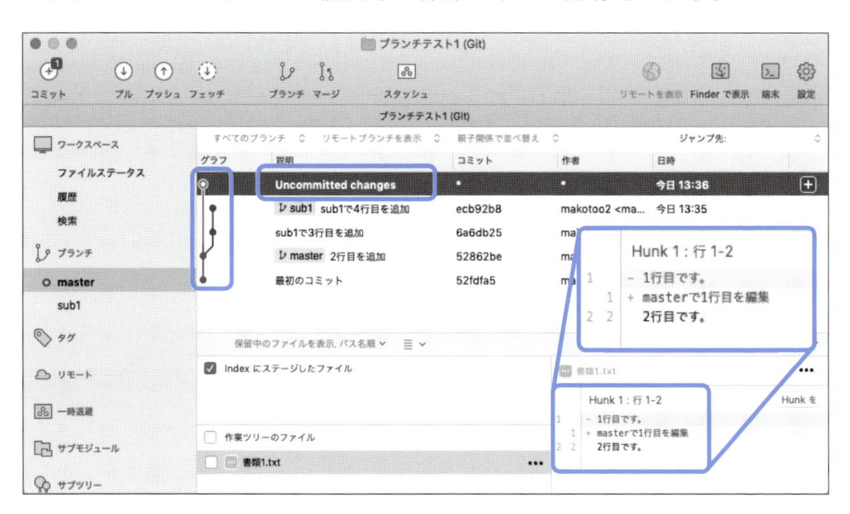


以上で、作業ツリー内のファイルの編集が再開できます。

# GitHubの活用

本章では、GitのWebサービスであるGitHubのリモートリポジトリと、ローカルリポジトリとの連携について説明しましょう。複数メンバーでGitHubのリモートリポジトリを運用する方法についても解説します。

# 4-1 GitHubのリモートリポジトリを作成する

**本節では、GitHubにアカウントを登録し、リモートリポジトリを作成する方法について説明します。また、リモートリポジトリをローカルリポジトリにクローンする方法も採り上げます。**

## 4.1.1 リモートリポジトリとローカルリポジトリの連携

Gitのオンラインサービスである**GitHub**の概要についてはP.19「1.2.2 GitとGitHub」で紹介しました。ここで、GitHub上のリモートリポジトリとローカルリポジトリを連携するために必要な「**プル(pull)**」と「**プッシュ(push)**」という用語について簡単に説明しておきましょう。

リモートリポジトリの変更をローカルリポジトリに取り込むことを「**プル**」と言います。逆にローカルリポジトリの変更をリモートリポジトリに反映することを「**プッシュ**」と言います。

■プル(pull)とプッシュ(push)

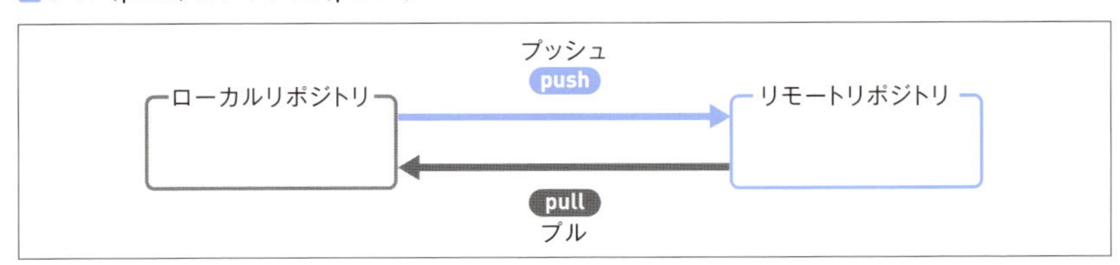


プルはファイルのダウンロード、プッシュはアップロードといったイメージで捉えるとよいでしょう。なお、チームのメンバーなど他のユーザを**コラボレータ(collaborator)**として登録することにより、ひとつのリモートリポジトリを複数のユーザで共有することができます。そうすることによりチームでのソフトウエアやWebサイトの開発が可能になります。

### パブリックリポジトリとプライベートリポジトリ

P.19「GitHubとは」で説明したように、GitHubのリモートリポジトリは「**パブリックリポジトリ**」と「**プライベートリポジトリ**」に大別されます。

前者は任意のユーザが閲覧できるリポジトリで、後者は自分自身とコラボレータ（共同作業者）として登録されたユーザのみがアクセスできるリポジトリです。なお、パブリックリポジトリの場合でも、リポジトリの書き換えができるのは、自分自身とコラボレータのみです。

たとえば、オープンソースソフトウエアの開発にはパブリックリポジトリが使用されることが多いでしょう。別の例として、企業から依頼されたホームページの作成を複数メンバーで行うといった場合にはプライベートリポジトリが適しているでしょう。

2019年1月以降は、無料のGitHub Freeプランでも、プライベートリポジトリ、パブリックリポジトリ共に無制限に作成できるようになりました。ただし、無料のGitHub Freeプランの場合、プライベートリポジトリのコラボレータとして登録できるのは3人までという点に注意してください。

## 4.1.2 GitHubにアカウントを登録する

GitHubを利用するにはアカウントの登録が必要になります。**無料プラン**（GitHub Free）と**有料プラン**（GitHub Pro）がありますが、ここでは無料で使えるGitHub Freeプランを例に、アカウントの登録方法について説明しましょう。

### ステップ1

GitHubのWebサイト「**https://github.com**」にアクセスします。ユーザ名とメールアドレス、パスワードを入力して、「**Sign up to GitHub**」ボタンをクリックします。

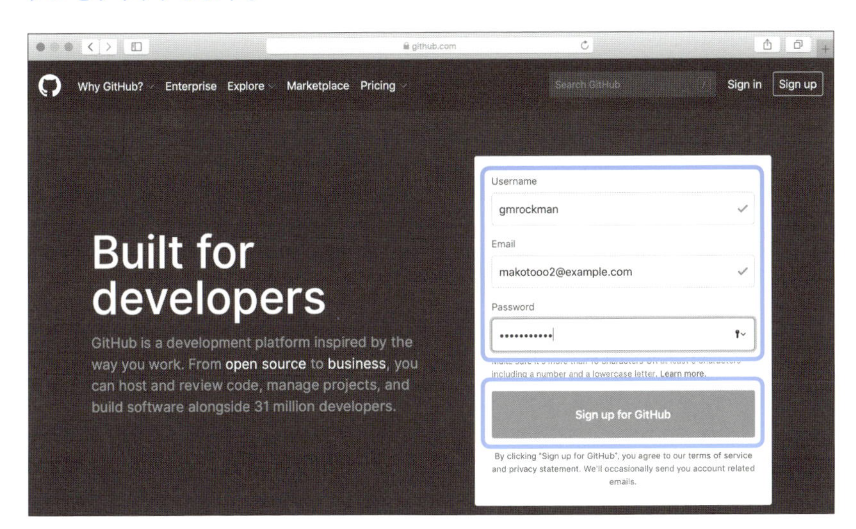

## ステップ2

パズル画面になるので、「**検証開始**」ボタンをクリックしてパズルを解きます。

パズルは、人間によってアカウント情報が入力されたことを検証するためのものです。

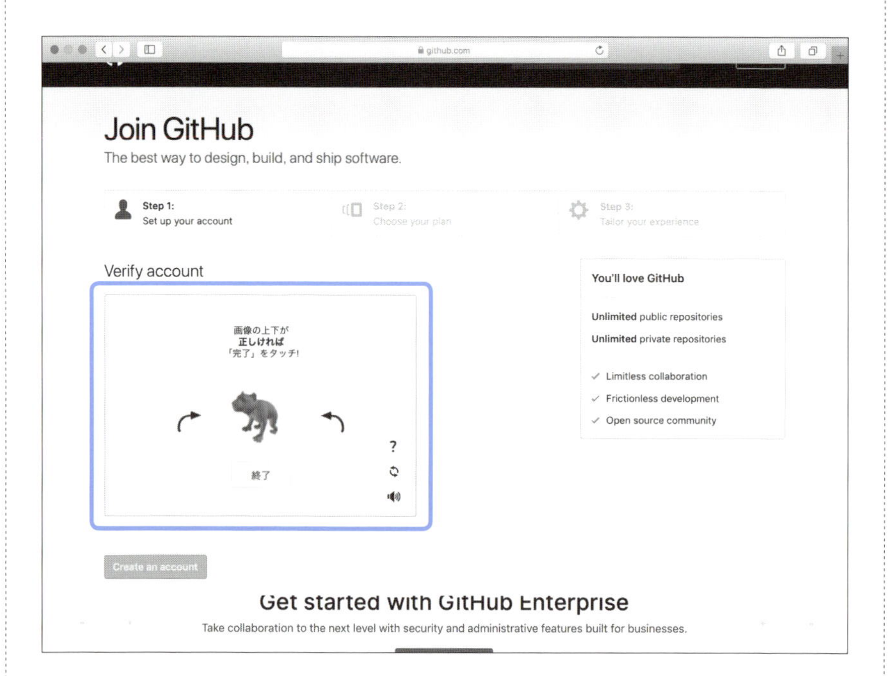

## ステップ3

プランを選択します。

無料で使えるGitHub Freeプランの場合、「**Free**」を選んでから「**Continue**」ボタンをクリックします。

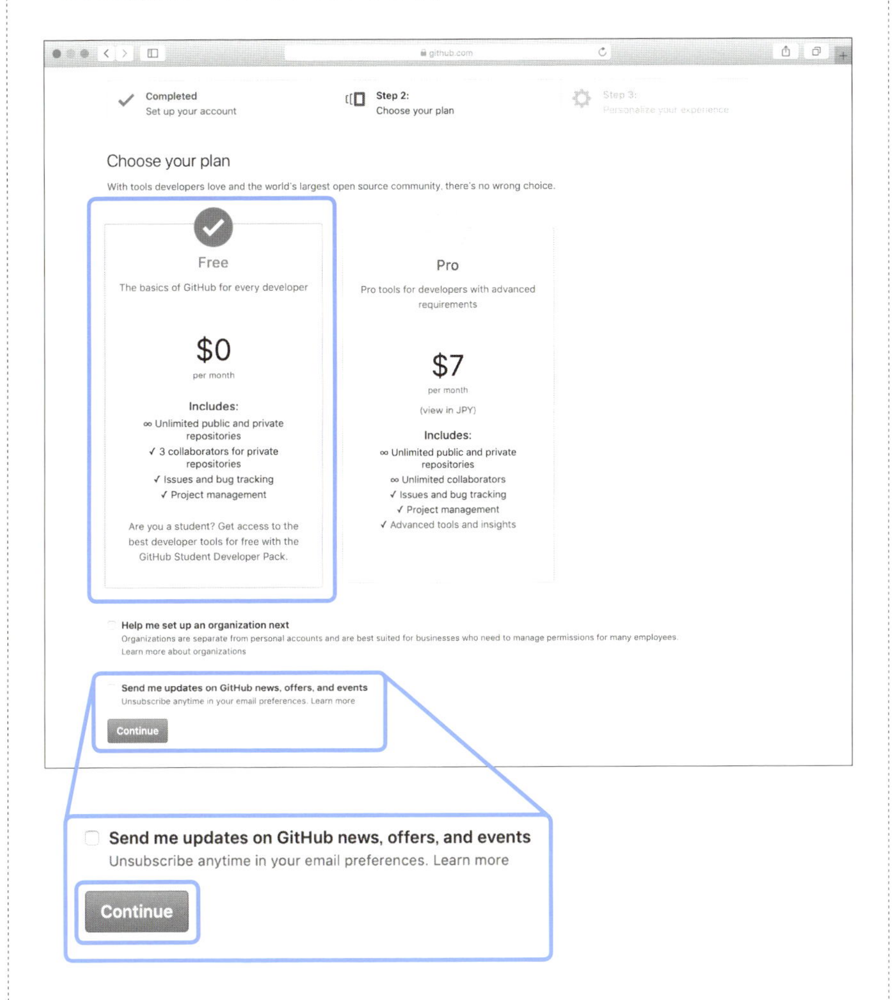

## ステップ4

### アンケートに回答します。

プログラミングレベルや職業などをチェックするアンケート画面が表示されるので、必要に応じてアンケートに回答して「**Submit**」ボタンをクリックします（アンケートは回答しなくてもかまいません。その場合は「**skip this step**」をクリックしてください）。

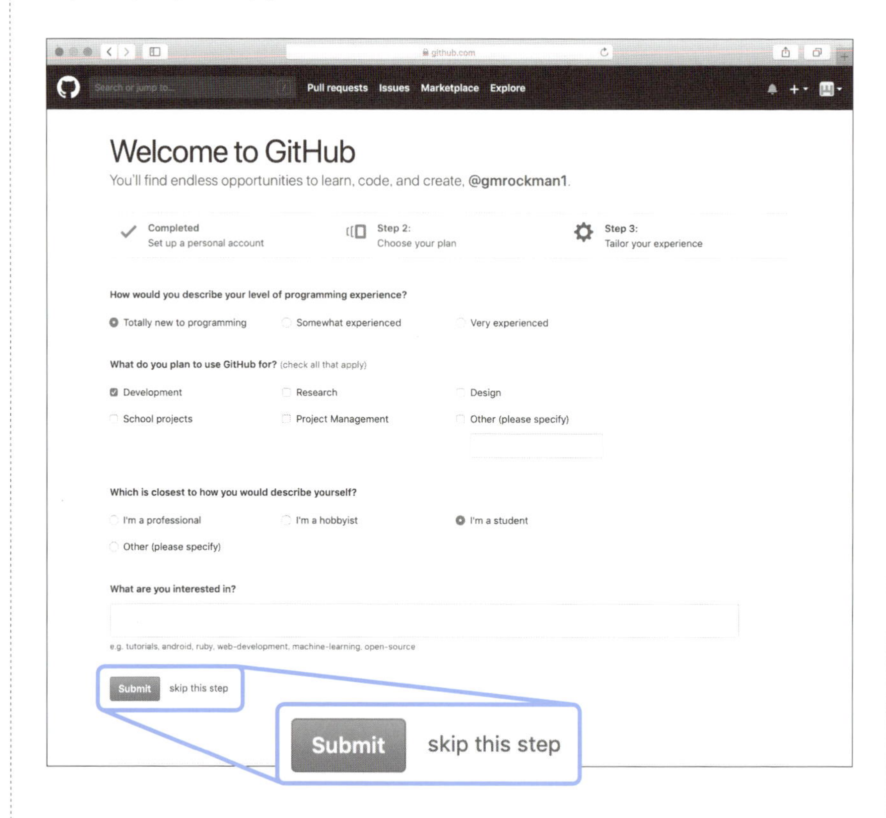


## ステップ5

### アカウントを確認するメールが、登録したアドレスに届くので、「Verify email address」ボタンをクリックします。

Webブラウザが起動し、GitHubのログインが実行され、左上に「**Your email was verified.**」と表示されればアカウントの登録は完了です。

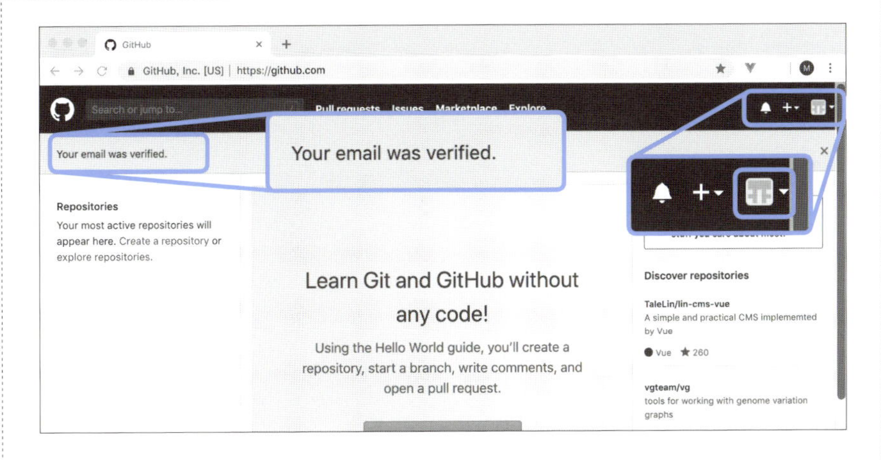


なお、サインアウトするには右上のアイコンをクリックし、表示されるメニューから「**Sign out**」を選択します。

## GitHubのサイトにログインする

アカウントの登録後、GitHubのサイトに再度ログイン(サインイン)するには、GitHubのトップページ「https://github.com」を開き「**Sign in**」ボタンをクリックします。表示される画面でユーザ名とパスワードを入力し、「**Sign in**」ボタンをクリックします。

■GitHubのサイトにログイン

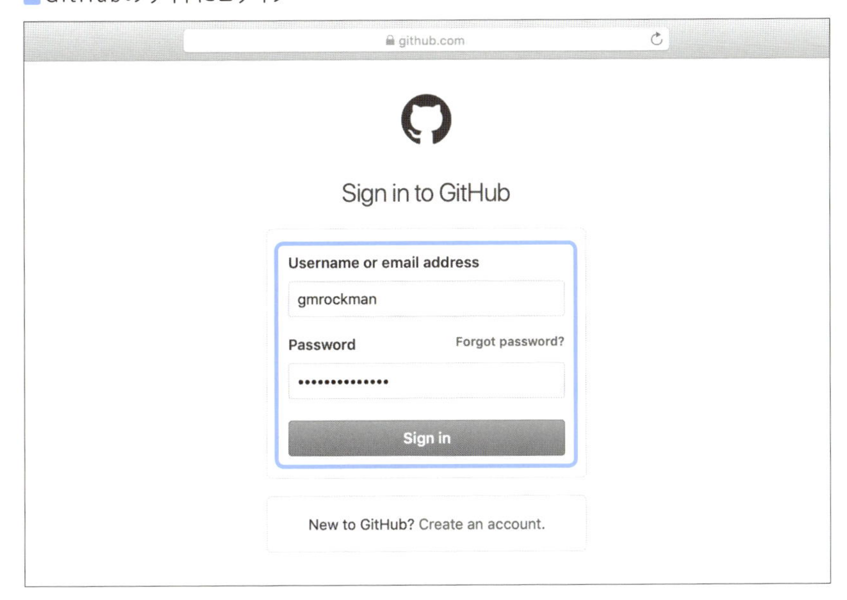

## 4.1.3 SourcetreeにGitHubアカウントを登録する

続いて、MacのSourcetree側にGitHubのアカウントを登録し、SourcetreeとGitHubが連携できるようにします。

### ステップ1

Sourcetreeを起動し、[Sourcetree]メニューから[**環境設定...**]を選択します。

「**環境設定**」ダイアログボックスの「**アカウント**」パネルを表示します。

### ステップ2

[**追加**]ボタンをクリックし、表示されるダイアログボックスで設定を行います。

「ホスト」では「**GitHub**」、「認証タイプ」は「**OAuth**」、「プロトコル」は「**HTTPS**」に設定します。

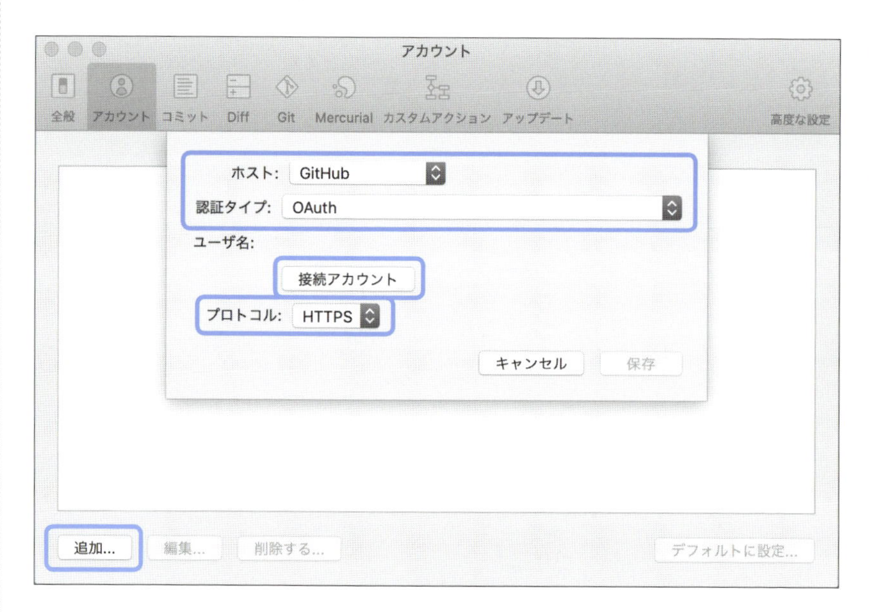


● NOTE　認証タイプで「OAuth」を選択すると、GitHubのWebサイト経由の認証となります。ユーザー名とパスワードによる認証をしたい場合には「BASIC認証」を選択します。

## ステップ3

「**接続アカウント**」ボタンをクリックします。WebブラウザでGitHubの認証画面が表示されるので「**Authorize atlassian**」ボタンをクリックします。

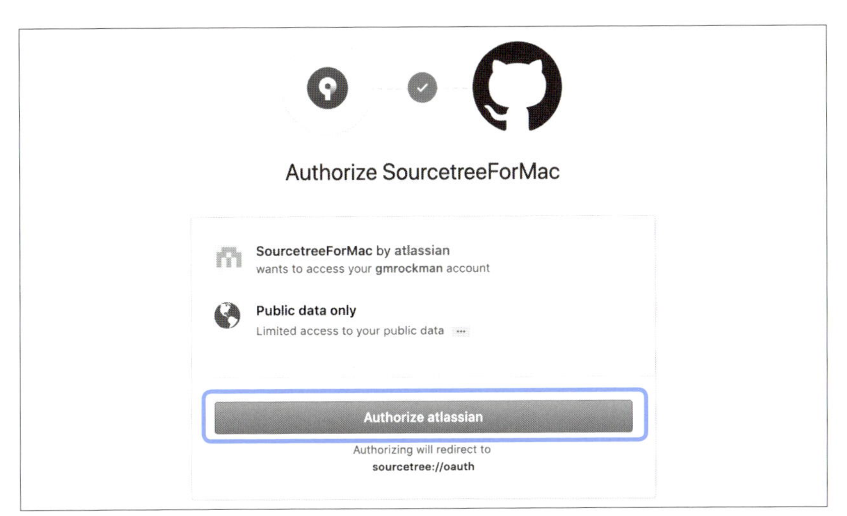


● NOTE　GitHubのサイトにログインしていない場合には、認証ページが表示されるのでユーザ名とパスワードを入力し、「Sign in」ボタンをクリックします。

## ステップ4

認証が完了するとSourcetreeに戻るので「**保存**」ボタンをクリックします。

### ステップ5

以上で、SourcetreeにGitHubのアカウントが登録されます。

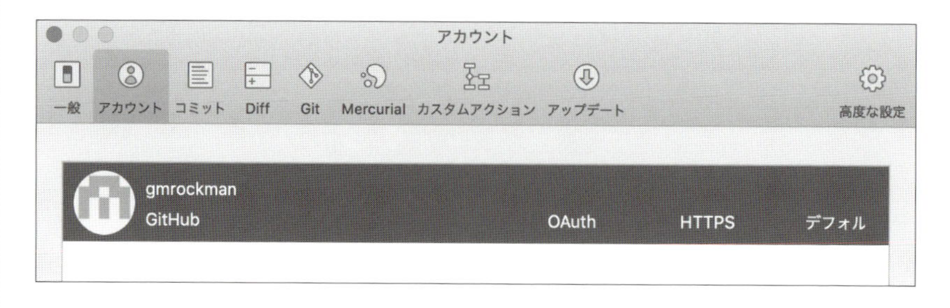


## 4.1.4 リモートリポジトリを作成する

GitHubにアカウントを登録すると、GitHubのWebサイト上でリモートリポジトリが作成できるようになります。続いて「**remoteTest1**」という名前でリモートリポジトリを作成してみましょう。

### ステップ1

GitHubのWebサイトにログインし、左上の「Repositories」の「Create a repository」をクリックします。

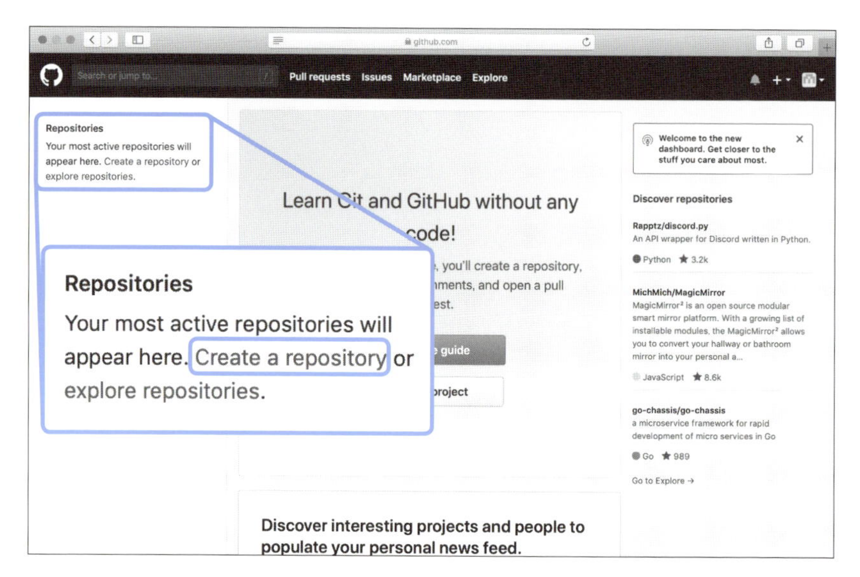

● NOTE　すでにリモートリポジトリを作成している場合には「Repositories」にリポジトリの一覧が表示されます。リポジトリをクリックするとリポジトリの編集画面に移行します。また「New」をクリックすると新規のリポジトリを作成できます。

### ステップ2

リポジトリの設定を行い、「Create repository」ボタンをクリックします。

「**Repository name**」にリポジトリの名前を設定します。ここでは「Repository name」に「**remoteTest1**」を設定しています。また「**Public**」を選択し**パブリックリポジトリ**にしています。

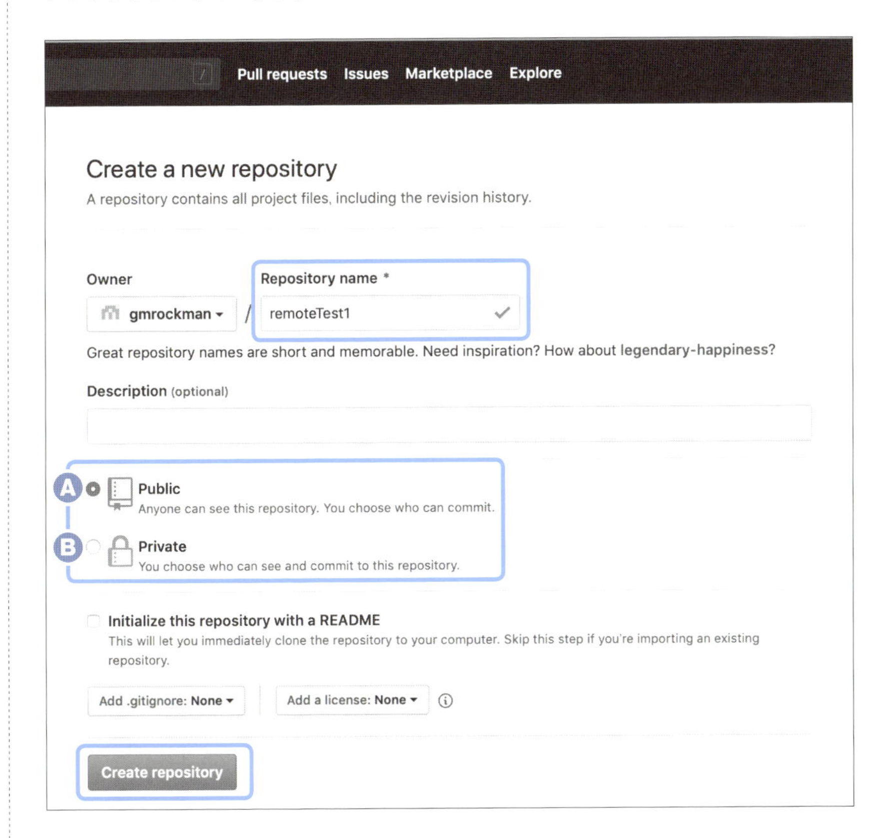


A Public：任意のユーザに公開されるパブリックリポジトリになります。ただしファイルを変更できるには自分自身とコラボレータとして設定されたユーザのみです。

B Private：自分自身、およびコラボレータとして設定されたユーザのみがアクセスできるプライベートリポジトリになります。

## ステップ3

以上でリモートリポジトリが作成されます。

ポップアップボックスになんらかの情報が（下図の例では「Watch」に「Release-only subscription」）表示されることがありますが、「Got it」（了解）をクリックすると閉じられます。

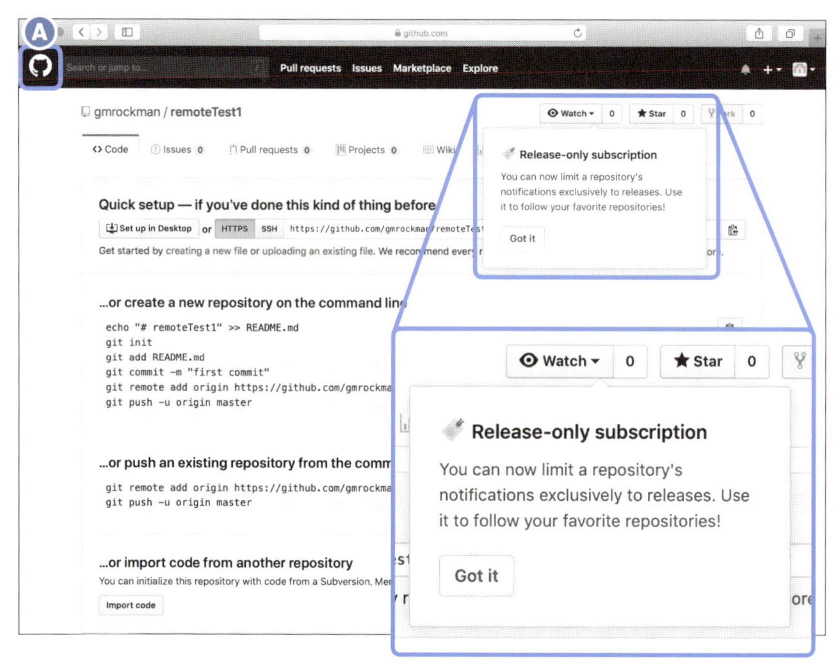


Ⓐ クリックするとトップページに移動します。

## ステップ4

左上のGitHubアイコンをクリックしてトップページに移動してみましょう。「Repositories」にリポジトリの一覧が表示されます。

リポジトリ名は「**ユーザ名／リポジトリ名**」の形式で表示されます（この時点では作成されたリポジトリはひとつだけです）。

リポジトリ名をクリックするとリポジトリの編集画面に移行します。また「**New**」をクリックするとリポジトリを作成できます。

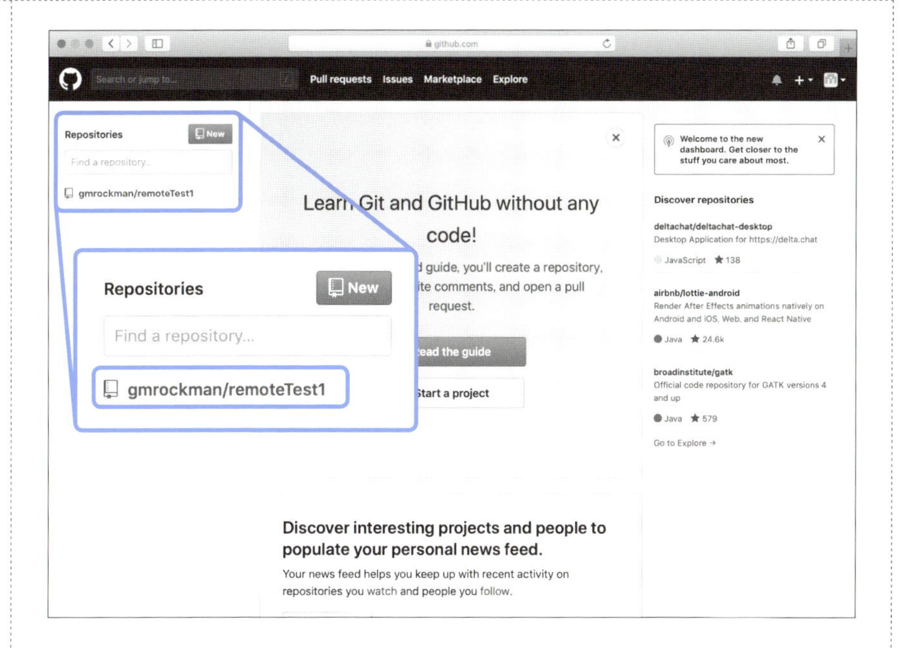


## ステップ5

「ユーザ名/remoteTest1」をクリックして、作成したリポジトリ「remoteTest1」の編集ページに戻りましょう。

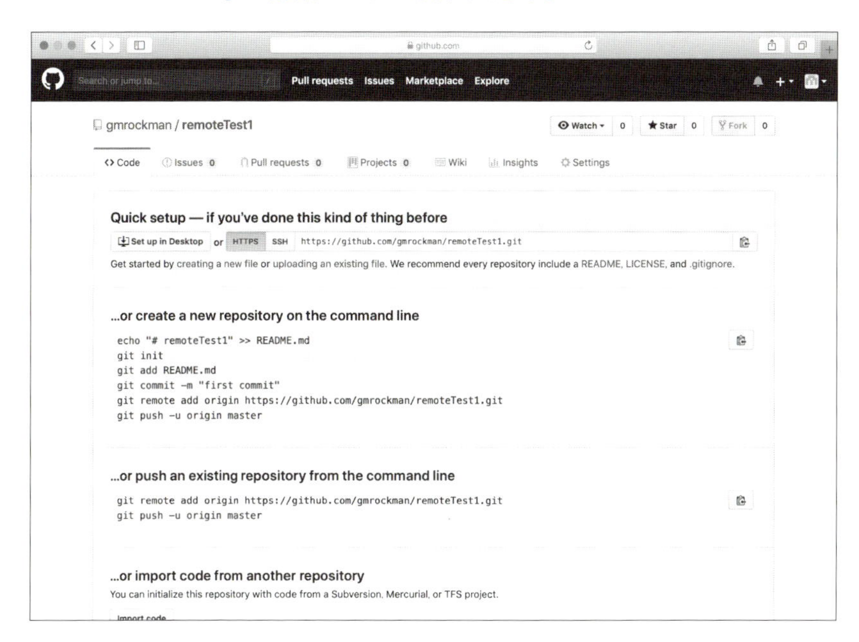

## 4.1.5 リモートリポジトリをクローンする

リモートリポジトリをローカルリポジトリとして展開することを「**クローン(clone)**」と言います。

■クローン

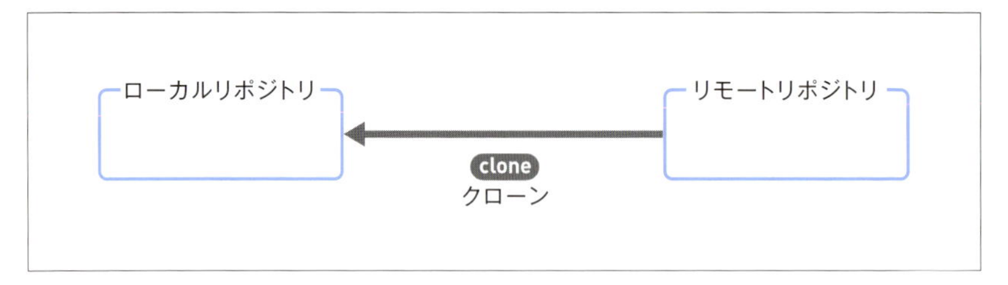


リモートリポジトリに対して、プルやプッシュといった操作を行うためにはあらかじめクローンしておく必要があります。

先ほど作成したリモートリポジトリ「**remoteTest1**」をクローンしてみましょう。

### ステップ1

Sourcetreeを起動し[ウィンドウ]メニューから[**リポジトリブラウザを表示**]を選択し「**リポジトリブラウザ**」を表示して、リモートリポジトリをクローンします。

「リポジトリブラウザ」の「**リモート**」パネルにはリモートリポジトリの一覧が表示されます。この時点ではリモートリポジトリはひとつです。

「ユーザ名/remoteTest1」の右の「**クローン**」をクリックします。

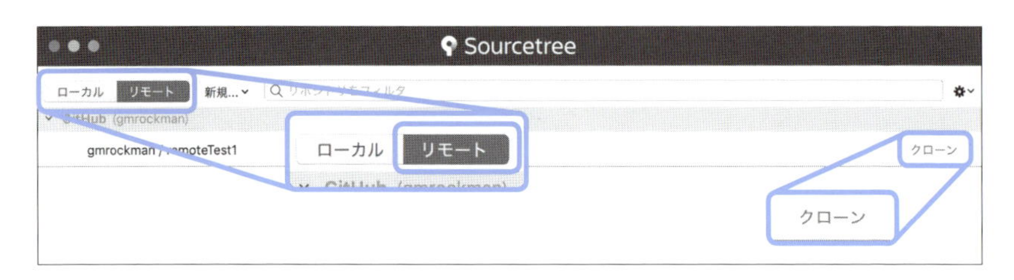


● NOTE　リモートリポジトリの一覧が表示されない場合には[リポジトリ]メニューから[リフレッシュ]を選択してください。

## ステップ2

「**リポジトリをクローン**」ダイアログボックスが表示されます。必要に応じて「**保存先のパス**」を設定して「**クローン**」ボタンをクリックします。

リポジトリをクローン

ソース URL: https://gmrockman@github.com/gmrockman/remoteTest1.gi

保存先のパス: /Users/o2/Documents/remoteTest1/ ...

名前: remoteTest1

▶ 高度なオプション

これは Git リポジトリです

キャンセル クローン

● NOTE　「ソースURL」には、次の書式でリモートリポジトリのURLが設定されています。

```
https://ユーザ名@github.com/ユーザ名/リポジトリ名.git
```

## ステップ3

クローンが実行され、ローカルリポジトリのウィンドウが開かれます。

**A** サイドバーの「リモート」にはリモートリポジトリが表示されます。慣習的にリモートリポジトリの名前として「**origin**」が使用されます。

### ステップ4

ツールバーの「**Finderで表示ボタン**」をクリックして、Finderでリポジトリの内容を表示してみましょう。

ローカルリポジトリの作業ツリーの中身は空ですが、「**.git**」フォルダ（P.47「2.1.3 Gitが内部で使用する『.git』フォルダ」）が用意されています。

これで、ローカルリポジトリとリモートリポジトリの間でプッシュやプルといった操作を行う準備が整いました。

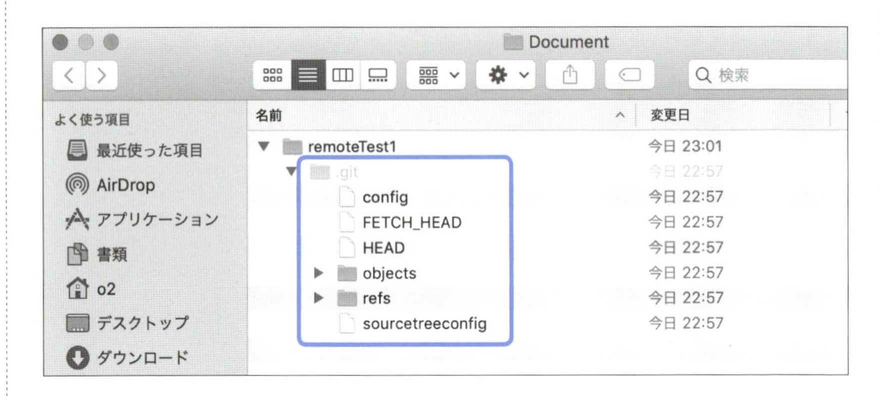


● NOTE　「.git」のような隠しフォルダの表示／非表示を切り替えるには、[command]+[shift]+「.」（ピリオド）キーを押します。

### ステップ5

「**リポジトリブラウザ**」の「**ローカル**」パネルには、リモートリポジトリからクローンした「**remoteTest1**」が表示されています。

## クローンを行う別の方法

GitHubのリモートリポジトリのローカルリポジトリへのクローンを、P.288「4.1.5 リモートリポジトリをクローンする」とは別の方法で行うには次のようにします。

① GitHubのリモートリポジトリのページを表示し「**Clone or download**」をクリックします。

URLが表示されるので、右側の📋をクリックします。

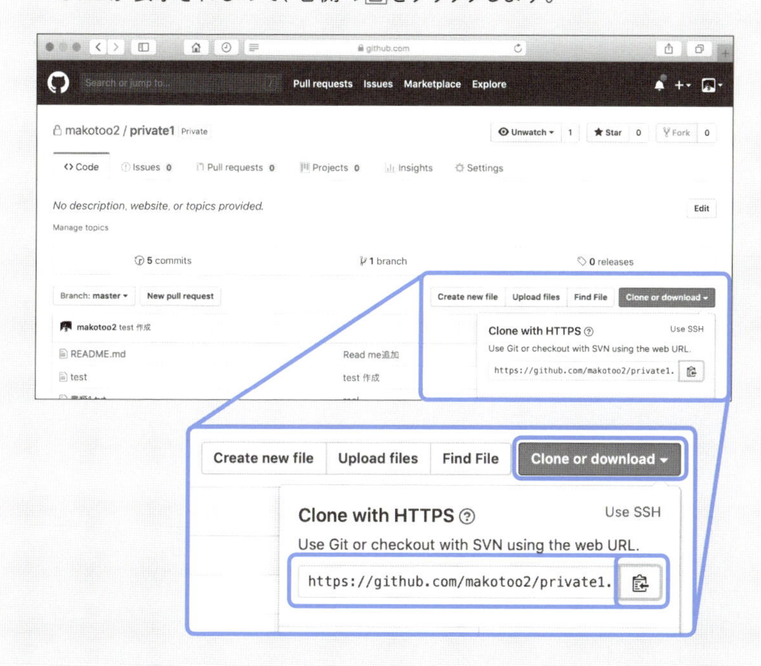


これでリモートリポジトリのアドレスがMacのクリップボードにコピーされます。

② Sourcetreeの「リポジトリブラウザ」を表示し「**新規**」→「**URLからクローン**」を選択します。

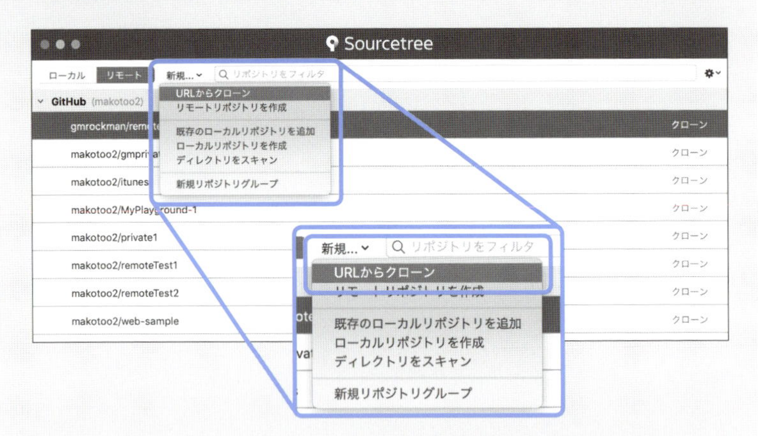


③ 表示されるダイアログボックスで設定を行い、「クローン」ボタンをクリックします。

「**ソースURL**」にコピーしたURLをペーストします。

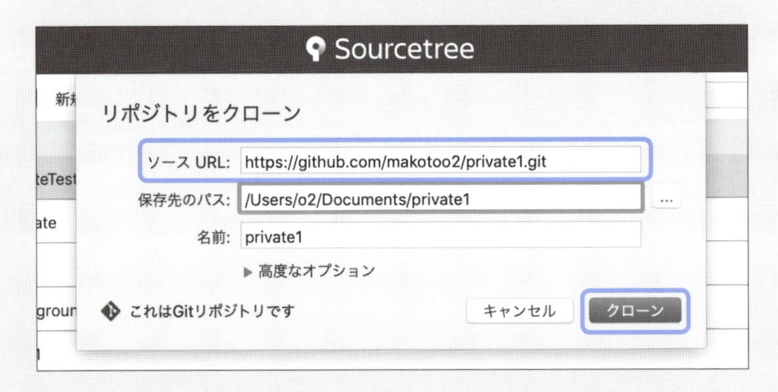


以上で、クローンが実行されます。

なお、環境によっては、Sourcetreeの「リポジトリブラウザ」からリモートリポジトリを選択し「クローン」ボタンをクリックする方法では、クローンが正しく動作しないケースがあります。その場合には、この方法を試してみるとよいでしょう。

# 4-2 ローカルリポジトリをプッシュする

**リモートリポジトリをローカルリプジトリへコピーするクローンが完了したところで、ローカルリポジトリの変更点をリモートリポジトリに反映するプッシュについて説明します。**

## 4.2.1 プッシュを実行する

P.288「4.1.5 リモートリポジトリをクローンする」でクローンしたローカルリポジトリ「**remoteTest1**」の作業ツリーのファイルを変更してコミットを行います。その後で、変更点をリモートリポジトリに**プッシュ**してみましょう。

### ステップ1

ローカルのremoteTest1リポジトリに次のような「**書類.txt**」を追加します。

書類1.txt
LF　Unicode (UTF-8)　Plain Text
改行コード　エンコーディング　シンタックス　インスペクタ

1 1行目です。
2 2行目です。
3 3行目です。
4 4行目です。
5

### ステップ2

ツールバーの「**コミット**」ボタンをクリックしてコミットします。

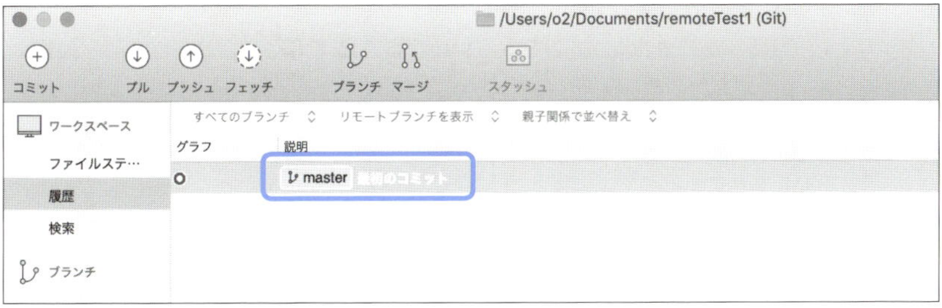

/Users/o2/Documents/remoteTest1 (Git)
コミット　プル　プッシュ　フェッチ　ブランチ　マージ　スタッシュ
ワークスペース　ファイルステ…　履歴　検索　ブランチ
すべてのブランチ　リモートブランチを表示　親子関係で並べ替え
グラフ　説明
master 最初のコミット

### ステップ3

ツールバーの「**プッシュ**」ボタンをクリックし、表示されるダイアログボックスで設定を行います。

プッシュはブランチごとに行います。「**プッシュするブランチ**」でどのブランチをプッシュするかを選択します。「**master**」をチェックしてください。

Ⓐ「プッシュ先のリポジトリ」：リモートリポジトリとして「**origin**」が選択されていることを確認します。

Ⓑ「プッシュするブランチ」：プッシュするブランチを選択します。ブランチが複数ある場合に「**すべて選択**」をチェックするとすべてのブランチにチェックを付けられます。

Ⓒ「すべてのタグをプッシュする」：デフォルトでチェックが付いているためタグもプッシュされます。

### ステップ4

「OK」ボタンをクリックします。

ここで、キーチェーンのダイアログボックスが表示される場合には、Macのパスワードを入力し「**許可**」ボタンをクリックします。

● NOTE　「キーチェーン」はさまざまなパスワードを統合管理するMacのアプリケーションです。「常に許可」をチェックしておくと、これ以降パスワードを訊いてこなくなります。

### ステップ5

以上で、ローカルリポジトリのmaster**ブランチ**が、リモートリポジトリのmasterブランチにプッシュされます。

サイドバーの「**リモート**」の「**origin**」を開くと、「**master**」が表示されます。また、履歴表示では最終コミットに master と origin/master が表示されます。

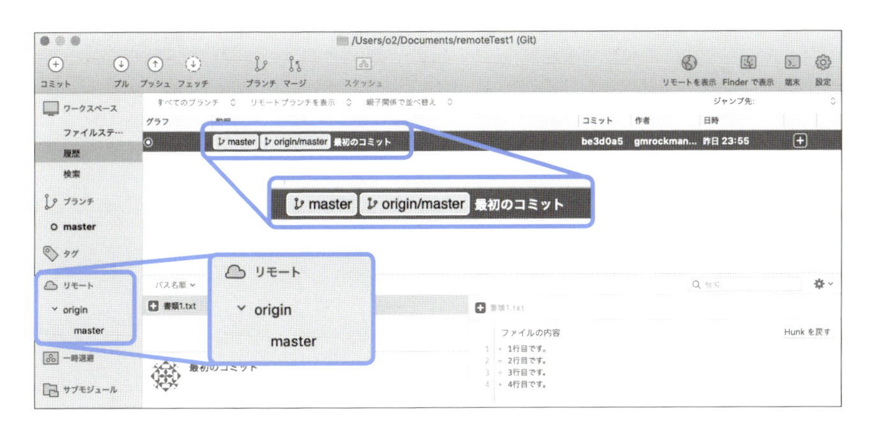


## GitHub上でリモートリポジトリを確認する

GitHub上でリモートリポジトリ「**remoteTest1**」を開いて正しくプッシュされたことを確認しましょう。

### ステップ1

Sourcetreeでローカルリポジトリ「**remoteTest1**」を開いた状態で、ツールバーの「**リモートを表示**」ボタンをクリックします。

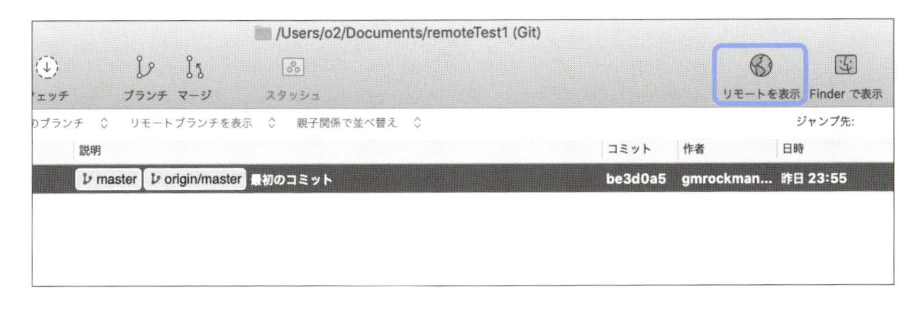

### ステップ2

Webブラウザが起動し、GitHubのリモートリポジトリ「remoteTest1」のページが表示されます。

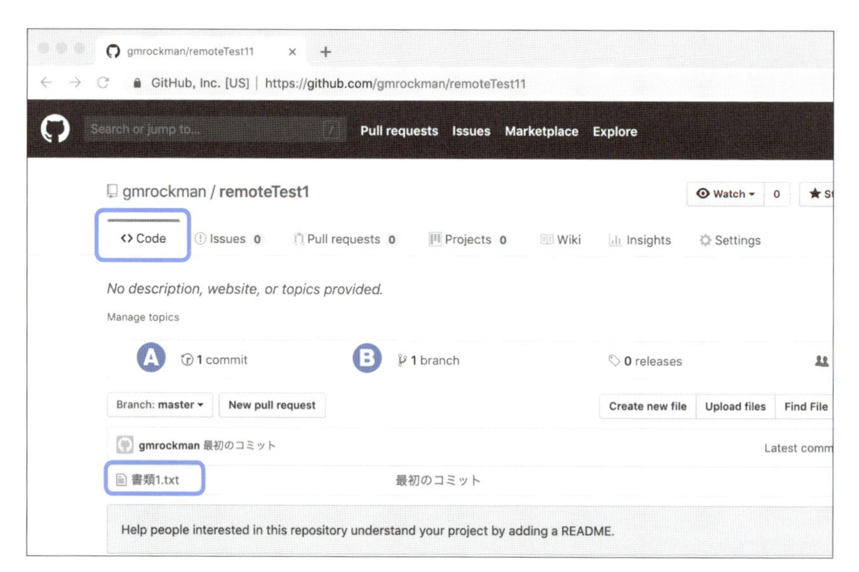


**A** コミットの数です。

**B** ブランチの数です。

「**Code**」ページにはリポジトリ内のファイルの一覧と最後のコミットメッセージが表示されています。この時点で登録されたファイルは「**書類1.txt**」のみです。

## もう一度プッシュする

一度プッシュを行ってローカルのmasterブランチとリモートのmasterブランチ（**origin/master**）がリンクしたところで、もう一度、ローカルリポジトリにコミットを行って、再度プッシュしてみましょう。

### ステップ1

「**書類1.txt**」を編集し、コミットを行います。

次の例では、「**書類1.txt**」に5行目を追加しています。

ツールバーの「**プッシュ**」に「1」が表示されていますが、これはプッシュすべきコミットが現在1つあることを示しています。

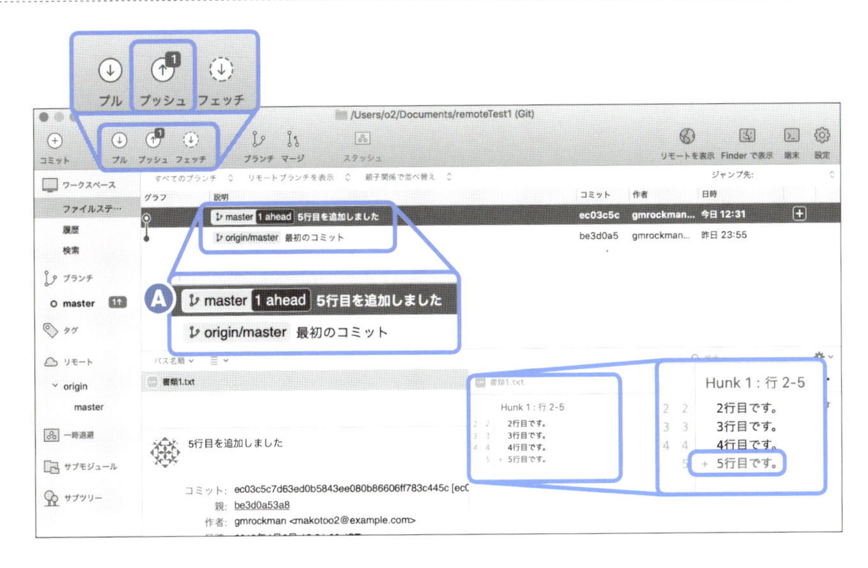


**A** ローカルのmasterブランチのコミットが、origin/masterより1つ先に進んでいます（「master 1 ahead」）。

## ステップ2

ツールバーの「**プッシュ**」ボタンをクリックしてプッシュします。

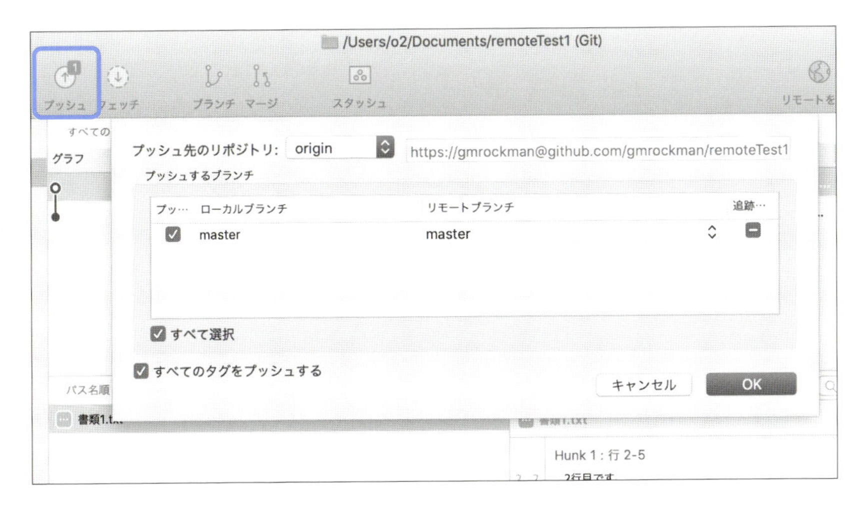

### ステップ3

以上でローカルリポジトリとリモートリポジトリのコミット履歴が一致します。

コミットの履歴表示では、master と origin/master のどちらも同じ最終コミットを参照していることがわかります。

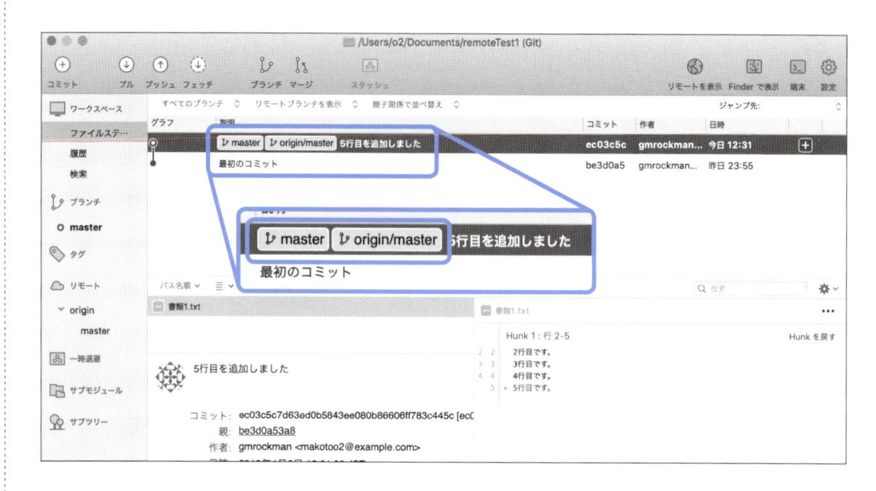


### ステップ4

WebブラウザでGitHubのリモートリポジトリを確認すると、「Code」ページでは「commits」（コミット）が「2」になっていることがわかります。

## ステップ5

「書類1.txt」をクリックすると表示される画面では、ファイル内容を確認できます。

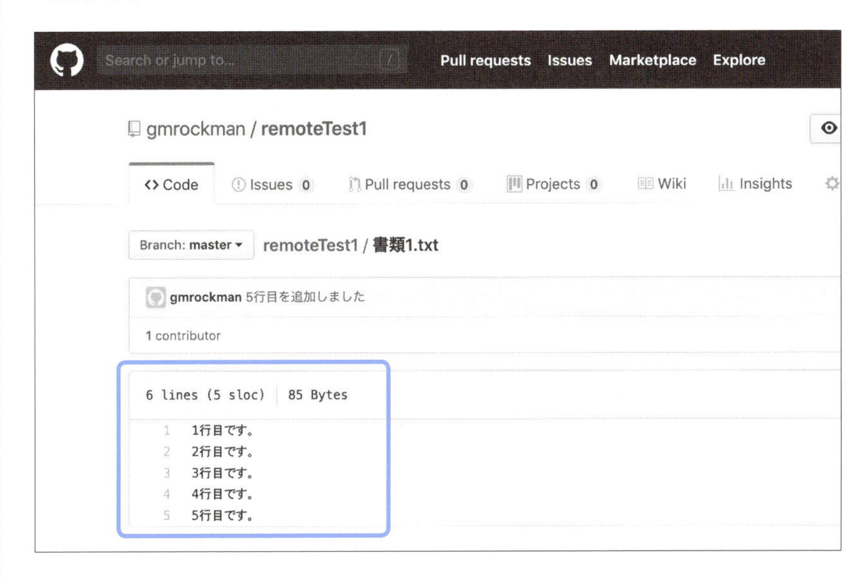


## ステップ6

「commits」をクリックすると表示される画面では、コミット履歴を確認できます。

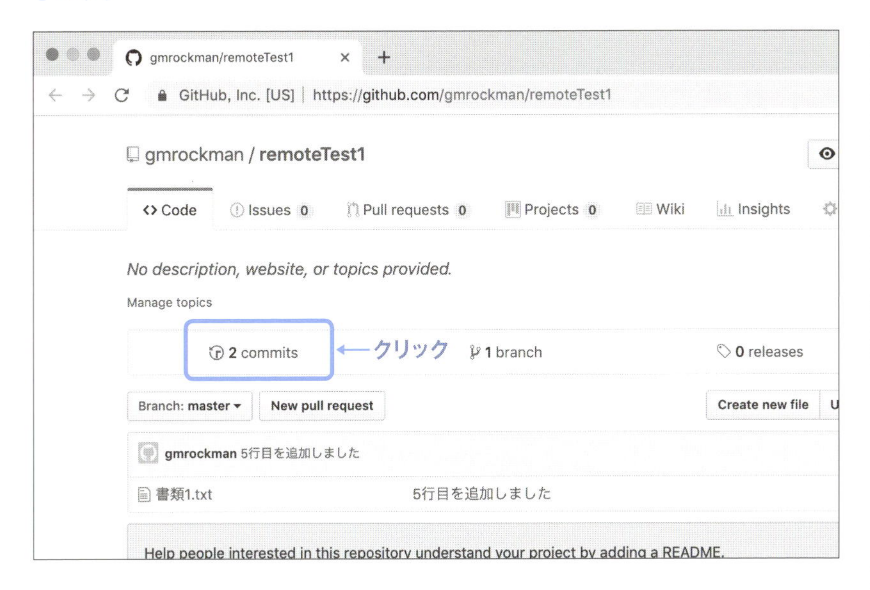

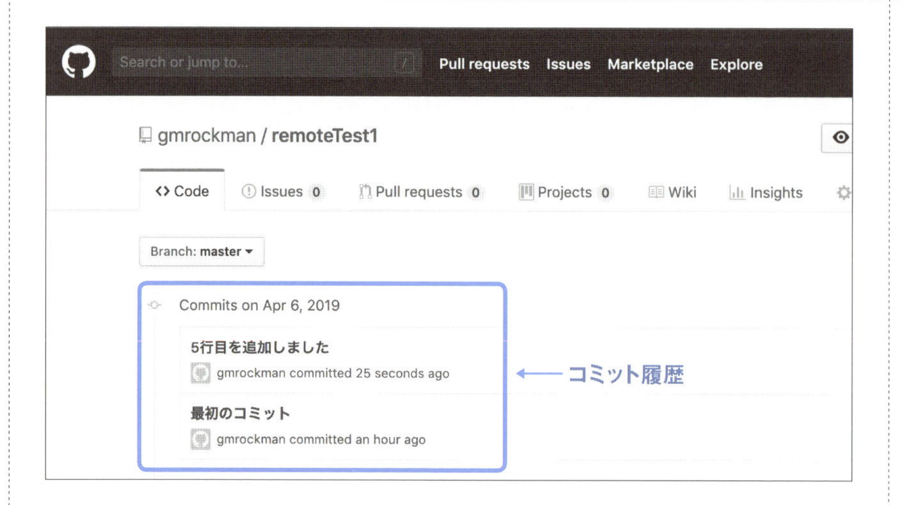


## プッシュが失敗する場合の対処方法

MacのSourcetreeでは、GitHubやBitbucketなどのGitのWebサービスのアカウントを、macOS標準のアカウント管理システムである「**キーチェーン**」で管理しています。

ただし、1台のMacで複数のGitHubアカウントを管理している場合や、アカウント情報を後から修正した場合などに、キーチェーンを使用した認証がうまくいかない場合があります。症状としては、リモートリポジトリへのプッシュが失敗する、リポジトリブラウザのリモートリポジトリの一覧にプライベートリポジトリが表示されないといった状態になります。

その場合、「アプリケーション」→「ユーティリティ」フォルダの「**キーチェーンアクセス（Keychain Access.app）**」を起動して、「**github**」をキーワードに名前を検索します。その後、検索されたアカウントを選択し、[編集]メニューから[削除]を選択することで、見つかったアカウントをいったん削除して、アカウントを再設定してください。

■キーチェーンアクセス：「github」をキーワードに検索

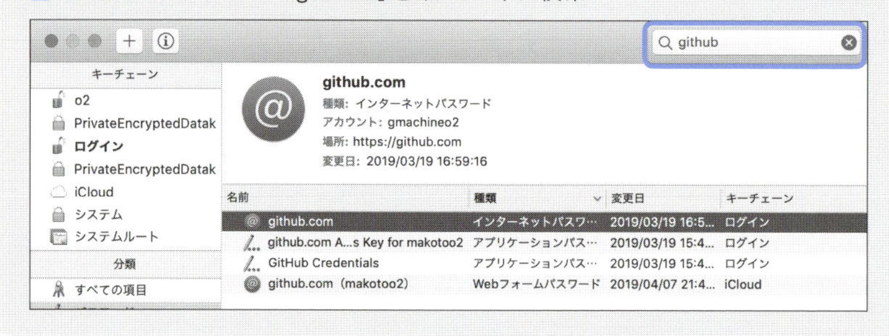

# 4-3 リモートリポジトリからプルする

**前節の説明でプッシュの基本操作が理解できたと思います。この節では、プッシュとは逆にリモートリポジトリの変更内容をローカルリポジトリに取り込むプルを行ってみましょう。**

## 4.3.1 GitHubでコミットを行う

リモートリポジトリの変更内容をローカルリポジトリに取り込むには「**プル(pull)**」という操作を行います。実際に複数のメンバーでリモートリポジトリを共有する方法は次節で説明することにして、ここでは、自分でWebブラウザのGitHub上のリモートリポジトリを更新して、それをプルする方法について説明しましょう。

■Webブラウザで GitHubのリモートリポジトリを更新し、それをプルする

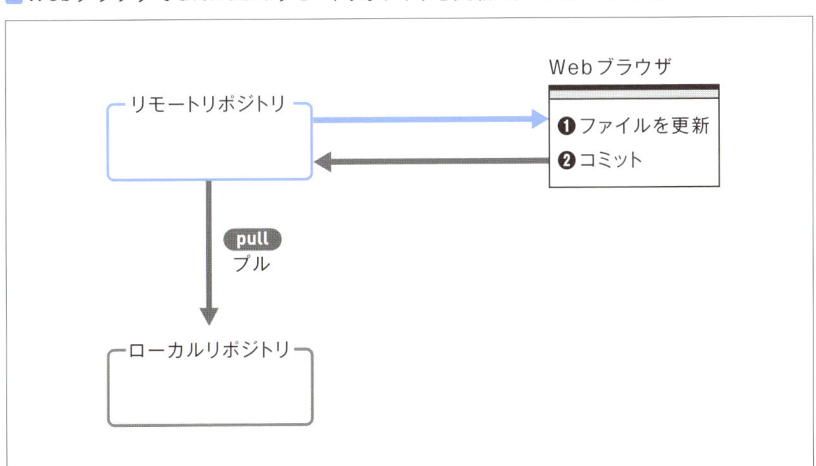


まず、GitHub上のリモートリポジトリ「**remoteTest1**」でコミットを行ってみましょう。次に、リモートリポジトリ「remoteTest1」で**README**ファイル作成し、コミットを行う例を示します。READMEファイル(README.md)は訪問者にリポジトリの内容を説明するためのファイルです。

### ステップ1

WebブラウザでGitHubのリモートリポジトリ「remoteTest1」を開き、「Code」ページに移動します。「Add a README」ボタンをクリックします。

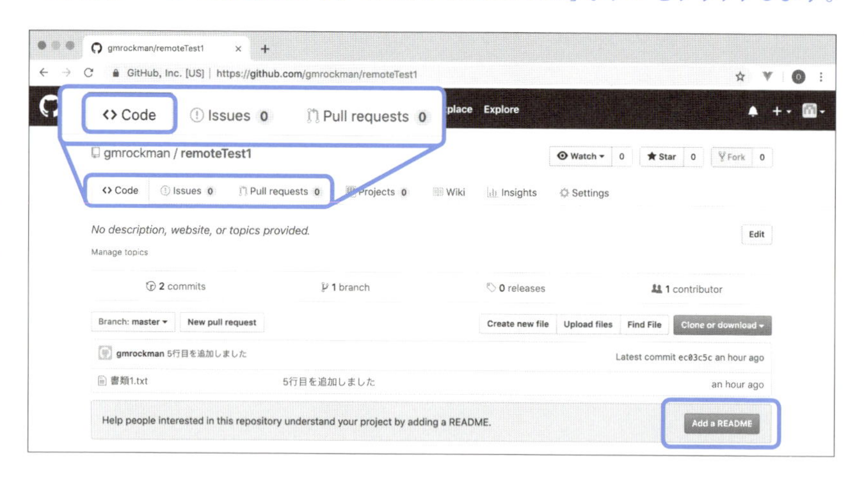


### ステップ2

エディタ画面が表示されるのでREADMEファイルの内容を入力します。

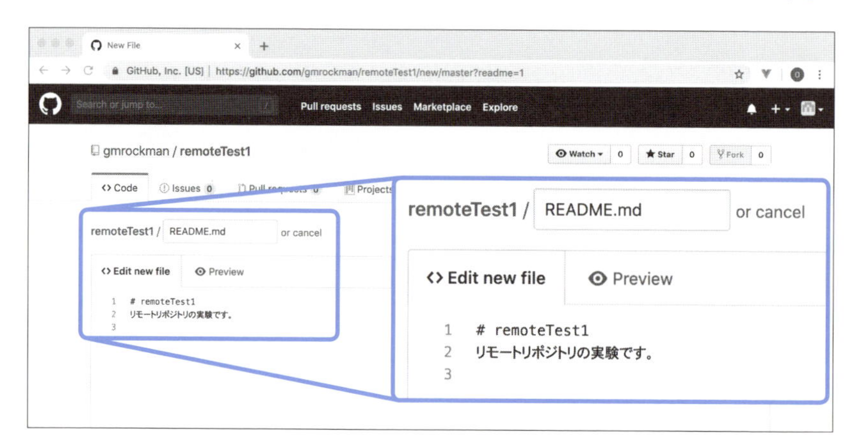


### ステップ3

Webページを最後までスクロールします。テキストボックスにコミットメッセージを入力し、「Commit new file」ボタンをクリックします。

「commit directory to the master branch.」が選択されていることを確認してください。

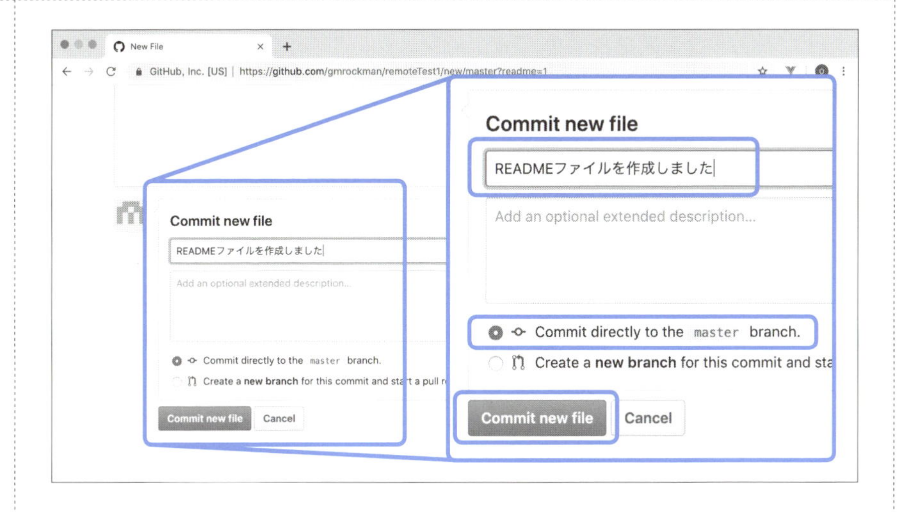


● NOTE　READMEファイルはマークダウン記法（P.25コラム「テキストだけで文書を書くルール『マークダウン』」）で記述できます。

## ステップ4

「Code」ページでREADMEファイル（README.md）が作成されたことを確認します。

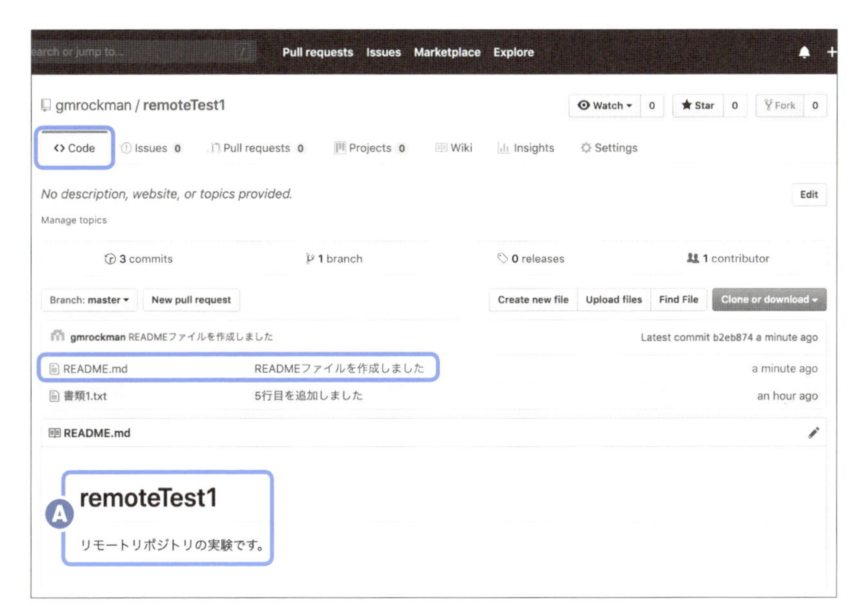


Ⓐ READMEファイルに記述したマークダウンがレンダリングされて表示されます。

### ローカルリポジトリにプルする

この時点では、リモートリポジトリの変更はローカルリポジトリには反映されていません。続いて、**リモートリポジトリのmasterブランチ**（**origin/master**）を**ローカルリポジトリのmasterブランチ**にプルしてみましょう。

#### ステップ1

Sourcetreeでローカルリポジトリ「**remoteTest1**」を開いて、[リポジトリ]メニューから[**リモートのステータスを再表示**]を選択します。

ツールバーの「**プル**」に「**1**」が表示され、プルすることができるコミットが一つあることがわかります。また、サイドバーの「**ブランチ**」の「**master**」には「**1↓**」が表示され、ローカルブランチ「**master**」がリモートブランチ「**origin/master**」よりひとつ遅れていることを示します。

#### ステップ2

ツールバーの「**プル**」ボタンをクリックし、表示されるダイアログボックスで設定を行います。

「**プルする元のリポジトリ**」で「**origin**」が、「**プルするリモートのブランチ**」で「**master**」が選択されていることを確認します。

また、「**すぐにマージした変更をコミットする**」にチェックがついていることを確認します。

プルする元のリポジトリ: origin
https://gmrockman@github.com/gmrockman/remoteTest1.git
プルするリモートのブランチ: master 更新
プルするローカルのブランチ: master
オプション
☑ すぐにマージした変更をコミットする
☐ マージコミットでマージされるコミットからメッセージを読み込む
☐ fast-forward マージであっても新たにコミットを作成する
☐ マージではなくリベースする (警告: 変更をプッシュしていないことを確かめて下さい)
キャンセル OK

## ステップ3

「OK」ボタンをクリックするとプルが実行されます。

ローカルブランチ「**master**」とリモートブランチ「**origin/master**」のどちらも、プルにより追加された最終コミット(コミットメッセージは「READMEファイルを作成しました」)を参照するようになったことを確認してください。

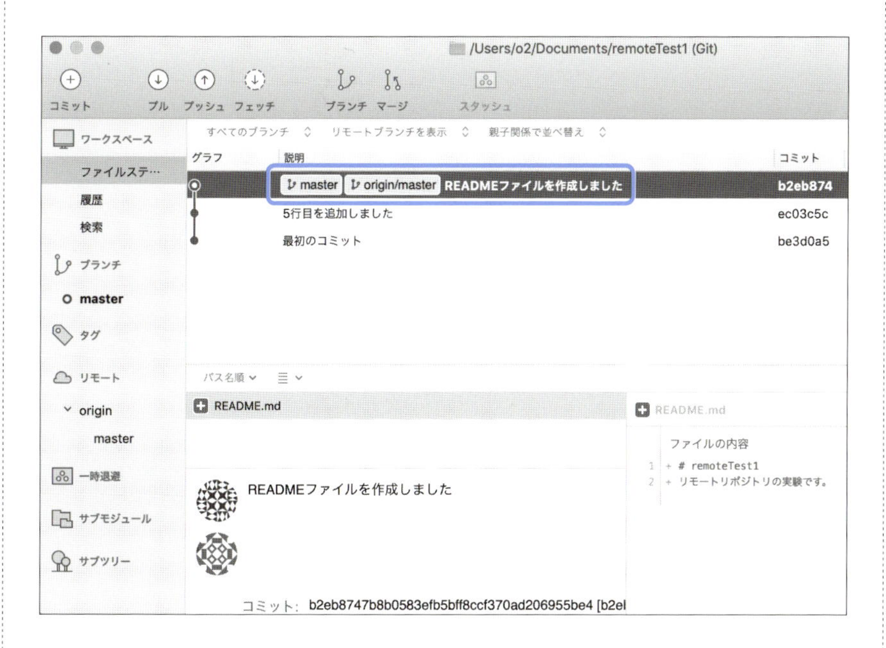

## 4.3.2 リモート追跡ブランチについて

実はSourcetreeのサイドバーの「**リモート**」に表示される「**origin**」はリモートリポジトリそのものではありません。

originは、リモートリポジトリをローカルにコピーしたもので、そのブランチは「**リモート追跡ブランチ**」と呼ばれます。リモート追跡ブランチは読み取り専用のブランチでユーザが直接変更することはできません。

■リモート追跡ブランチ

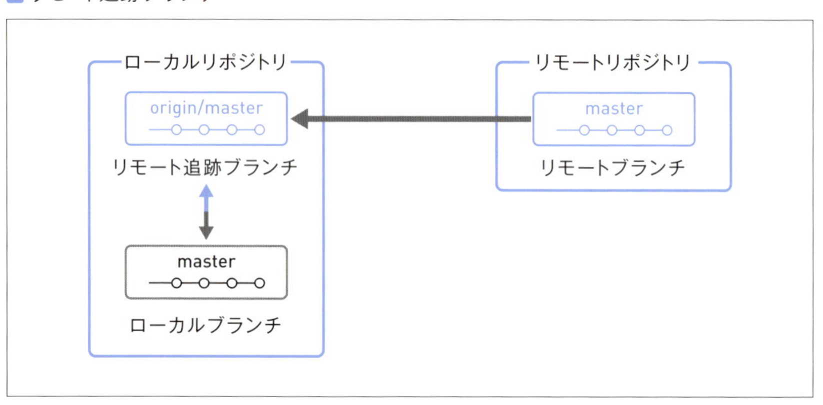


## 4.3.3 「プル」はフェッチとムーブを組み合わせたもの

「**フェッチ(fetch)**」という操作を行うと、リモートブランチをリモート追跡ブランチに取得できます。そうすることで、リモートブランチの変更点をローカルブランチに反映する前に、リモートブランチの内容を確認できるわけです。確認後ローカルブランチに反映してよければ、リモート追跡ブランチをローカルブランチにマージすればOKです。

実は先ほど説明した「**プル**」は、「**フェッチ**」と「**マージ**」という一連の処理を組み合わせたものなのです。

■プル=フェッチ+マージ

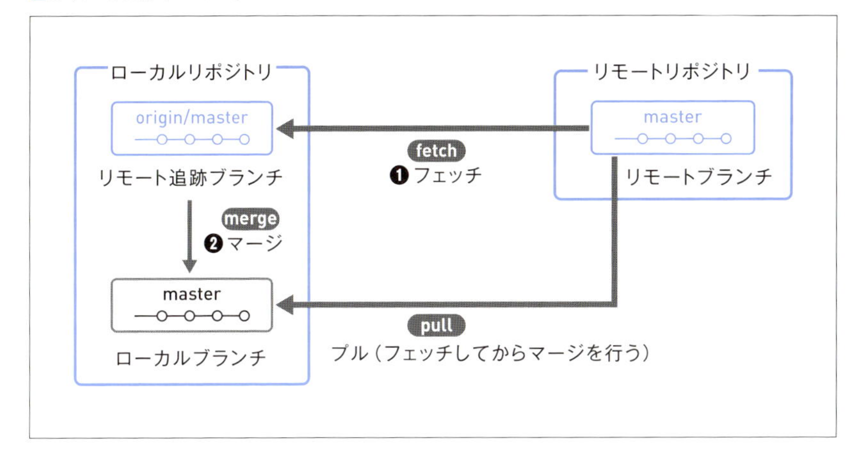


GitHubのサイトで**remoteTest1**リポジトリの「**書類1.txt**」を変更してコミットしてから、それをフェッチして内容を確認し、その後でマージしてみましょう。

## ステップ1

GitHubのWebサイトでリモートリポジトリ「remoteTest1」にアクセスし「Code」ページを表示します。

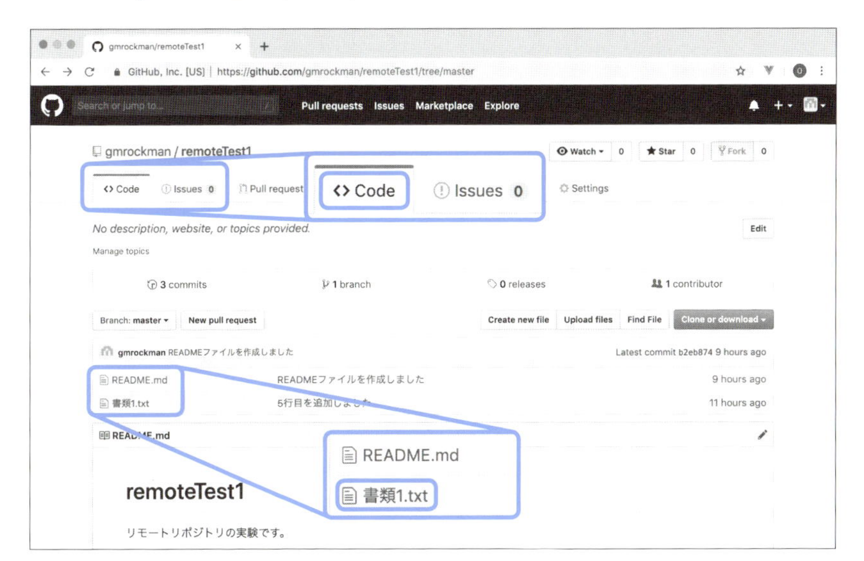

## ステップ2

「書類1.txt」をクリックすると「書類1.txt」の内容を表示するページに移動します。

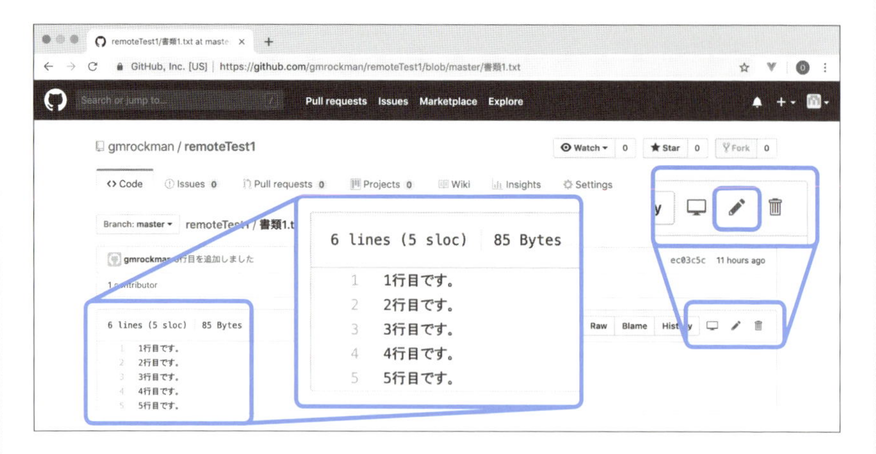


## ステップ3

「鉛筆」のアイコン をクリックすると編集画面になるので編集します。

次の例では1行目を「**1行目を修正**」に変更しています。

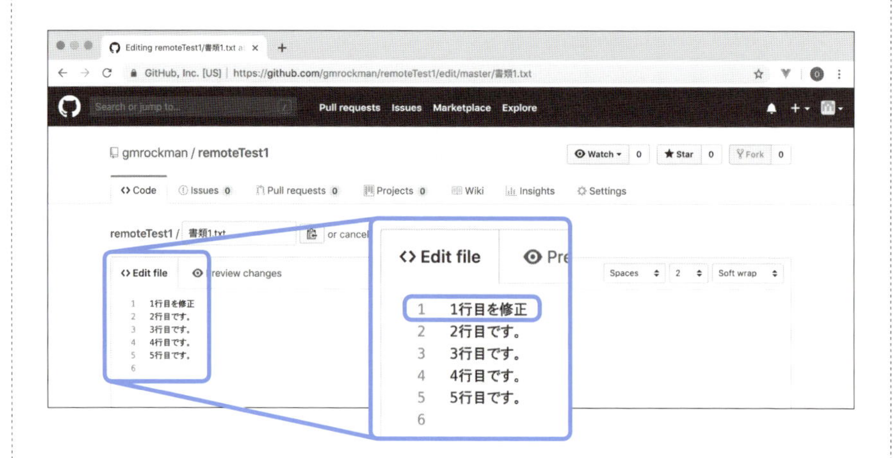


## ステップ4

コミットします。

ページを後方にスクロールして、テキストボックスにコミットメッセージを入力し「**Commit changes**」ボタンをクリックします。

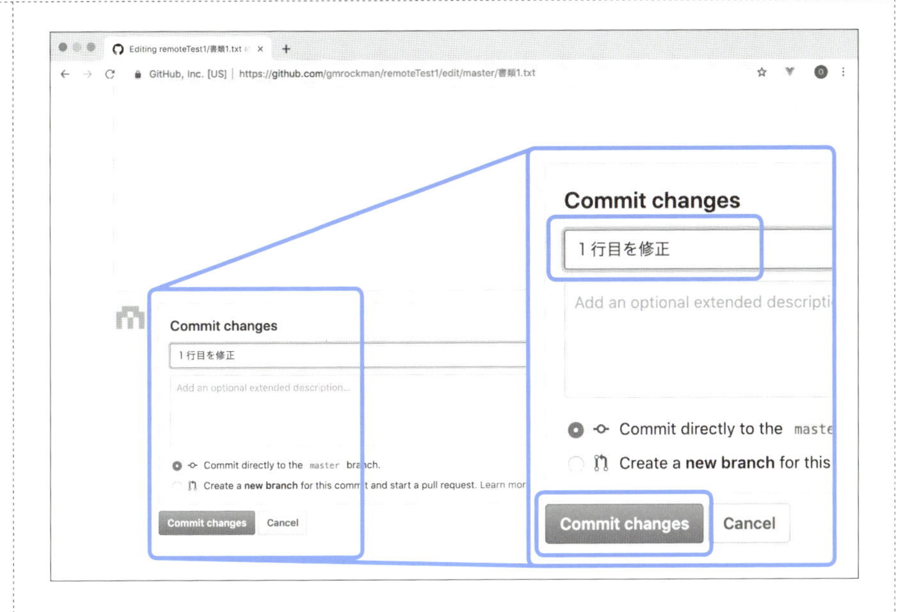


## ステップ5

Sourcetreeに戻り、ツールバーの「**フェッチ**」ボタンをクリックします。

「**リモートからすべて取得する**」がチェックされていることを確認し「OK」ボタンをクリックします。

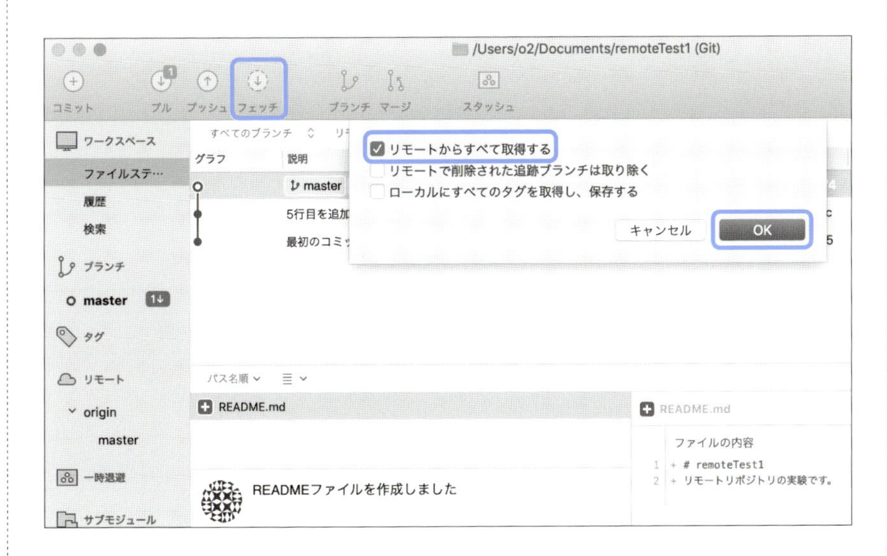

### ステップ6

以上でフェッチが行われます。つまり、リモートブランチから変更点が取得され、それがリモート追跡ブランチ「origin/master」に反映されます。

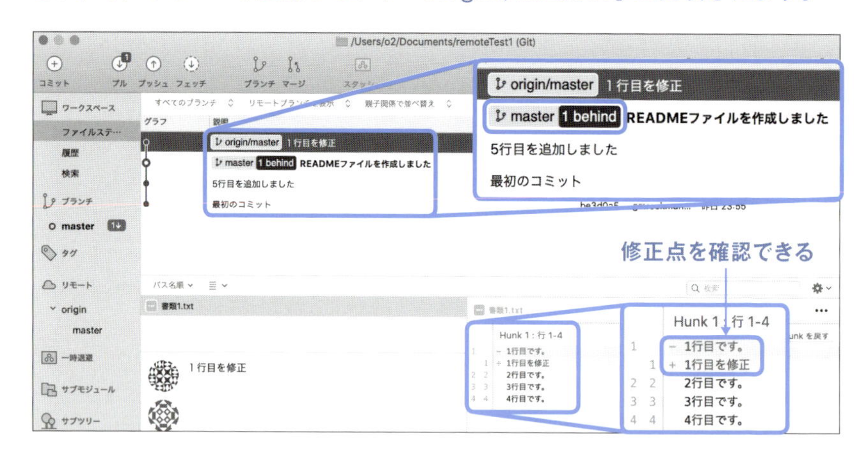


履歴表示ではローカルブランチ「**master**」に「**master 1 behind**」 と表示され、リモート追跡ブランチ「**origin/master**」よりコミットが1つ遅れていることがわかります。

### ステップ7

ツールバーの「**マージ**」ボタンをクリックしてリモート追跡ブランチ「origin/master」をマージします。

「**フェッチされたものをマージ**」を選択し、「OK」ボタンをクリックします。

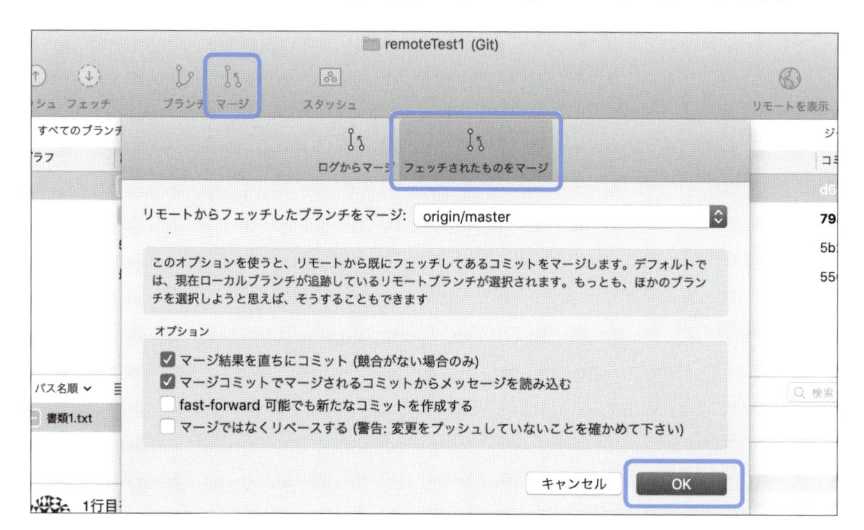

● NOTE　「ログからマージ」を選択すると、フェッチされたコミットが複数ある場合に、マージするコミットを選択できます。また、マージの代わりに「プル」ボタンをクリックしてプルを行ってもかまいません。

## ステップ8

以上で、「**フェッチ + マージ**」が完了し、ローカルブランチ「**master**」とリモート追跡ブランチ「**origin/master**」のどちらも最終コミットを参照するようになります。

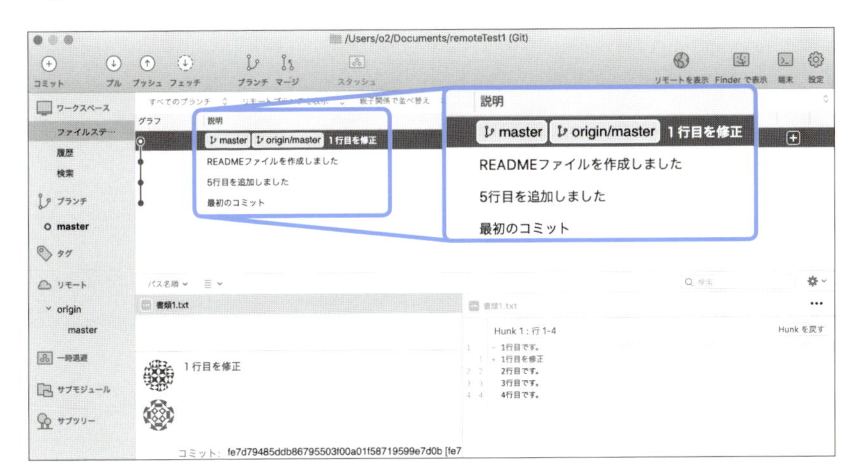

# 4-4 プルリクエストを利用してチームで作業する

**この節では、複数のユーザでリモートリポジトリを共有して共同作業を行う方法について説明します。その際プルリクエストを使用するとリポジトリを安全に管理できます。**

## 4.4.1 チームで作業するコラボレータを登録する

複数のメンバーで共通のリモートリポジトリを操作するためには、自分以外のメンバーを「**コラボレータ**（共同作業者）」として登録する必要があります。コラボレータの登録はGitHubのWebサイトで行います。

### ステップ1

GitHubのリモートリポジトリ「**remoteTest1**」を開き、「**Settings**」ページの「**Collaborators**」を表示します。

ユーザ名もしくはメールアドレスでコラボレートとして登録するユーザを選択し、「**Add Collaborator**」ボタンをクリックします。

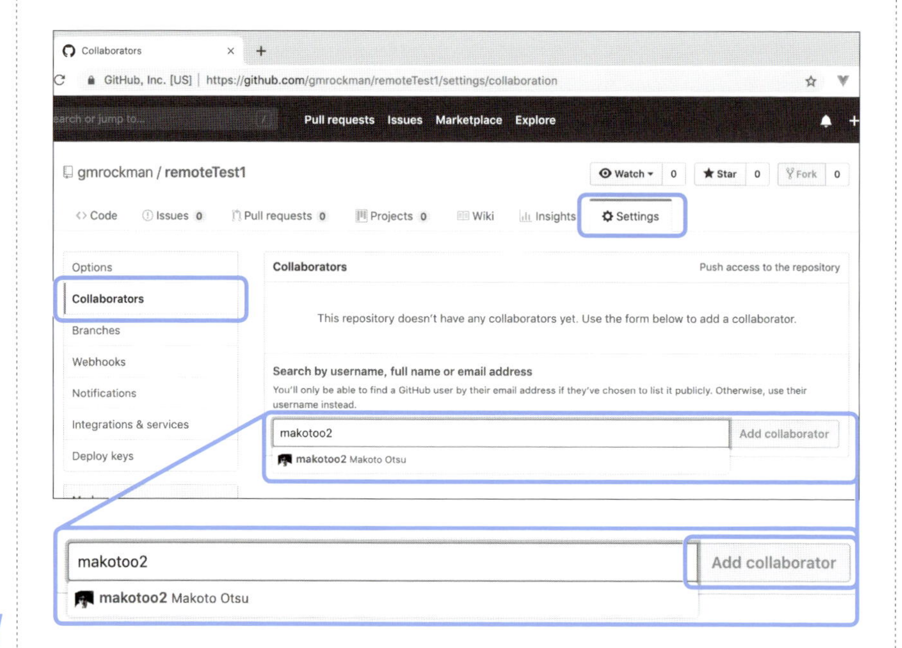

### ステップ2

コラボレータに登録したユーザに招待メールが届きます。メールの「View invitation」をクリックするとWebブラウザが起動するので、「**Accept invitation**」ボタンをクリックすれば登録完了です。

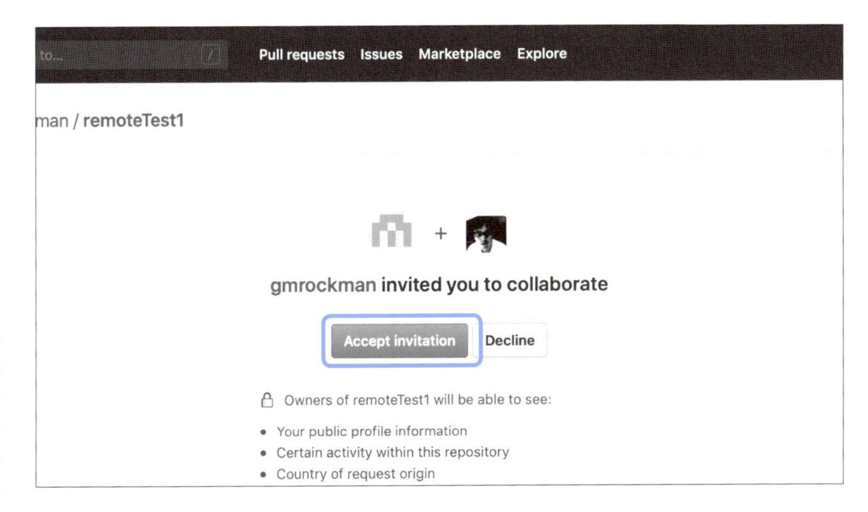


### ステップ3

コラボレータ側ではSourcetreeの「**リポジトリブラウザ**」の「**リモート**」パネルに、招待されたリポジトリが表示されます。

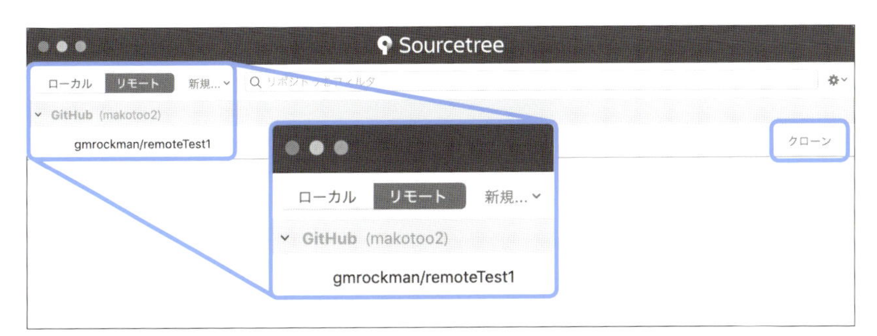


### ステップ4

「**クローン**」ボタンをクリックしてローカルリポジトリにクローンします。

以上で、コラボレータからのリモートリポジトリ「**remoteTest1**」へのプッシュやプルが可能になります。

■コラボレータを加えてチームで作業する

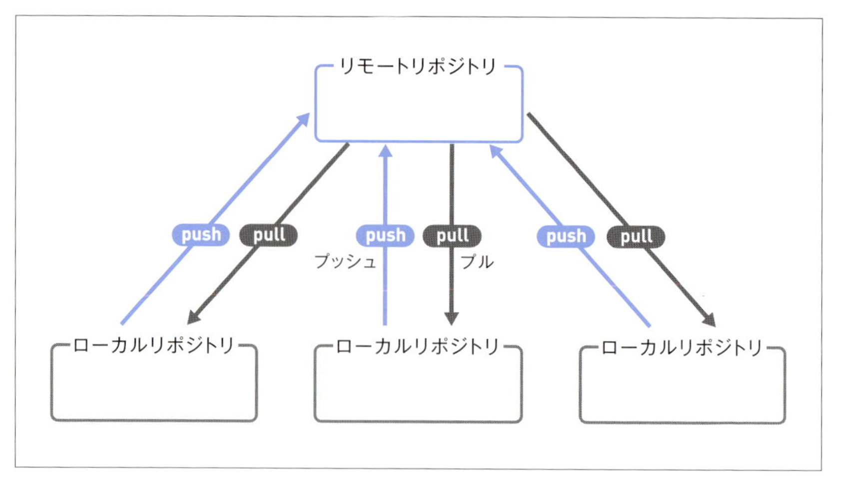


● NOTE　パブリックリポジトリに登録できるコラボレータの数に制限はありません。ただし、無料プランの場合、プライベートリポジトリに登録できるコラボレータは3人までです。それ以上のコラボレータを登録したい場合には、"GitHub Pro"プラン(月額7米ドル)を利用する必要があります(→P.20)。

## 4.4.2 プルリクエストについて

コラボレータとして登録したユーザは、自由にリモートリポジトリへの操作できますが、それぞれのメンバーが自分用のブランチを切って作業を行い、勝手にmasterブランチにマージしてしまうとトラブルの元となります。

そのため複数のメンバーで作業する場合に、自分のブランチでの作業が終わったら、「**プルリクエスト(pull request)**」というメッセージをメンバーに送り、メンバーに検証してもらうという手法があります。

プルリクエストでは、メンバー間でメッセージのやりとりを行うことができます。プルリクエストを受信したメンバーは検証を行い、必要に応じて訂正依頼などを送信し、ブランチの担当者はそれをもとに修正作業を行い再びコミットします。その作業を繰り返し、最終的に、メンバーのコンセンサスがとれたら、リモートリポジトリの管理者がmasterブランチにマージするという流れになります。

■プルリクエスト（pull request）の手順

❶ ブランチを作成して作業を行う
❷ プルリクエストを送信
❸ メンバーが検証し必要に応じて修正
❹ 検証が完了すればマージ

ソフトウェア開発の世界では、プログラムコードの体系的な検証を行うことを、「**コードレビュー**」と呼びます。プルリクエストをうまく活用してコードレビューを適切に行うことによって、ソフトウエアの品質を高めることができるわけです。

## 自分自身にプルリクエストを送ってみよう

コラボレータを登録しなくても、自分にプルリクエストを送ることでプルリクエストの実験をすることが可能です。ここでは、クローンした「**remoteTest1**」リポジトリに対して、自分自身にプルリクエストを送ることでプルリクエストの働きを試してみましょう。もちろん、実際にコラボレータとして他のユーザを登録して、実際に複数のメンバーで試してもかまいません。

### ステップ1

Sourcetreeでクローンしたローカルリポジトリ「**remoteTest1**」を開き、「**sub1**」ブランチを作成します。

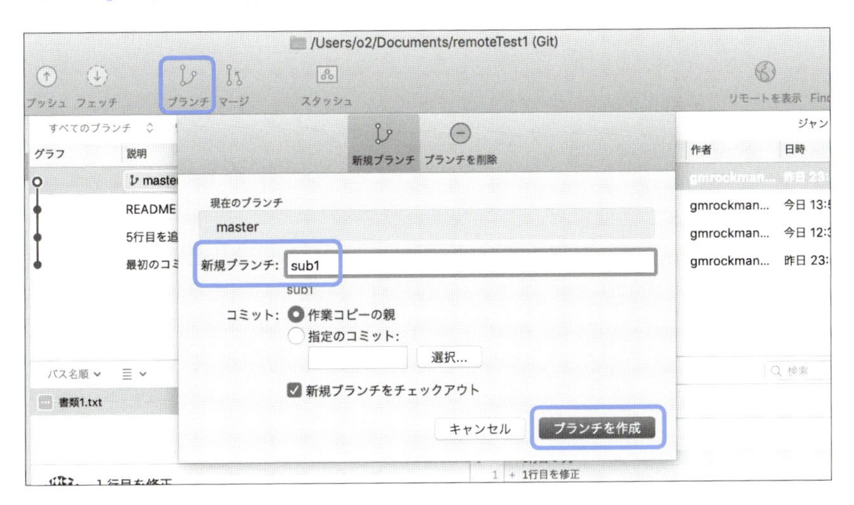

### ステップ2

sub1ブランチの作業ツリーに「**書類2.txt**」を作成しコミットします。

「書類2.txt」の中身は適当でかまいません。

### ステップ3

ツールバーの「**プッシュ**」ボタンをクリックしてsub1ブランチを、リモートリポジトリにプッシュします。

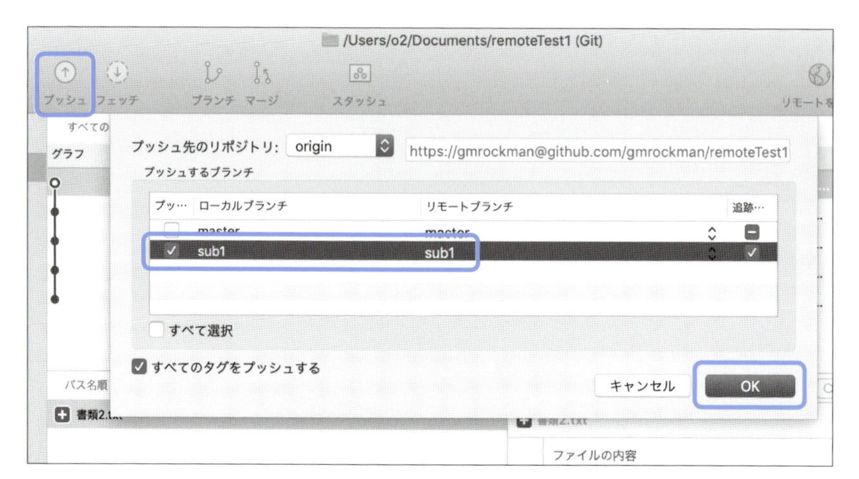

### ステップ4

**GitHubのサイトでリモートリポジトリ「remoteTest1」のページを開き、sub1ブランチを確認します。**

ブランチを切り替えるには「**Code**」ページの「**Branch**」ドロップダウンリストからブランチを選択します。**sub1**ブランチに「書類2.txt」が追加されたことを確認してください。

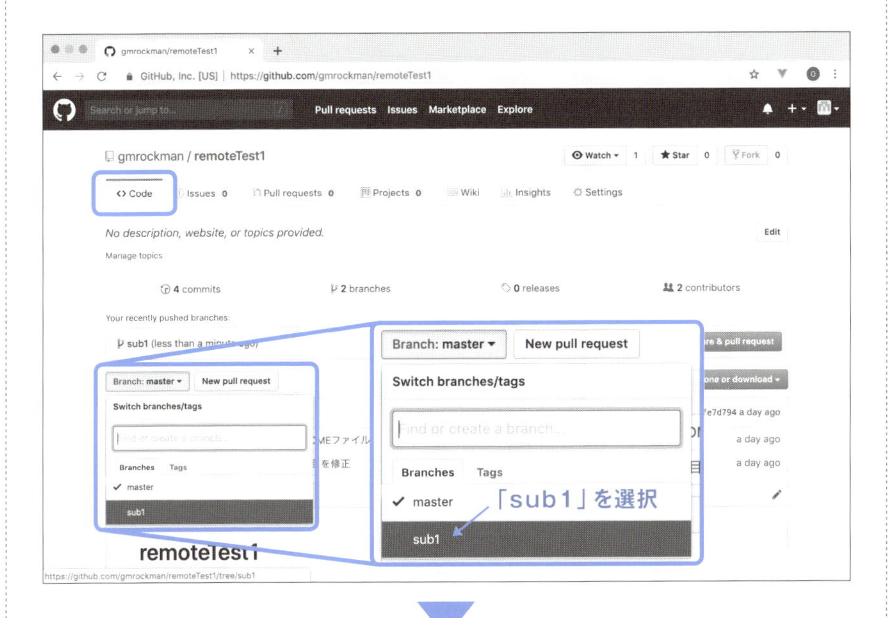

Ⓐ sub1ブランチに「書類2.txt」が登録されます。

## ステップ5

### プルリクエストを作成します。

「**Compare & pull request**」ボタンをクリックするとプルリクエストの作成画面が表示されます。「**base**」が「**master**」、「**compare**」が「**sub1**」になっていることを確認してください。これはsub1ブランチの変更点を、masterブランチへマージするためのプルリクエストであることを表します。タイトルおよびメッセージを入力します。

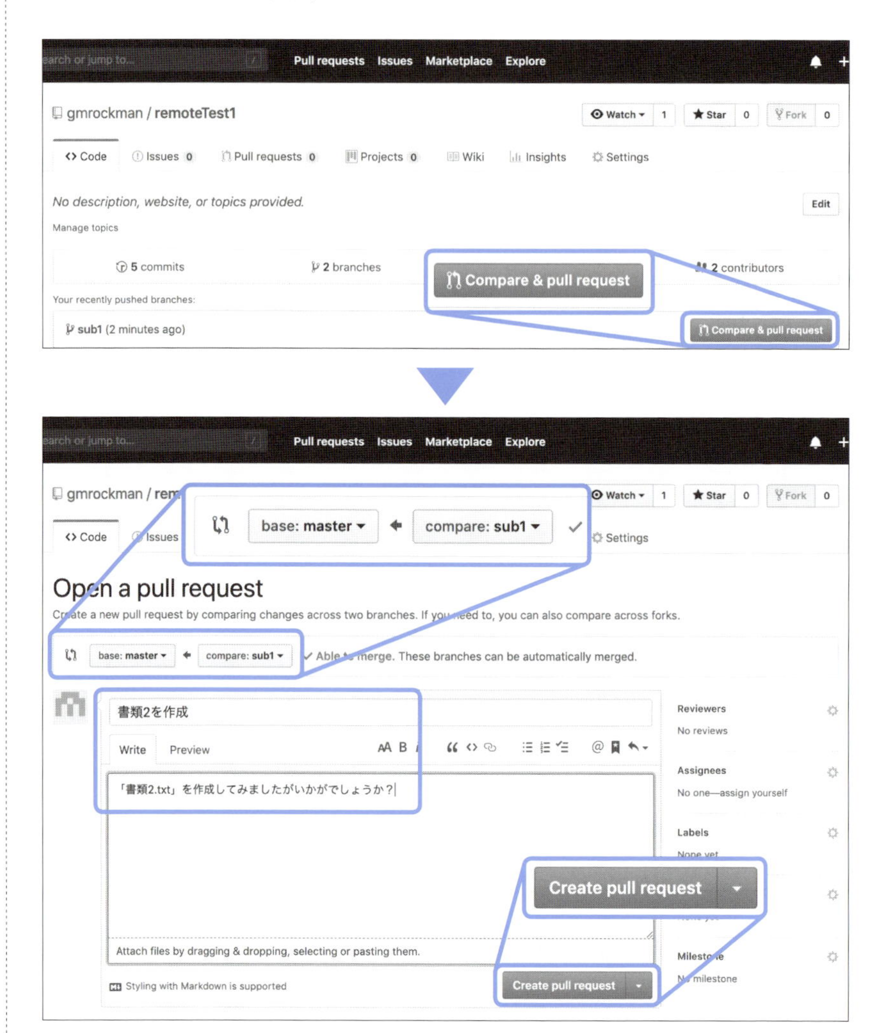

● NOTE　タイトルにはデフォルトでコミットメッセージが入力されていますが、必要に応じて修正してもかまいません。

## ステップ6

「Create pull request」ボタンをクリックするとプルリクエストが送信されます。

コラボレータとして登録されているメンバーは、「**remoteTest1**」リポジトリの、「**Pull requests**」ページでメッセージを確認できます。また、プルリクエストは管理者とコラボレータにメールでも送信されます。

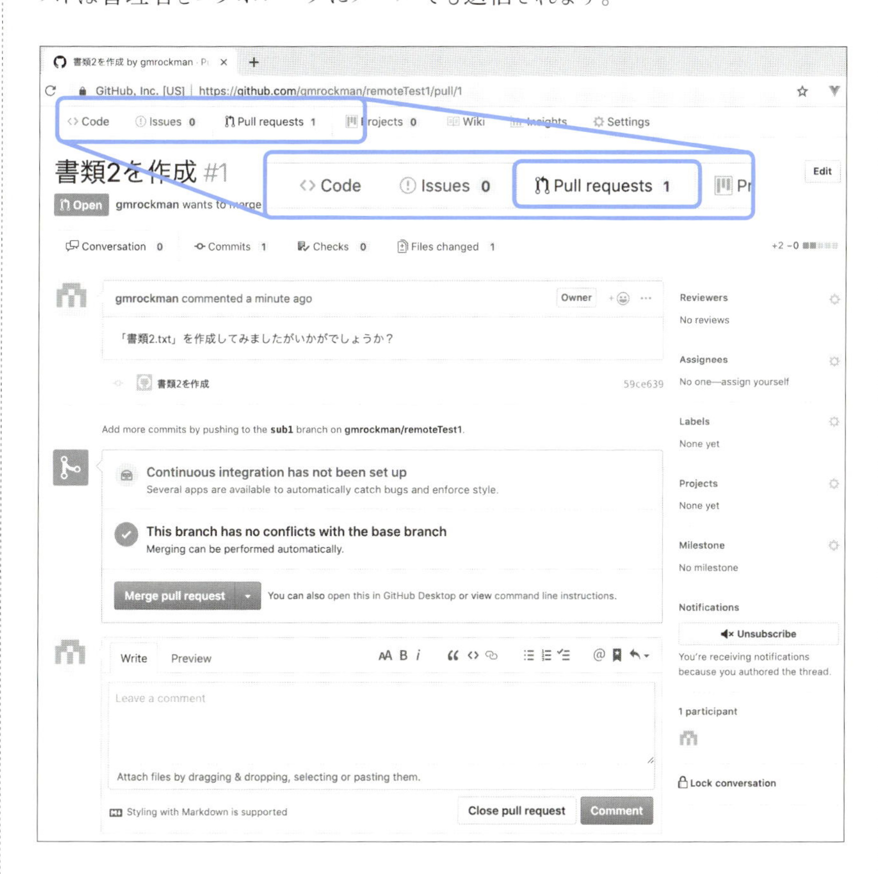

## ステップ7

変更があったファイルの内容は「Pull requests」→「Files changed」ページで確認できます。

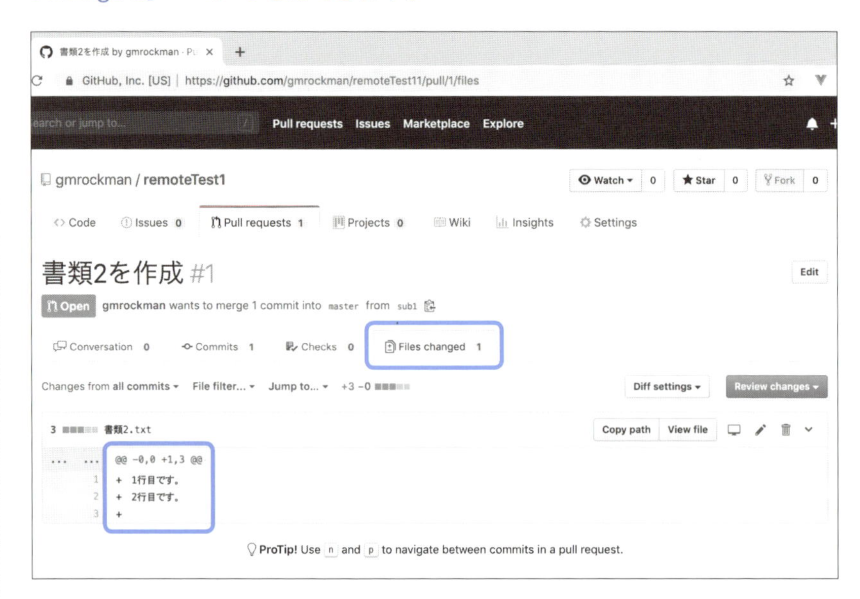


● NOTE　コミットの履歴は「Commits」ページで確認できます。

## ステップ8

コメントを送る場合には一番下のテキストボックスに入力します。「Comment」ボタンをクリックすると送信されます。

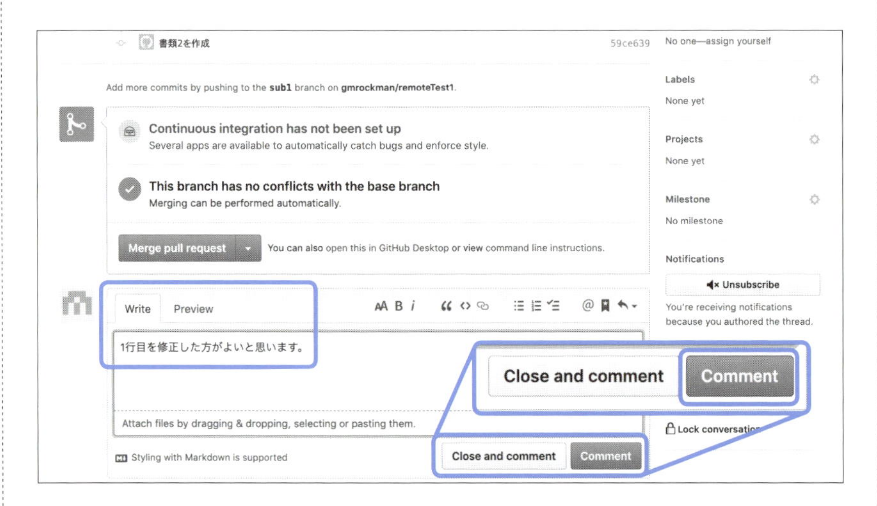

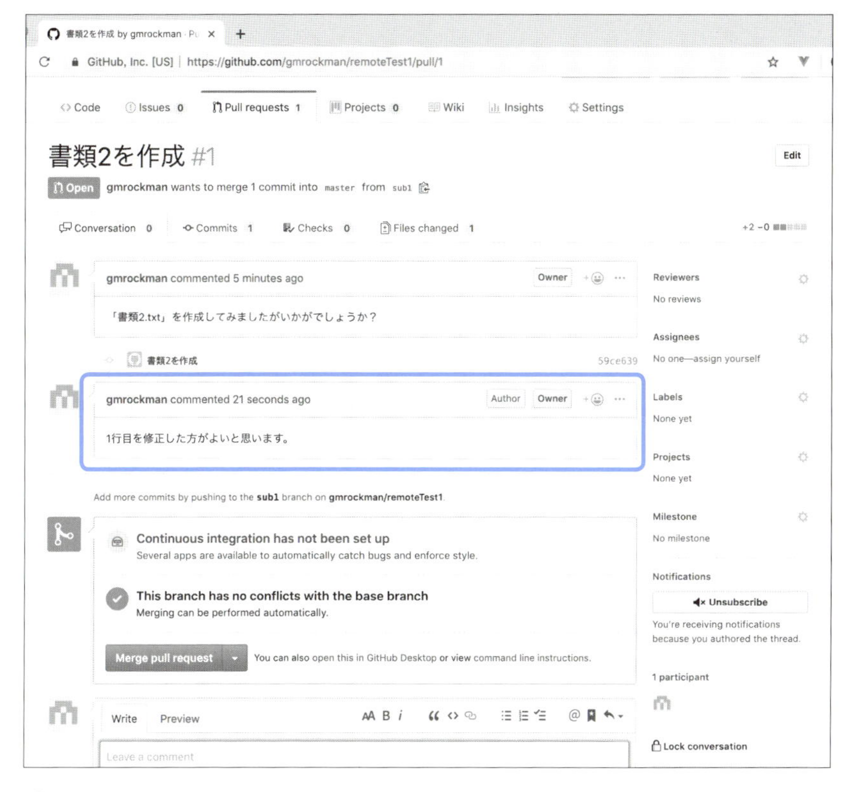


Ⓐ コメントが表示されます。

## 4.4.3 プルリクエストの処理が完了したらマージする

プルリクエストでのやりとりの内容に応じて、必要があればファイルを修正し再度コミットします。最終的にメンバーのコンセンサスがとれたら、変更点をマージしてプルリクエストを閉じます。

### ステップ1

Sourcetreeでファイルを修正しコミットします。

次の例では、「**書類2.txt**」の1行目を変更しコミットしています。ローカルブランチ「**sub1**」のコミットが、リモートブランチ「**origin/sub1**」のコミットよりひとつ先行しています。

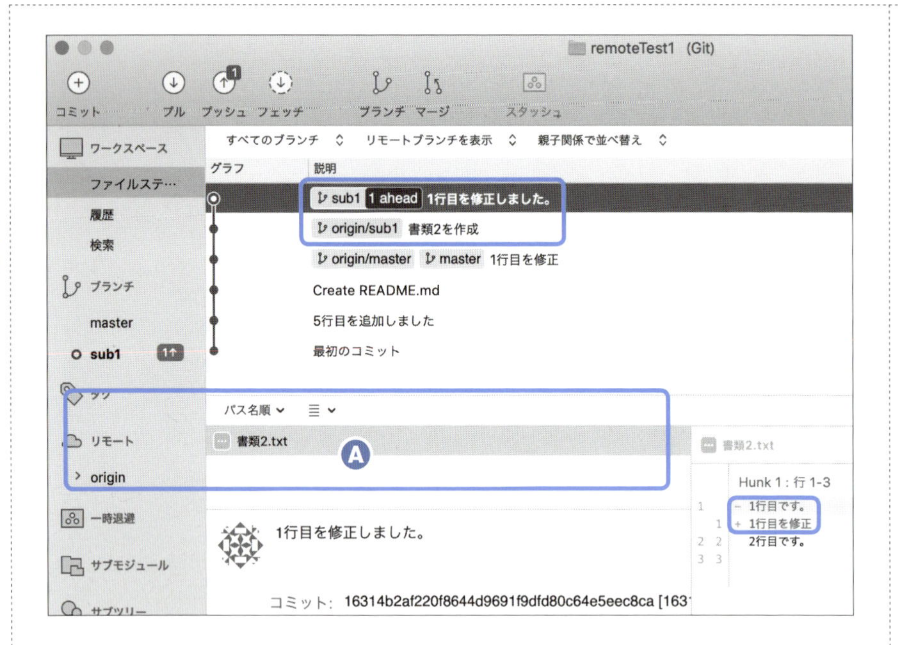


## ステップ2

ツールバーの「**プッシュ**」ボタンをクリックしてプッシュします。

プッシュするブランチで「**sub1**」を選択し「OK」ボタンをクリックします。

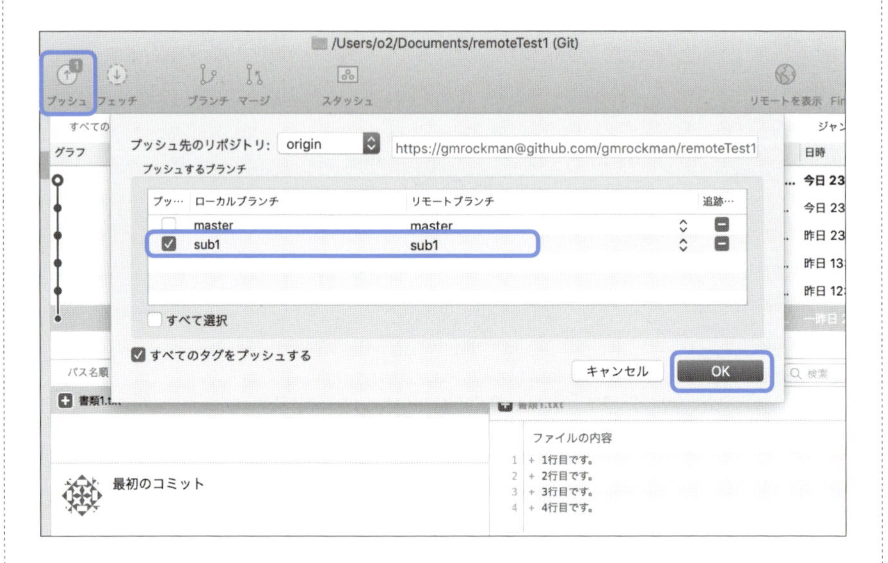

### ステップ3

GitHubのリモートブランチの「Pull requests」ページでは、プッシュした内容が反映されます。

### ステップ4

修正が完了したらマージします。

「Merge pull request」ボタンをクリックします。

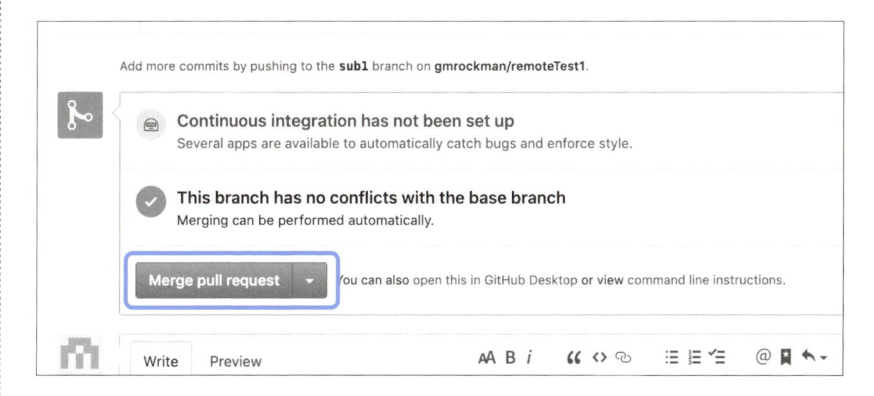

## ステップ5

さらに「Confirm merge」ボタンをクリックします。

## ステップ6

「Pull request successfully merged and closed」と表示されたら、プルリクエストが**完了状態（Closed）**になります。

● NOTE　ブランチを削除したい場合には「Delete branch」ボタンをクリックします。

### ステップ7

Sourcetreeに戻り、必要に応じてmasterブランチをチェックアウトしてからプルします。

sub1ブランチがマージされていることを確認します。

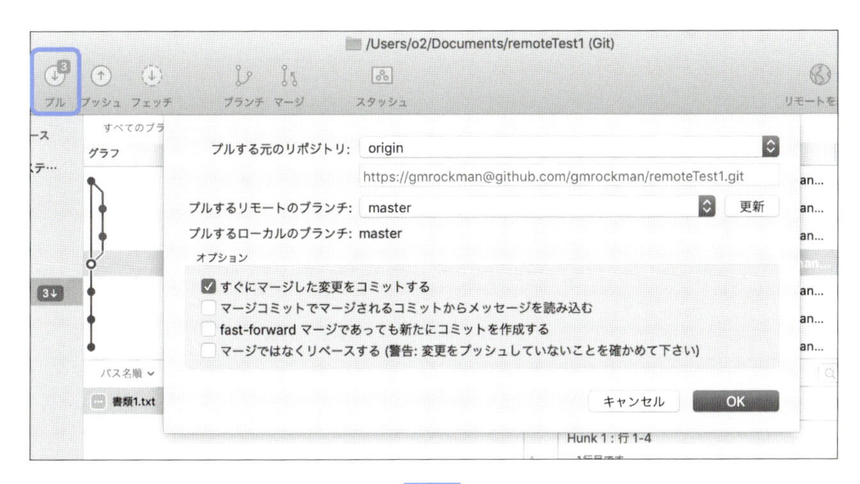


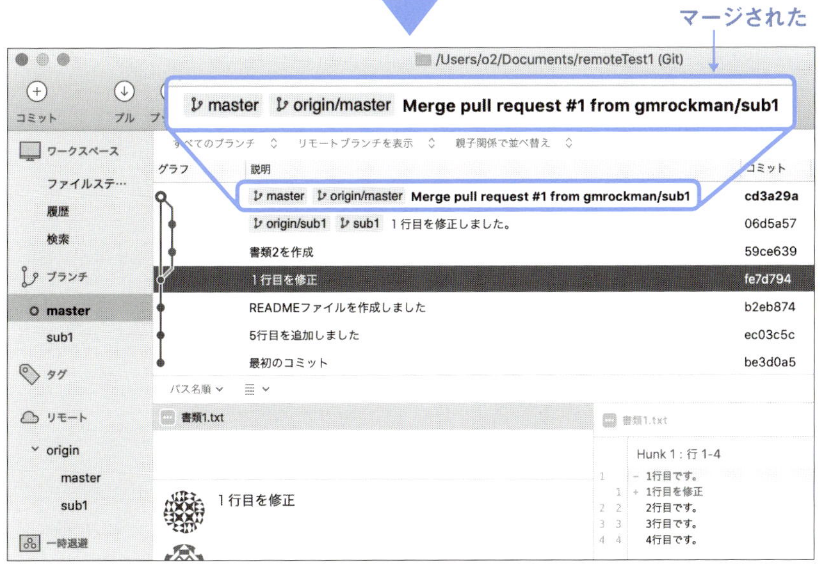

## 4.4.4 閉じられたプルリクエストを確認するには

プルリクエストは必要に応じて複数作成できます。**現在進行中（Open）**のプルリクエストと、**完了状態（Closed）**のプルリクエストは「**Pull requests**」ページで確認できます。

### ステップ1

この節のサンプルを完了した状態では、「Open（進行中）」は「0」、「Closed（完了）」は「1」になっているはずです。

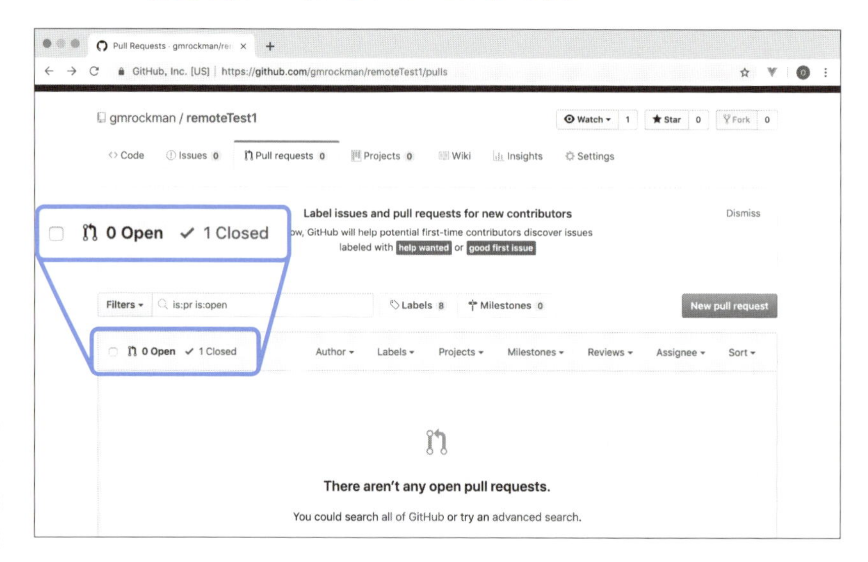


### ステップ2

「Closed」をクリックすると完了したプルリクエストの一覧が表示されます。

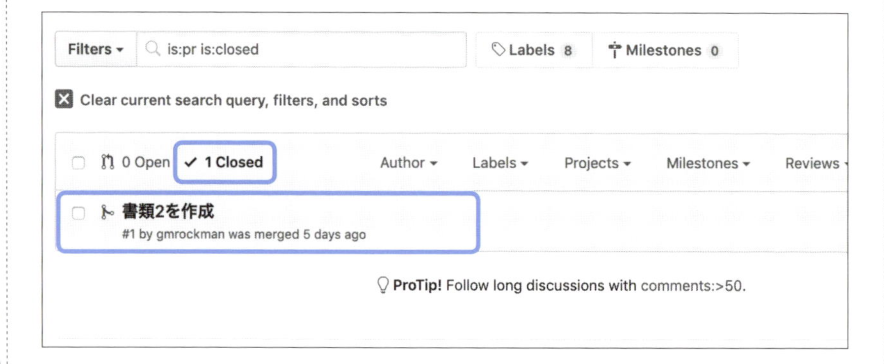

### ステップ3

プルリクエストのタイトル（ステップ2の例では「書類2を作成」）をクリックするとそのコミットやコメントの履歴が表示されます。

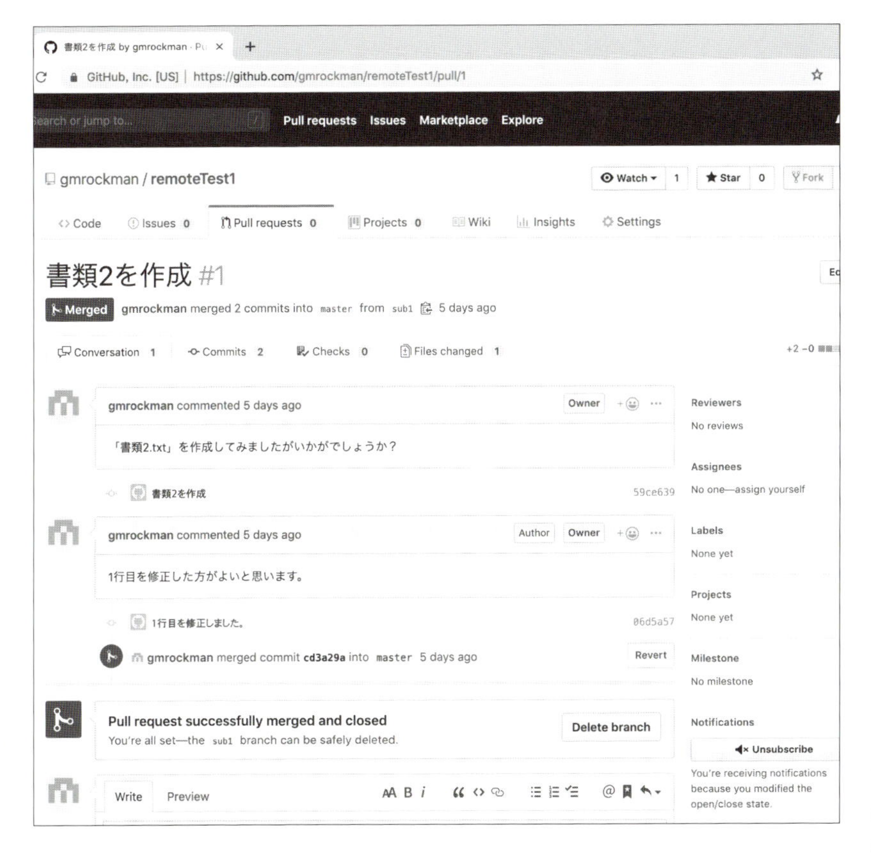

# 4-5 フォークでコラボレーション

**最後の節では、共同作業を行うための別の方法として、他のユーザのリモートリポジトリを自分のリモートリポジトリにコピーして作業を行うフォークについて説明します。**

## 4.5.1 フォークしてからクローンする

前節では、コラボレータとして登録されたメンバーで同じリモートリポジトリを共有して共同作業する方法について説明しました。コラボレータとして登録されていない場合に、他のユーザのリモートリポジトリのファイルを編集するには「**フォーク(fork)**」という操作を行います。

フォークは、他のユーザが公開しているリモートリポジトリを、自分のリモートリポジトリにコピーする処理です。フォークした後は、ローカルリポジトリにクローンして、必要に応じてブランチを切って作業を行います。

■フォークしてクローン

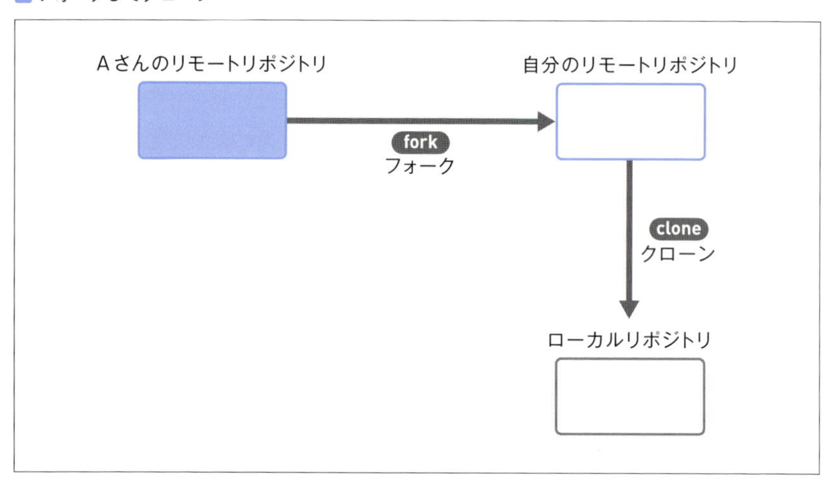


ブランチでの修正作業が完了したら、フォーク元のリモートリポジトリの管理者に**プルリクエスト**を送ります。管理者は修正を確認し、プルリクエストのコメントでやりとりを行い、最終的にOKであればマージしてくれます。

手元の作業からプッシュ→プルリクエスト→マージまでの流れ

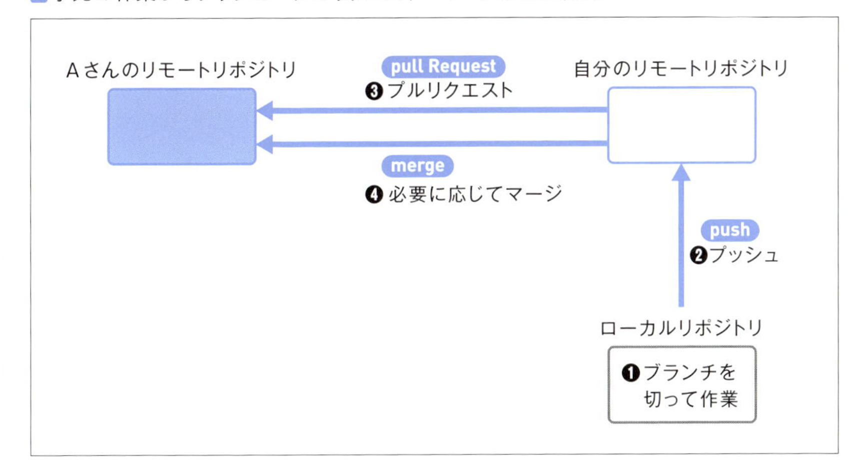


このようなフォークを使用したワークフローは、オープンソースソフトウエアの開発に広く使用されています。

## 4.5.2 実験用のリポジトリをフォークする

以下のURLにフォークの実験用のリモートリポジトリ「**web-sample**」を用意しています。

```
https://github.com/gmrockman/web-sample
```

このリポジトリは、次のようなWebサイト用のファイルから構成されています。

リモートリポジトリ「web-sample」の構成

```
index.html (htmlファイル)
jsフォルダ
└── sample.js (JavaScriptファイル)
default.css (CSSファイル)
imagesフォルダ (イメージファイル保存用のフォルダ)
├── default.jpg
├── img0.jpg
├── img1.jpg
├── img2.jpg
└── img3.jpg
```

このリモートリポジトリをフォークしてからクローンしてみましょう。

### ステップ1

Webブラウザで GitHubにログインし、「https://github.com/gmrockman/web-sample」にアクセスします。

### ステップ2

右上の「Fork」ボタンをクリックします。

フォークが完了すると、実験用のリモートリポジトリ「web-sample」が自分のリモートリポジトリにコピーされます。

■フォーク中

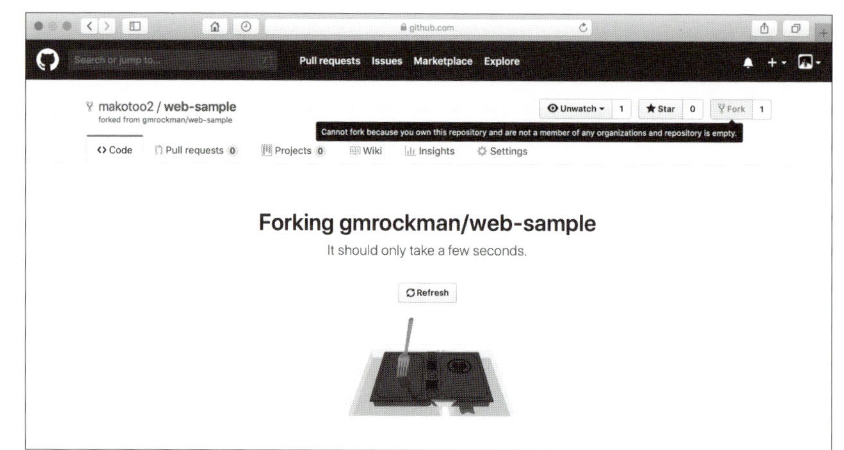

■フォーク完了

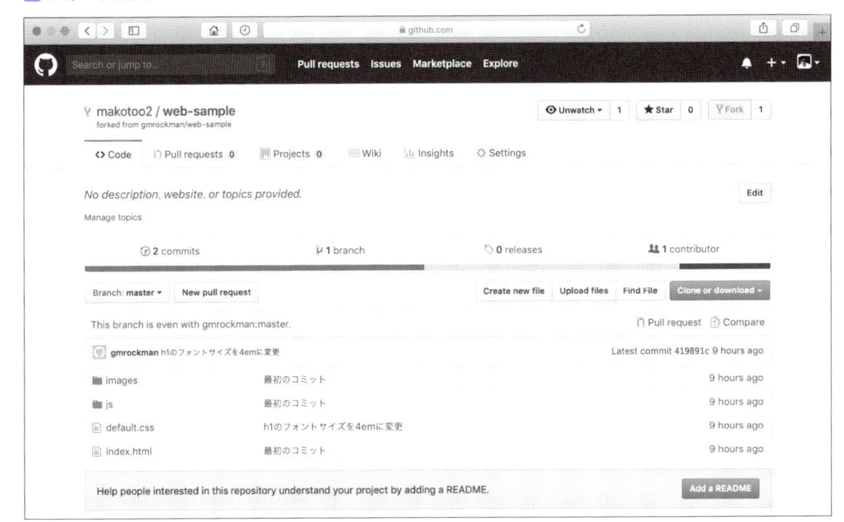


## ステップ3

Sourcetreeの「**リポジトリブラウザ**」の「**リモート**」パネルでフォークされたリモートリポジトリを確認します。

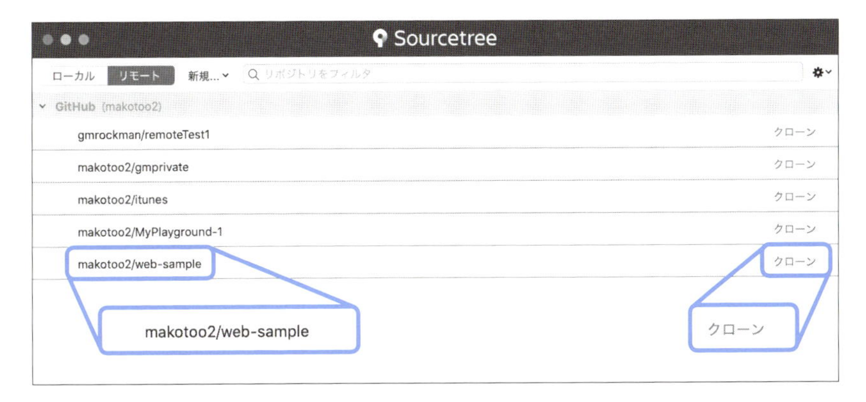

### ステップ4

「クローン」ボタンをクリックしてローカルリポジトリにクローンします。

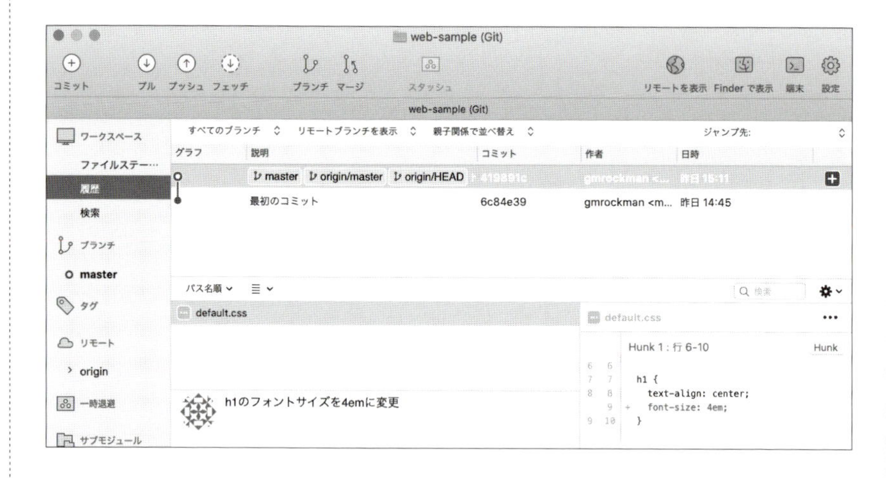

## 4.5.3 ブランチを作成しプルリクエストを送る

続いて、前節と同様に自分用のブランチを作成し、ファイルを編集してからフォーク元のリポジトリの管理者にプルリクエストを送ってみましょう。

### ステップ1

「ブランチ」ボタンをクリックしてブランチを作成します。

次の例では「o2br1」ブランチを作成しています。

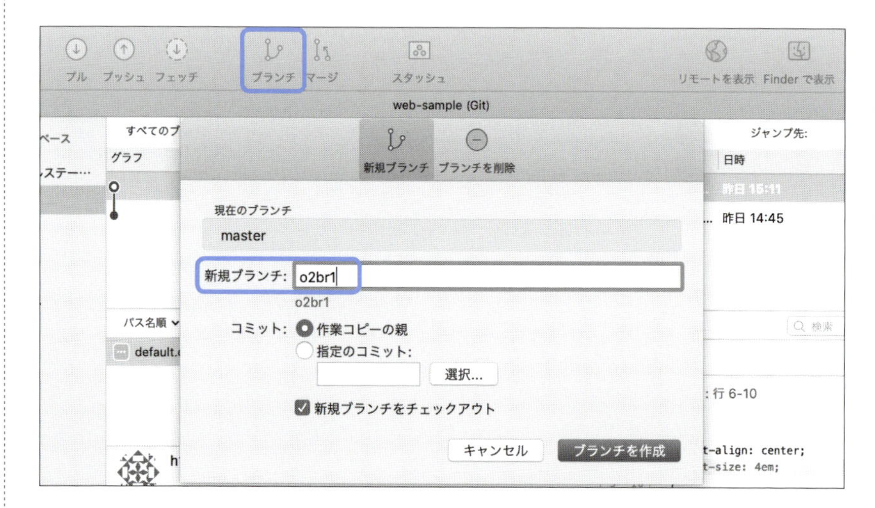

## ステップ2

作業ツリーのファイルを編集しコミットします。

次の例では、CSSファイル「**default.css**」を変更し、h1要素のフォント色を赤（red）にしています。

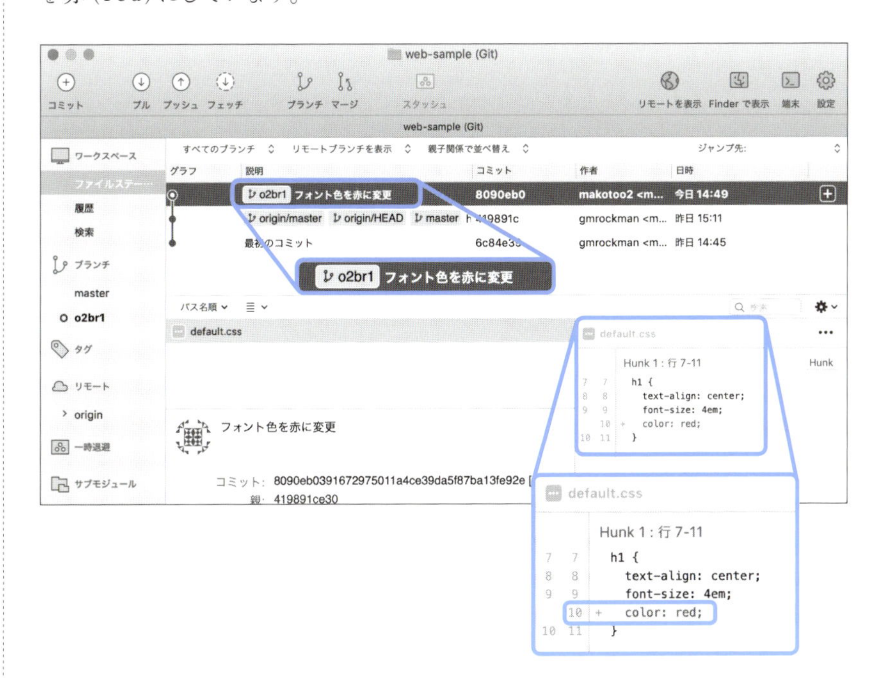

### ステップ3

「**プッシュ**」ボタンをクリックして作成したブランチをプッシュします。

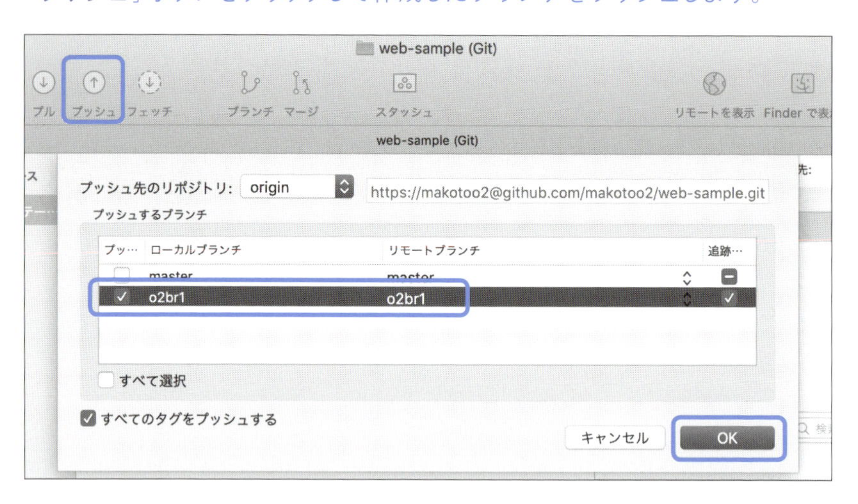


### ステップ4

サイドバーの作成したブランチ名を［control］キーを押しながらクリックします。表示されるメニューから［**プルリクエストを作成**...］を選択します。

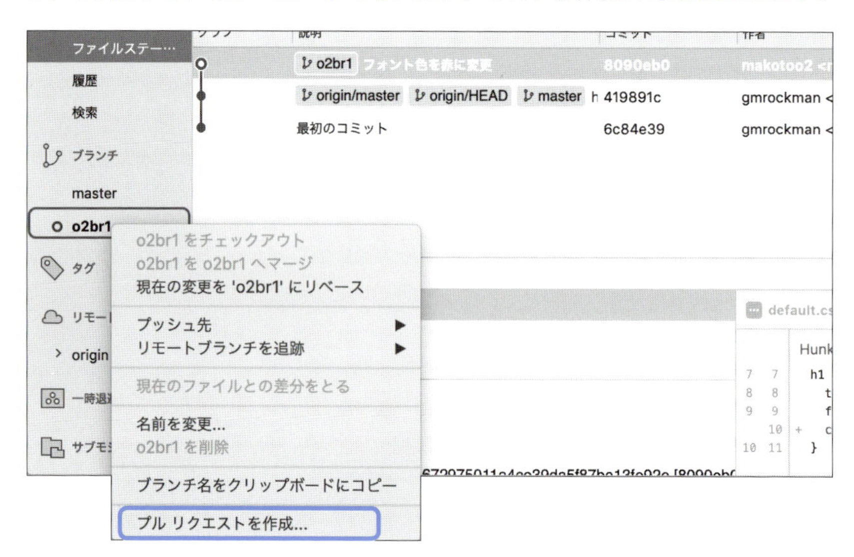


● NOTE　P.314「4.4.2 プルリクエストについて」で説明したように、GitHubのサイトでフォークしたリポジトリを開き「Pull requests」ページを開いても同じです。

## ステップ5

Webブラウザが起動し、フォークしたリモートリポジトリの「Open a pull request」ページが開かれます。メッセージを入力して「Create pull request」ボタンをクリックします。

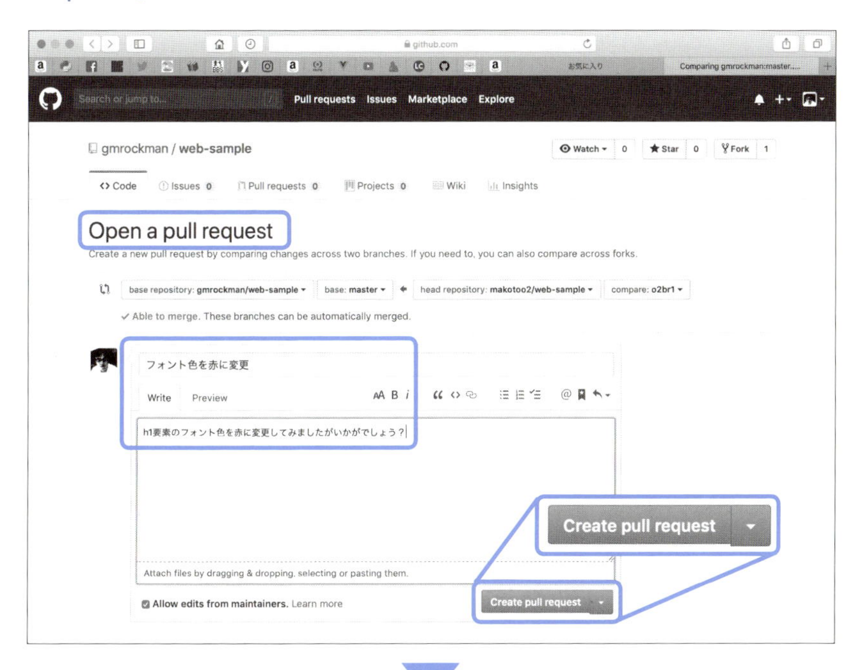


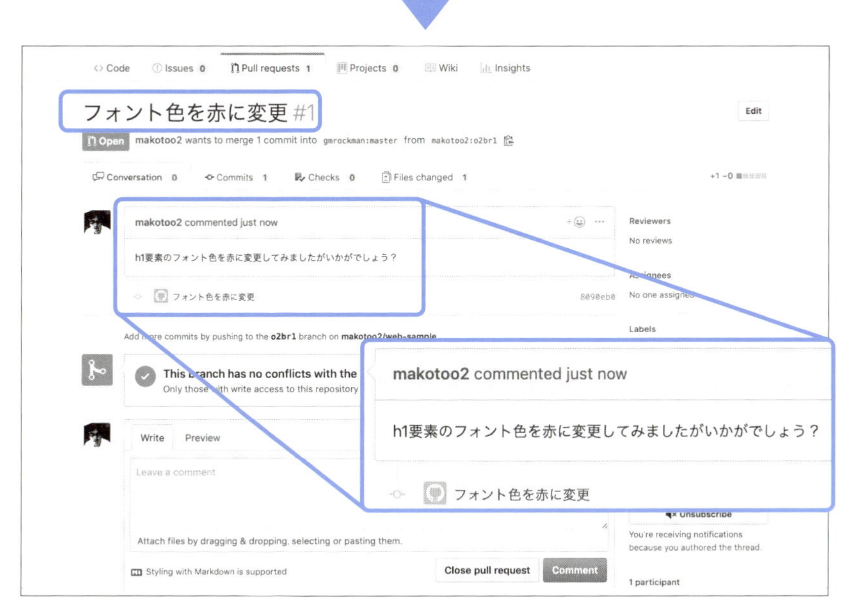

### ステップ6

以上でプルリクエストが、フォーク元のリモートリポジトリの管理者に送られます。

フォーク元のリモートリポジトリの「**Pull Requests**」→「**Conversation**」ページでは次のように見えます。

■フォーク元のリモートリポジトリの「Pull Requests」→「Conversation」ページ

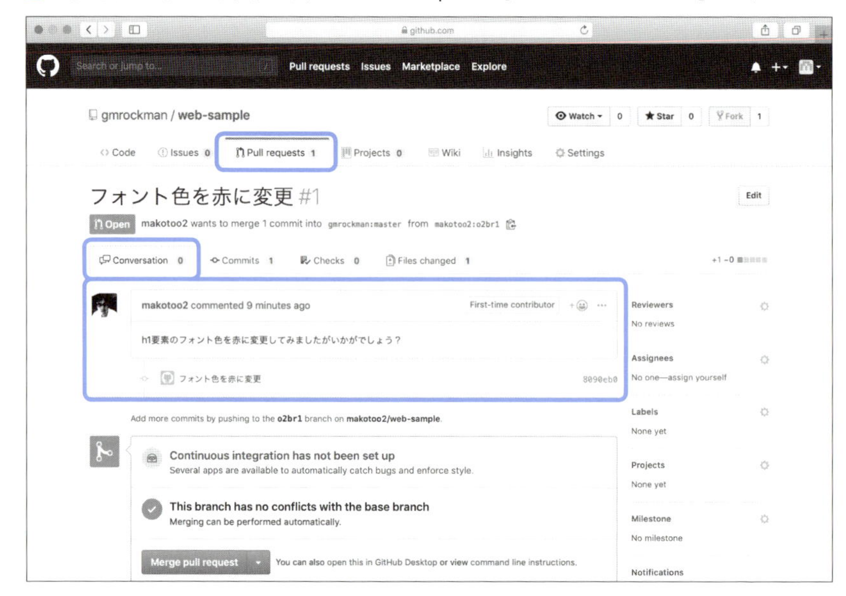

「**Files changed**」ページでは変更点を確認できます。

■「Files changed」ページ

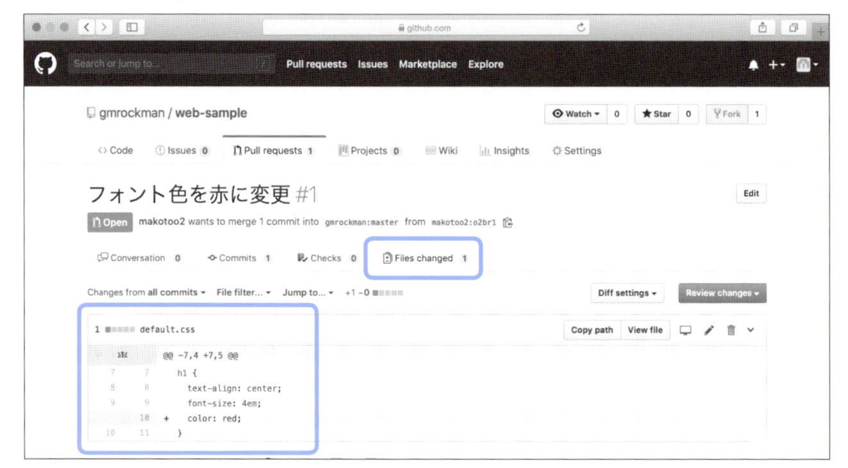

「**Review changes**」ページでは、コードレビューを行うためのコメントを記述できます。コメントの種類は「**Comment**」(通常のコメント)、「**Approve**」(承認)、「**Request changes**」(修正を提案)の3種類から選択します。

■「Review changes」ページ

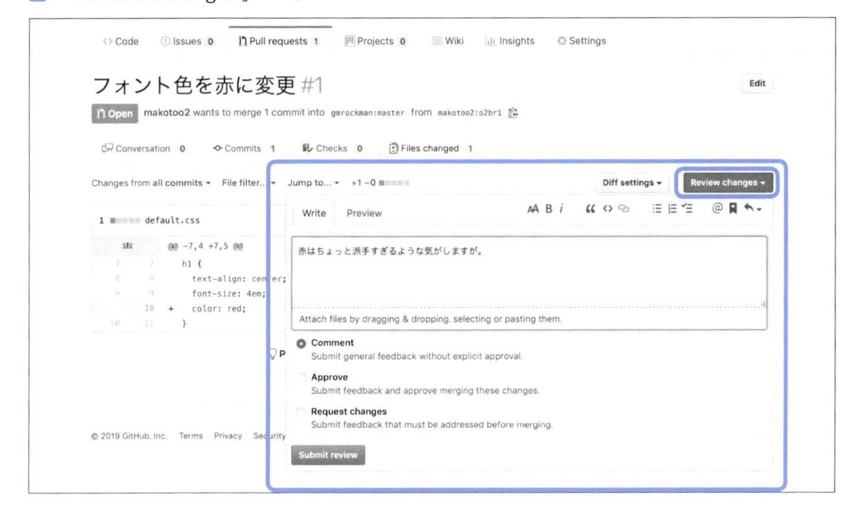


この後は、フォーク元のリポジトリの管理者とプルリクエストのコメントでやりとりを行い、変更やコミットを繰り返し、相手がそれを受け入れればマージされるわけです。

● NOTE　ここでフォークしたリポジトリは練習用のため、相手先からの応答はありません。

## リモートリポジトリを削除するには

作成済みのリモートリポジトリの削除は、Sourcetreeからは行えません。GitHubのWebページで次のように操作して削除します。

① GitHubのトップページの左上の「**Repositories**」から、削除したいリポジトリを選択して、リポジトリのページを表示します。
② 「**Settings**」タブをクリックして「**Settings**」ページ（「設定」ページ）を表示します。

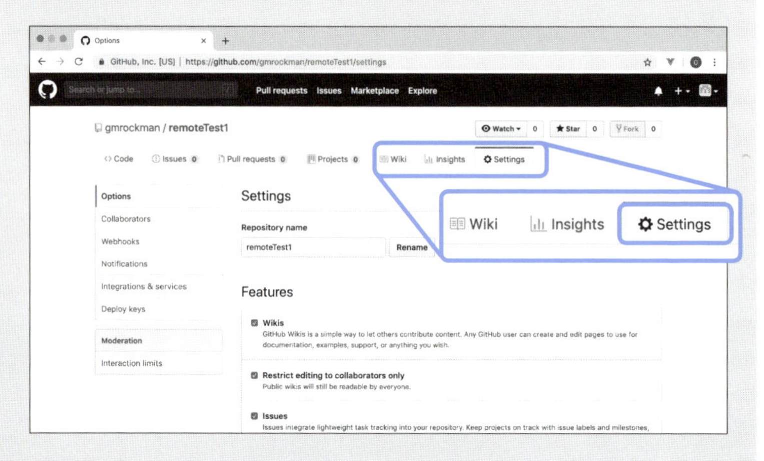


③ ページをスクロールし最後の「**Danger Zone**」の「**Delete this repository**」をクリックします。

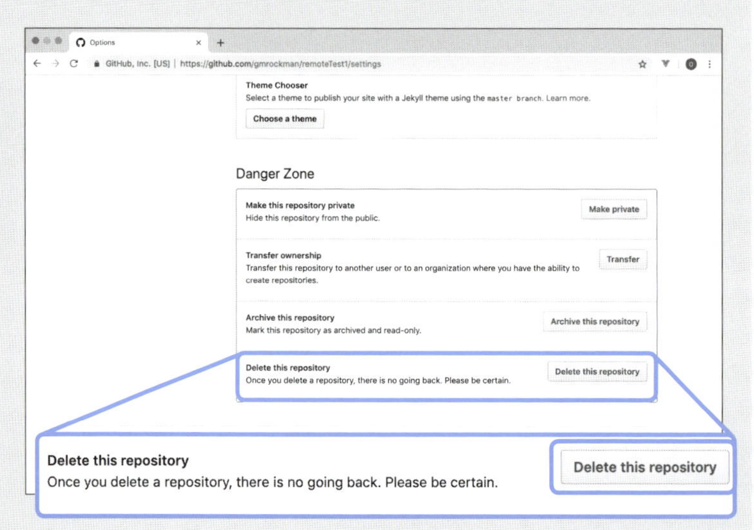

④ 確認のダイアログが表示されるのでリポジトリ名を入力し、「**I understand the consequences, delete this repository**」をクリックします。

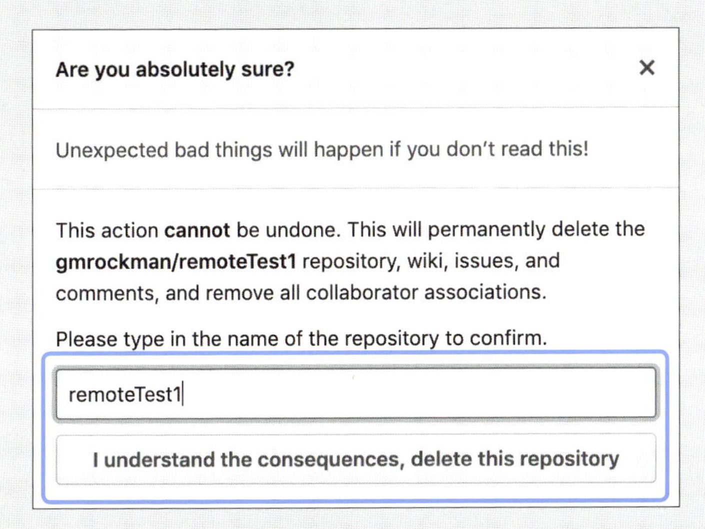


なお、リモートリポジトリを削除してもそれをクローンしたローカルリポジトリは削除されずにそのまま残ります。逆にローカルリポジトリを削除してもクローン元のリモートリポジトリはそのまま残ります。

# INDEX

▶ さ



▶ し



▶ す



▶ せ



▶ そ



▶ た



▶ ち



▶ つ



▶ て



▶ な



▶ に



▶ は

■著者プロフィール

**向井領治（むかい りょうじ）：1章・2章執筆**●神奈川県生まれ。信州大学人文学部卒業後、パソコンショップや出版社の勤務などを経て、96年よりフリー。単著共著あわせて50点以上を執筆する一方、Webや印刷物の制作などの実務も手がける。著書に『はじめての技術書ライティング』（インプレスR&D）、『あなたのWebをWordPressで再起動する本』（ラトルズ）、『考えながら書く人のためのScrivener入門』（BNN新社）など。Web:mukairyoji.com

**大津真（おおつ まこと）：3章・4章執筆**●東京都生まれ。早稲田大学理工学部卒業後、外資系コンピューターメーカーにSEとして8年間勤務。現在はフリーランスのテクニカルライターとして活動。主な著書に『いちばんやさしい Vue.js 入門教室』（ソーテック社）、『基礎Python』（インプレス）、『3ステップでしっかり学ぶ JavaScript入門』（技術評論社）『XcodeではじめるSwiftプログラミング』（ラトルズ）などがある。

## ノンプログラマーなMacユーザーのためのGit入門

2019年5月31日　初版第1刷発行

著者　向井領治 + 大津真
装丁　VAriantDesign
編集　ピーチプレス株式会社
DTP　ピーチプレス株式会社

発行者　黒田庸夫
発行所　株式会社ラトルズ
〒115-0055　東京都北区赤羽西4丁目52番6号
TEL　03-5901-0220（代表）　FAX　03-5901-0221
http://www.rutles.net

印刷　株式会社ルナテック

ISBN978-4-89977-485-3